建设工程施工图审查疑难问题解析丛书

结构专业施工图疑难问题解析

李永康　编著

机械工业出版社
CHINA MACHINE PRESS

为贯彻落实国家建设工程施工图设计文件审查相关政策规定及技术文件要求，进一步提升建设工程设计审查水平，保障建设工程设计审查质量，本书即在此背景下，针对审查实际工作中存在的部分盲点、疑点和难点问题进行分析，旨在进一步强化对现行规范及通用规范相关条文的理解认识和尺度把握，切实解决结构设计审查人员在实际工作中遇到的困惑。本书以国家现行的法律法规、工程建设技术标准、各地政府部门规范性文件作为编写依据，同时借鉴了部分省市的审查问题解答，按照"工程实例""原因分析""处理措施"模块对常见问题进行了深入分析，并提供了解决思路，主要内容包括结构设计审查要点、审查内容、常见问题等。

　　本书可作为工程结构设计及相关审查人员参考和借鉴用书。

图书在版编目（CIP）数据

结构专业施工图疑难问题解析／李永康编著.

北京：机械工业出版社，2025. 8. --（建设工程施工图审查疑难问题解析丛书）. -- ISBN 978-7-111-78674-0

Ⅰ. TU74-44

中国国家版本馆 CIP 数据核字第 2025LP4410 号

机械工业出版社（北京市百万庄大街22号　邮政编码100037）
策划编辑：薛俊高　　　　　　　　　责任编辑：薛俊高　张大勇
责任校对：王文凭　杨　霞　景　飞　封面设计：张　静
责任印制：任维东
河北宝昌佳彩印刷有限公司印刷
2025 年 8 月第 1 版第 1 次印刷
184mm×260mm · 15 印张 · 274 千字
标准书号：ISBN 978-7-111-78674-0
定价：59. 00 元

电话服务　　　　　　　　　　网络服务
客服电话：010-88361066　　机 工 官 网：www. cmpbook. com
　　　　　010-88379833　　机 工 官 博：weibo. com/cmp1952
　　　　　010-68326294　　金 书 网：www. golden-book. com
封底无防伪标均为盗版　机工教育服务网：www. cmpedu. com

前　言

自 2000 年开始，我国实施施工图审查制度以来，通过施工图审查，基本实现了保障公众安全、维护公共利益的初衷，消除了许多潜在的不安全因素和因勘察设计质量而引起的工程安全事故，推动了建筑行业的健康可持续发展。

施工图技术性审查是依据国家和地方工程建设标准，对工程施工图设计文件中的建筑、结构、水、暖、电、气、信等涉及公共利益、公众安全和工程建设强制性标准的内容进行全面审查。二十多年来，通过施工图审查，发现了数以万计存在于施工图设计文件中的违反强制性条文的问题，这些问题如果未能及时改正，相当于在建筑中存留大量潜在的安全隐患，当建筑遭遇各种复杂的不利环境时，就可能导致建筑倒塌，造成大量人员伤亡或财产损失。

结构的安全性和适应性是在设计阶段就已确定的。施工图设计质量不仅可以左右建设项目的质量、进度和成本等建设目标的达成，而且直接影响到建设工程建成后全寿命周期内的使用价值和运行效益，因此，施工图设计审查是建设工程的关键性环节。为了建立施工图设计质量管控的长效机制，本次由机械工业出版社组织编写的"建设工程施工图审查疑难问题解析丛书"即借鉴了全国各省市的先进经验，对工程项目建设中遇到的常见设计质量问题，进行了广泛的收集、梳理和归纳，问题主要来自于以下五个渠道：

1）近三年各省市"双随机、一公开"设计质量专项检查通报中提到的重大问题、常见问题。

2）施工图设计质量现场调研报告中的问题。

3）近年来群众投诉较多、反映强烈的问题。

4）其他地市相关文件中列举的有代表性的典型问题。

5）近年来因通用规范实施引发的问题。

书中按照上述不同问题进行了梳理和归类，并通过工程实例有针对性地做出原因分析和处理措施。本书中工程实例均取自编者多年来审查完成的工程项目，问题解析多数基于工程建设强制性标准和技术审查要点。由于个人对于各类规范条文的理解不同，从不同的"规范指南"到"规范释疑"，相同问题存在不同的理解。另外各个地方编制的标准，多在国标规范的基础上又层层加码，导致歧义频出。任何个人对规范的不同解释，只能作为参考，不具备绝对的权威性。本书对常见问题解析从背景知识和底层逻辑入手，不仅要让读者知其然，更要知其所以然；同时指出问题所违反的是哪一款条文，并给出对问题的修改措施和建议。书中工程实例的列举是为了对问题背景知识的了解更加全面真实，以加深对问题的分析理解，提出比较合理合规的思路，或解决实际工程问题的可行办法与措施。标准规范不可能涵盖所有的问题，总会在有意或无意中留下了一些空白区域。将设计过程中所有的问题寄希望于规范中寻找答案，同样是不可能的。正确认识规范编制过程中的局限性、缺陷性，并学会从不同视角来思考规范的应有之义。唯有如此，才能最大限度弥补规范局限性的影响。本书内容主要包括施工图设计专篇、审查要点、审查内容和常见问题等。

需要特别说明的是，本书中所涉及的标准规范均为本书出版时国家有效标准，计算软件基于 PKPM2025R2.3 和 YJK6.1.0 版本，如果后续规范修订及软件版本升级，应以新版本为主。另外，书中观点仅供设计和审查人员参考借鉴，不作为设计和审查的依据，其最终目的是减少设计中违反强条$^{\ominus}$、乃至使设计人员不违反强条，同时确保结构的安全。由于对规范条文理解的角度不同，以及自身认知的局限性和专业能力的限制，书中难免有不妥甚至差错之处，热忱盼望各位专家和同行指正，编者将不胜感激。

最后要特别感谢机械工业出版社薛俊高先生帮助策划、定稿，并时时给予鼓励和鞭策。还要感谢参与本书的其他编辑人员，是他们对本书审阅和出版所付出的努力，才使得本书能够及时出版。

编　者

2025 年 4 月 1 日

$\ominus$　本书中所说"强条"均为"强制性条文"的简称，后面不再一一注明。

目　　录

第1章
施工图审查总则

根据《房屋建筑和市政基础设施工程施工图设计文件审查管理办法》（住建部令第13号）（以下简称《审查管理办法》）规定，施工图审查机构（以下简称"审查机构"）按照有关法律、法规，对施工图涉及公共利益、公众安全和工程建设强制性标准的内容应进行审查。施工图审查应当坚持先勘察、后设计的原则。施工图未经审查合格的，不得使用。从事房屋建筑工程、市政基础设施工程施工、监理等活动，以及实施对房屋建筑和市政基础设施工程质量安全监督管理的，应当以审查合格的施工图为依据。

1.1　施工图审查的特征

施工图审查的特征概括为："**公益性、监督性、统一性、服务性**"，如图1-1所示，现分述如下。

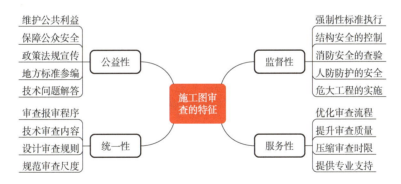

图1-1　施工图审查的特征

1. 施工图审查的公益性

施工图审查是指"施工图审查机构按照有关法律、法规，对施工图涉及公共利益、公众安全和工程建设强制性标准的内容进行的审查，审查机构是专门从事施工图审查业务，不以营利为目的的独立法人"。为了让审查机构回归"不以营利为目的的独立法人"本意，真正体现审查机构替政府部门对房屋建筑工程涉及公共利益、公众安全和工程建设强制性标准的内容技术把关，摆脱建设单位、设计单位市场行为的影响，目前大部分省市已全面实行了政府购买服务。

2. 施工图审查的监督性

《实施工程建设强制性标准监督规定》（建设部令第 81 号）（以下简称《监督规定》）第六条规定："施工图设计文件审查单位应当对工程建设勘察、设计阶段执行强制性标准的情况实施监督"。第六条规定将施工图审查单位与建设项目规划审查机关、建筑安全监督管理机构和工程质量监督机构一并列入实施工程建设强制性标准的监督机构，进一步说明施工图审查是属于政府对执行勘察、设计阶段的强制性标准的情况实施的监督。为此，审查机构应进一步聚焦设计文件的质量安全监管，明确审查的主要内容为"对施工图设计文件执行勘察、设计强制性标准的情况实施监督，对严重影响地基基础和主体结构安全、消防安全、人防防护安全和危大工程（危险性较大的分部分项工程）的安全实施监管"。

3. 施工图审查的统一性

施工图技术性审查，根据《审查管理办法》第十一条规定：审查机构应当对施工图审查下列内容：

1）是否符合工程建设强制性标准。

2）地基基础和主体结构的安全性。

3）消防安全性。

4）人防工程（不含人防指挥工程）防护安全性。

5）是否符合民用建筑节能强制性标准，对执行绿色建筑标准的项目，还应当审查是否符合绿色建筑标准。

6）勘察设计企业和注册执业人员以及相关人员是否按规定在施工图上加盖了相应的图章和签字。

7）法律、法规、规章规定必须审查的其他内容。

在施工图审查制度方面，统一审查报审程序、统一技术审查内容、统一审查规则和审查尺度，可以促进施工图技术审查既不故意降低标准放松要求，也不有意提高标准刻意为难，是解决施工图审查资源均衡化、消除地方保护、实现统一管理的重要途径。近年来，全国积极探索推进的 BIM 审查和人工智能审查，也是通过网上数字化多图联审来实现审图资源均衡统一的重要手段。

4. 施工图审查的服务性

施工图审查不同于传统意义上政府建设行政主管部门对工程质量安全的监督，其技术服务行为是对施工图设计文件的技术检查与判定，在技术范畴上实现了对设计成果的主观全面复盘，而非节点性监督。其工作反馈、服务结果与公众后期在建筑物使用过程中的切身利益直接相关。随着建筑工程项目的不断增加和复杂化，施工图审查工作面临着新的挑战和机遇。为更好地服务建设单位和设计单位，施工图审查工作不仅要注重监管的严格性，还应积极创新服务模式和技术手段，以提升审查效能和服务单位的满意度。

1.2 施工图审查总原则

施工图审查的总原则可以概括为："**强条严判，计算必验，概念为先、措施完善**"，如图 1-2 所示，现分述如下。

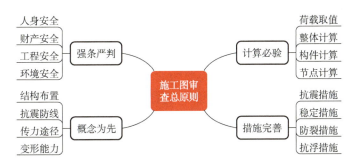

图 1-2 施工图审查总原则

1. 强条严判

强制性工程建设规范具有强制约束力，是保障人民生命财产安全、人身健康、工程安全、生态环境安全、公众权益和公众利益等方面的控制性底线要求，工程建设项目的勘察设计等建设活动全过程中必须严格执行。在满足强制性工程建设规范规定的项目功能、性能要求和关键技术措施的前提下，可合理选用推荐性工程建设标准、团体标准和企业标准，但要与强制性工程建设规范协调配套，各项技术要求不得低于强制性工程建设规范的相关技术水平。强制性工程建设规范实施后，现行工程建设标准（包括强制性标准和推荐性标准）中有关规定与强制性工程建设规范的规定不一致的，以强制性工程建设规范的规定为准。由于强制性条文的重要性及违反时可能带来的严重后果，在设计审查时应予重点检查。

2. 计算必验

随着建筑功能的多样化和城市发展的需要，超大体量公共建筑越来越多、超高层地标建筑越来越复杂，使得结构计算分析的重要性越来越明显，成为建筑结构设计不可或缺的手段。在这样的情况下，结构计算模型与实际不符、荷载取值错误、遗漏缺失荷载成为常态，当计算模型不能完全模拟复杂的结构和构件形式时，如果只对结构进行简化处理以满足计算程序的能力，将导致计算结果不准确甚至完全错误，因此在计算机和计算机软件广泛应用的条件下，除了要根据具体工程情况，选择使用合适、可靠的计算分析软件外，还应对计算软件产生的计算结果从力学概念和工程经验等方面加以分析判断，确认其合理性和可靠性，方可用于工程设计。工程经验上的判断一般包括：结构整体位移、结构楼层剪力、振型形态和位移形态、结构自振周期、超筋超限情况等。

3. 概念为先

结构概念设计是结构设计中十分重要的环节，概念设计来源于工程设计经验、地震震害、试验研究和结构计算分析。概念设计的水平来自深厚的基础理论、对结构原理和力学性质的深刻理解及丰富的工程经验（包括多年审查积累的和吸收的）等方面。掌握好概念设计不仅可以保证结构的安全，还可以通过它来解决设计中出现的问题以至提高设计水平。对审查人员来说，掌握"概念设计"要比"计算设计"更为重要，当审图中发现某个技术问题时，可以根据概念来分析其原因，这往往比直接检查计算书更快更有效，而且可以找到问题的症结所在。这个方法最适合用于判断计算机计算结果，当提交的计算书中出现异常，要跟踪数据是不可能的，只有用概念来判断其合理性或找出原因，反过来用概念去解决出现的问题，才能消除安全隐患。概念设计不仅仅是设计人员的思维活动，同时也贯穿施工图审查的全过程，设计审查人员概念设计的水平越高，设计成果的水平就越高。

4. 措施完善

结构在设计工作年限内，不但要承受永久荷载（梁、板、柱、支撑、墙体的自重）和可变荷载（活荷载、风荷载、地震作用）的作用，同时也受到非荷载作用（温度变化、约束变形、混凝土收缩徐变）的影响。非荷载作用对于任一建筑结构都是客观存在的。控制和减小非荷载作用的对策，主要为"放"与"抗"相结合，即构造措施与设计措施相结合。虽然计算机技术发展和理论研究已为非荷载作用的理论计算提供了可能，但由于非荷载作用所包含的温度场、混凝土收缩、徐变及差异沉降等随时间变化的变量因素还难以直接采用数值准确量化，规范强调的是从非荷载作用产生的结构受力、变形的趋势和概念出发，采取相应对策与措施。"放"即释放和尽量减小各种非荷载作用的影响，其设计构造措施主要有：

1）改善和加强屋盖及外墙保温隔热措施，避免结构直接外露，以减小结构经历的温度场变化。

2）适当采用外加剂、减水剂，减小水灰比，减少水泥用量，加强养护，低温入模，以减小混凝土材料自身收缩率，减小混凝土收缩变形。

3）根据实际结构的布置及受力情况，适当布置收缩后浇带，以减小混凝土前期收缩应力。

4）适当布置沉降后浇带，以释放施工阶段结构自重产生的差异沉降附加应力。

5）非结构构件如幕墙、填充墙与主体结构之间采用柔性连接，以释放和减小因结构差异变形引起的非结构构件中的附加内力。

6）采用合理的地基基础形式，保证地基基础具有合适的刚度，减小差异沉降及由此引起的附加结构应力。

1.3 施工图审查强条判定尺度

施工图审查中判定违反强制性条文的标准及尺度，实际执行中一直争议较大。同一问题有不同的判定标准，审查人员应如何把控尺度？对此，提出如下建议供参考：

1. 按发现问题的严重性综合判定

现行工程建设标准（包括强制性标准和推荐性标准）中有关规定与强制性工程建设规范的规定不一致的，以强制性工程建设规范（以下简称"通规"）的规定为准，原则上从严掌握，如满足设计说明中明确引用的某一现行标准的要求时，应按违反条文的严重程度进行判定。如某商业综合楼钢结构设计说明中，实际的楼面和屋面活荷载全部按照《结构通规》[⊖]取值，但在第四项注（1）中又写为"未特别说明的楼面及屋面活荷载取值按《建筑结构荷载规范》（GB 50009—2012）"，如图1-3所示，则可不按违反"强条"处理。如果楼、屋面荷载取值表中，商场的楼面活荷载按照《荷载规》第5.1.1条取为3.5kN/m²，应按违反"强条"进行处理。

2. 按影响结构的安全性综合判定

我国现行的通规有部分强条的规定过于原则，而与之相关的某些具体规定并不是强条，此种情况下建议按其造成影响安全的程度来综合判定。例如《抗震通规》第4.3.1条要求结构构件的截面抗震承载力应符合 $S \leqslant R/\gamma_{RE}$ 为强条，结构设计时构件截面抗震承载力不足的情况时有发生，若其抗震设防、荷载取值、内力组合、材料强度设计值未违反规

⊖ 为了力求本书的行文简洁，突出核心内容，本书所提到的标准、规范、政府文件、地方规定、规范指南和图示多用简称，全称及编号可参见书后附录A~C。不一一赘述。

钢结构设计说明（一）

四、楼屋面均布活载标准值： 楼面、屋面均布活载标准值（kN/m²）

项次	类别	标准值	项次	类别	标准值	项次	类别	标准值
1	卫生间、通风机房	8	4	屋面水箱荷载	10.0	7	宾馆	2.0
2	楼梯、门厅、走廊	3.5	5	上人屋面、宾馆	2.0	8	卫生间(宾馆)	2.5
3	商场	4.0	6	不上人屋面	0.5	9	光伏板	0.5

注：(1) 未特别说明的楼面及屋面活载取值按《建筑结构荷载规范》(GB50009—2012)。
(2) 屋面板、檩条、钢筋混凝土挑檐、悬挑雨篷和预制小梁，施工或检修集中荷载标准值取1.0kN。
(3) 楼梯、看台、阳台和上人屋面等的栏杆顶部水平荷载取1.0kN/m，竖向荷载应取1.2kN/m。
(4) 使用及施工堆载不得超过以上值。

图 1-3　某商业综合楼钢结构设计说明

定，且其程度尚未达到严重影响主体结构的安全性，则建议可不按违反强条来处理。在具体的抗震结构计算中，地震作用、荷载取值、内力组合、材料强度设计值为强条，而内力计算、承载力计算、调幅系数、刚度系数、保护层厚度等并不是强条。

3. 按违反强条的轻重度综合判定

当设计文件违反强条的程度较轻，且有下列情况之一的，可按照深度不足处理：

1）对仅通过说明或详图即可表达清楚的强条内容，设计文件中有相应的说明但不够完整，或详图表达不清晰。

2）必须通过说明和详图相结合方能表达清楚的强条内容，其中一项有欠缺。

3）以结构计算为主，说明为辅的强条内容，计算书中信息及参数正确，缺说明或说明不完整。

4）设计说明中遗漏某强条内容，但不影响结构整体计算和安全。例如《钢通规》第6.1.2条规定在罕遇地震作用下发生塑性变形的构件或部位的钢材超强系数不应大于1.35，实际审查时发现结构设计说明中经常漏写此强条内容，此时建议按深度不足处理。

4. 按违反强条的关联度综合判定

强制性工程建设规范体系覆盖工程建设领域的各类建设工程项目，分为工程项目类规范和通用技术类规范。通用技术类规范以实现工程建设项目功能性能要求的各专业通用技术为对象，以勘察、设计、施工、维修、养护等通用技术要求为主要内容。建议只对通用技术类规范中设计阶段执行的强制性条文进行审查，而对施工、维护和管理等阶段执行的强制性条文仅审查与设计相关的要求或技术指标，其他则建议不判定为强条。例如《抗震通规》第2.4.5条"抗震结构体系对结构材料（包含专用的结构设备）、施工工艺的特别要求，应在设计文件上注明"。该规范适用于工程项目的勘察、设计、施工、使用维护等，此条在设计阶段不易控制，设计文件即使不完全到位，审查中也不宜将此判定为强条。

1.4　施工图审查中的强条合并降级原则

随着政府部门对违反工程建设强制性标准处罚力度的加大，设计单位对审查中提出的强条数量越来越重视，审查人员应合理掌握强制性条文的合并原则，可概括为："相同问题合并提、高低皆可降级提、表达不清图为准、荷载有误看计算"。

1. 相同问题合并提

（1）当建设项目（包括多个单体）违反同一个强条规定时，建议合并为一个强条提出。

（2）当建设项目（包括多个单体）违反同一个强条中的不同条款规定时，建议合并为一个强条提出。

（3）当建筑工程多个子项存在完全相同的问题时，建议合并为一个强条提出。

（4）当不同专业违反同一个强条中相同内容时，建议合并到某一专业进行提出。

2. 高低皆可降级提

（1）对于通用规范中概念性表述有选择的用词说明，建议根据影响结构安全程度降一级，按照一般条文提出。

（2）当图纸中某些构件存在少量"强条"遗漏、缺失或错误，但不影响结构整体安全时，建议适当降低问题级别。

（3）需在结构设计说明中注明的"强条"内容，说明中注明不全或未注明且不会严重影响结构安全时，可按照一般条文提出。

3. 表达不清图为准

当涉及通用规范中强条内容同时出现在设计文件不同部位，但表述不一致时，建议遵循以下三点判定原则：

（1）同时出现在设计说明和详图中时，以详图为准。

（2）同时出现在平面布置图和详图中时，以详图为准。

（3）同时出现在设计总说明和各平面布置图标注或附注中时，以具体标注或附注为准。

4. 荷载有误看计算

（1）结构设计总说明中荷载取值错误，但计算书中正确，以计算书为准，建议按照一般条文提出。

（2）提供的计算书荷载中有遗漏、缺失或错误，但非最终配筋版的计算书，建议按照一般条文提出。

（3）提供的计算书不完整，建议按照设计深度不足提出。

1.5　施工图审查尺度要求

自施工图审查制度实施以来，有些问题一直影响着行业的健康发展，如审查属地化造成审查质量良莠不齐，审查标准和尺度不统一、审查人员夹杂个人看法和优化性建议、过度审查等现象，个别审查人员对问题定性过严，固执己见，难以沟通，在整改复审过程中，又反复提出新问题，导致多次修改仍不合格，这种技术上"一言堂"的做法，严重背离了施工图审查制度设立的初心。

1. 强条必改正，其他不强求

对于设计不符合强制性条文或违反法律、法规的问题，要求必须进行修改，然后再推进审查通过。但《实施工程建设强制性标准监督规定》（建设部令第81号）第5条规定（三新核准）进行审定、备案或通过超限审查性能化设计的内容除外。对存在较大争议或可能发生重大安全隐患的问题，设计坚持不改时，要经技术委员会研究通过并留下备忘记录。

2. 要点未执行，依据来说明

审查要点的表述是"如设计未严格执行本要点的规定，应有充分依据"。主要是考虑到要点不是强条，应允许设计在不降低质量和安全的前提下，根据实际需要采取其他有效的措施来解决问题，但应有充分依据。应当注意，规范规定的要求是设计的最低要求，并不是满足规范或强制性条文要求的设计就等于是安全的，设计人员要根据具体项目情况，科学合理地应用规范。

3. 审查非校审，安全须保证

施工图审查不是对施工图的校对、审核和审定，在很短的时间内对施工图进行全方位的审查是不可能的，审查内容过多反而会淡化应审查的内容，甚至造成错审或漏审，这一点应特别注意。要把主要精力用在地基基础和主体结构安全、消防安全、人防防护安全和强制性条文上。

4. 经济和优化，不归审查管

设计的方案选择、经济性和合理性等内容不属于施工图审查的范围，这些问题可在设计工程中通过多方案比较、专家论证或设计咨询等方式解决。某个专家的观点、设计经验均不应成为施工图审查的依据。

5. 深度不满足，可查可不查

设计深度虽然很重要，但其并不属于施工图审查的范围。审查要点中之所以有少量设计深度的要求，是因为这些深度问题可能会对施工或结构安全造成影响，如果某些设计深度问题不影响结构安全则不必对其进行审查。

6. 观点和经验，不应成意见

审查意见应注明问题的图号、部位、违反规范（规程、标准或法规）中的具体条（款）。至于采用何种方法进行修改应由设计人员自主决定，只要修改后的设计不违反规定都应允许采用。虽然很多审查人员具有丰富的设计经验，对如何修改设计也有自己的观点，但这些工作已超出施工图审查的范围，因此不应将如何具体修改写入审查意见中。

1.6　施工图审查意见的规范性

目前许多审查机构基本都采用网上数字化多图联审系统，初审意见在网上可追溯，有据可查，这就要求意见必须规范、严谨、准确、清楚。以便后期解决投诉或追责时厘清责任。

1. 术语的专业性

术语的专业性就是不说外行话，意见尽量采用专业术语，如"结施-1 中……不符合 GB 50011—2010 第×××条的规定"或"……应按 GB 50011—2010 第×××条执行"。

2. 整体的逻辑性

整体的逻辑性就是避免把意见写得前后矛盾，给设计人员修改图纸带来困惑，另外应注意意见的先后顺序，尽量按专业和图纸编排的顺序写审查意见。

3. 内容的简练性

内容的简练性就是指提出的问题要简练，不要啰唆，去繁就简，就问题提问题，少带个人观点，审查意见不是写评论，也不是写总结。

4. 用词的准确性

用词的准确性指审查意见中应尽量避免模棱两可的表达及一些口头语言，以免造成设计人员的误解和误改。

第2章

施工图设计专篇内容

　　施工图报审时需提供多种专篇内容，且各个专篇都具有重要的意义，它们从不同专业角度保障了建筑工程的节能环保、绿色低碳、防水抗裂、安全可靠等要求。在设计过程中，应严格依据相关规范进行设计，并在专篇中详细阐述设计内容和依据，以确保施工图能够顺利通过审查。

2.1　建筑消防结构设计专篇

　　特殊建设工程的建设单位应当向消防设计审查验收主管部门申请消防设计审查，建设单位申请消防设计审查，应当提交消防设计文件，而结构专业消防设计专篇是消防设计文件的重要组成部分。结构专业消防设计专篇包括混凝土结构、钢结构、木结构以及防爆结构等内容，如图2-1所示。

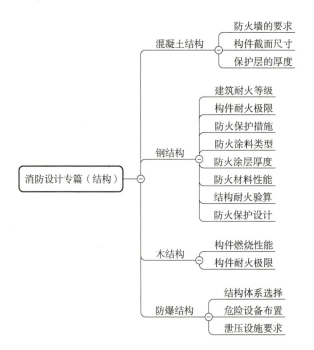

图 2-1　建筑结构消防设计专篇内容

2.1.1　混凝土结构

1. 设计依据

《建筑防火通用规范》GB 55037—2022（以下简称《建通规》）

《建筑设计防火规范》GB 50016—2014（2018 修订版）（以下简称《建规》）

2. 建筑耐火等级

（1）地下、半地下建筑（室）的耐火等级应为一级。

（2）建筑高度大于 50m（32m）的高层厂房（仓库）耐火等级应为一级。

（3）储存可燃液体的多层丙类仓库耐火等级应为一级。

（4）一类高层民用建筑的耐火等级应为一级。

3. 构件耐火极限

（1）建筑高度大于 100m 的工业与民用建筑楼板的耐火极限不应低于 2.00h。

（2）一、二级耐火等级建筑的上人平屋顶，其屋面板的耐火极限分别不应低于 1.50h 和 1.00h。

4. 防火墙要求

防火墙要求应设置在基础或框架梁、梁等承重构件上，并满足相应的耐火极限要求。

5. 构件截面尺寸和保护层厚度要求

构件最小截面尺寸、保护层厚度均应满足耐火极限要求。常见梁、板、柱和墙的实际耐火极限见表 2-1。若构件实际耐火极限小于《建规》规定的限值，则应采取防火措施。

表 2-1　梁、板、柱和墙的燃烧性能和实际耐火极限

构件名称		构件厚度或截面尺寸/mm	耐火极限/h	燃烧性能
承重墙	钢筋混凝土实体墙	120	2.50	不燃性
		180（240）	3.50（5.50）	不燃性
	加气混凝土砌块墙	100	2.00	不燃性
	轻质混凝土砌块墙	120（240）	1.50（3.50）	不燃性
非承重墙	加气混凝土砌块墙	100（200）	6.00（8.00）	不燃性
	粉煤灰加气混凝土砌块墙	100	3.40	不燃性
柱	钢筋混凝土柱	300×300（500）	3.00（3.50）	不燃性
		200×400（500）	2.70（3.00）	不燃性
		370×370	5.00	不燃性
	钢筋混凝土圆柱	直径 300（450）	3.00（4.00）	不燃性

（续）

构件名称		构件厚度或截面尺寸/mm	耐火极限/h	燃烧性能
简支钢筋混凝土梁	非预应力钢筋（预应力钢筋）	保护层厚度20mm	—	1.75	不燃性
		保护层厚度25mm	—	2.00（1.00）	不燃性
		保护层厚度30mm	—	2.30（1.20）	不燃性
		保护层厚度40mm	—	2.90（1.50）	不燃性
		保护层厚度50mm	—	3.50（2.00）	不燃性
楼板	现浇整体式梁板	保护层厚度20mm	100（120）	2.10（2.65）	不燃性
		保护层厚度30mm	100	2.15	不燃性

2.1.2 钢结构

1. 设计依据

《建筑防火通用规范》GB 55037—2022

《建筑设计防火规范》GB 50016—2014（2018修订版）

《建筑钢结构防火技术规范》GB 51249—2017

《钢结构防火涂料》GB 14907—2018

《钢结构防火涂料应用技术规程》T/CECS 24—2020

2. 建筑耐火等级

钢结构的防火设计文件应注明建筑的耐火等级、构件的设计耐火极限、构件的防火保护措施、防火材料的性能要求及设计指标。

3. 构件及防火涂料要求

构件耐火极限、防火涂料类型、防火涂层最小厚度（建筑高度<250m）详见表2-2。

表2-2 构件耐火极限、防火涂料类型和防火涂层最小厚度

构件类型	建筑耐火等级		涂料类型	涂层最小厚度
	一级	二级		
柱、柱间支撑	3.00h	2.50h	非膨胀型（石膏基）防火涂料	1.00h（≥15mm）
				1.50h（≥20mm）
楼面梁、楼面桁架、楼盖支撑	2.00h	1.50h		2.00h（≥30mm）
				2.50h（≥40mm）
楼板（建筑高度≥100m）	2.00h	—		3.00h（≥50mm）
组合楼板	1.50h	1.00h	非膨胀型（石膏基）防火涂料	1.00h（≥15mm）
屋顶承重构件、屋盖支撑、系杆	1.50h	1.00h		1.50h（≥20mm）
上人平屋面板	1.50h	1.00h		

（续）

构件类型	建筑耐火等级		涂料类型	涂层最小厚度
	一级	二级		
疏散钢楼梯	1.50h	1.00h	非膨胀型（石膏基）防火涂料	1.00h（≥15mm） 1.50h（≥20mm）
			膨胀型（水基性/溶剂性）防火涂料	1.00h（≥1.5mm） 1.50h（≥2.5mm）
疏散通道雨篷	1.50h	1.00h	膨胀型（溶剂性）防火涂料	1.00h（≥2.0mm） 1.50h（≥2.5mm）

（1）柱间支撑的设计耐火极限应与柱相同，楼盖支撑的设计耐火极限应与梁相同，屋盖支撑和系杆的设计耐火极限应与屋顶承重构件相同。钢结构节点、防屈曲构件、阻尼器、耗能组件的设计耐火极限应与相连构件最大耐火极限相同；吊车梁的设计耐火极限不应低于表 2-2 中梁的设计耐火极限。

（2）一、二级耐火等级的单层厂房（仓库）的柱，其设计耐火极限可按表 2-2 中规定降低 0.50h；一级耐火等级的单层、多层厂房（仓库）设置自动喷水灭火系统时，其屋顶承重构件的设计耐火极限可按表 2-2 规定的降低 0.50h。

（3）钢结构构件的耐火极限经验算低于设计耐火极限时，应采取防火保护措施。

（4）非膨胀型防火涂料，等效热传导系数 $\lambda_i \leq 0.09$［W/（m·℃）］，粘结强度 ≥ 0.04MPa，干密度 ≤ 400kg/m³，非膨胀型防火涂料耐久年限不低于 30 年；膨胀型防火涂料，等效热阻 $R_i \geq 0.3$（m²·℃/W），粘结强度 ≥ 0.2MPa（防火设计指标是防火设计的基础数据，也是保证涂料耐火性能发挥的重要指标，应依据规范要求和设计具体情况来确定）。

（5）防火涂料应具有设计耐火极限对应的耐火性能分级型式检验报告，和消防产品认证证书，以及等效热传导系数（非膨胀型）或等效热阻（膨胀型）的 CMA 检测报告。

（6）严禁采用含苯类溶剂类和石棉蛭石成分产品，有害物质、烟气毒性和石棉含量应分别满足 GB/T 20285、JGT 415 和 GB/T 23263 的要求，烟气毒性安全等级不应低于 AQ2 级。

（7）非膨胀型采用机械喷涂，一次施工成型；膨胀型采用高压无气喷涂，分层施工。

（8）溶剂性防火涂料施工环境温度宜为 5~38℃，相对湿度不应大于 85%；风速大于 5m/s 时不宜作业，雨天或构件表面结露时不应作业。水基性防火涂料施工和养护期间，环境温度应为 5~38℃。

（9）膨胀型防火涂料尚应满足如下要求：

1）采用丙烯酸类水基型超薄防火涂料，等效热阻≥0.25（m²·℃/W）；若不满足，应重新计算提交设计审核。提交 CMA 资质的等效热阻原检和复检检测报告及膨胀倍率说明，供设计人员核验。粘结强度≥0.3MPa，耐久年限不低于 10 年。

2）面漆应与防火涂料相容，不能对防火涂料的膨胀产生围箍效应；防腐与防火组成的涂装系统应满足循环腐蚀测试要求。

3）采用高压机械无气喷涂工艺，至少分三层施工，做到不流坠、不脱层、不起泡，前一层固化后方可进行下一层施工。

4. 防火计算

（1）钢结构应按结构耐火承载力极限状态进行耐火验算与防火设计。

（2）钢结构的防火设计应根据结构的重要性、结构类型和荷载特征等选用基于整体结构耐火验算或基于构件耐火验算的防火设计方法，并应符合下列规定：

1）跨度≥60m 的大跨度钢结构，宜采用基于整体结构耐火验算的防火设计方法。

2）预应力钢结构和跨度≥120m 的大跨度建筑中的钢结构，应采用基于整体结构耐火验算的防火设计方法。

2.1.3 木结构

1. 设计依据

《建筑防火通用规范》GB 55037—2022（以下简称《建通规》）

《建筑设计防火规范》GB 50016—2014（2018 修订版）（以下简称《建规》）

《木结构设计标准》GB 50005—2017（以下简称《木标》）

《建筑材料及制品燃烧性能分级》GB 8624—2012

2. 建筑耐火等级、构件的燃烧性能和耐火极限

木结构建筑构件的燃烧性能和耐火极限不应低于表 2-3 的规定。

表 2-3　木结构建筑构件的燃烧性能和耐火极限

序号	构件名称	燃烧性能，耐火极限/h
1	防火墙	不燃性，3.00
2	承重墙、住宅建筑单元之间的墙和分户墙，楼梯间的墙	难燃性，1.00
3	电梯井的墙	不燃性，1.00
4	非承重外墙，疏散走道两侧的隔墙	难燃性，0.75

（续）

序号	构件名称	燃烧性能，耐火极限/h
5	房间隔墙	难燃性，0.50
6	承重柱	可燃性，1.00
7	梁	可燃性，1.00
8	楼板	难燃性，0.75
9	屋顶承重构件	可燃性，0.50
10	疏散楼梯	难燃性，0.50
11	吊顶	难燃性，0.15

（1）除《建规》另有规定外，当同一座木结构建筑存在不同高度的屋顶时，较低部分的屋顶承重构件和屋面不应采用可燃性构件，采用难燃性屋顶承重构件时，其耐火极限不应低于0.75h。

（2）轻型木结构建筑的屋顶，除防水层、保温层及屋面板外，其他部分均应视为屋顶承重构件，且不应采用可燃性构件，耐火极限不应低于0.50h。

（3）当建筑的层数不超过2层、防火墙间的建筑面积小于600m²且防火墙间的建筑长度小于60m时，建筑构件的燃烧性能和耐火极限可按《建规》有关四级耐火等级建筑的要求确定。

2.1.4　防爆结构

1. 设计依据

《建筑设计防火规范》GB 50016—2014（2018修订版）（以下简称《建规》）

2. 设计要求

（1）有爆炸危险的甲、乙类厂房宜独立设置，并宜采用敞开或半敞开式。其承重结构宜采用钢筋混凝土或钢框架、排架结构。

（2）有爆炸危险的设备应避开厂房的梁、柱等主要承重构件布置。

（3）作为泄压设施的轻质屋面板和墙体的质量不宜大于60kg/m²。

（4）屋顶上的泄压设施应采取防冰雪积聚措施。

2.2　绿色建筑结构设计专篇

绿色建筑应体现共享、平衡、集成的理念，在设计过程中规划、建筑、结构、给水排水、暖通空调、燃气、电气与智能化、室内设计、景观、经济等各专业应紧密配合。因此要求在施工图设计阶段提供绿色建筑设计专篇，在专篇中明确绿色建筑等级目标，相关专业采取的技术措施和详细的设计参数，并明确对绿色建筑施工与建筑运营管理的技术要求。绿色建筑评价指标体系应由安全耐久、健康舒适、生活便利、资源节约、环境宜居 5 类指标组成，且每类指标均包括控制项和评分项。结构专业绿色建筑设计专篇包括的内容如图 2-2 所示。

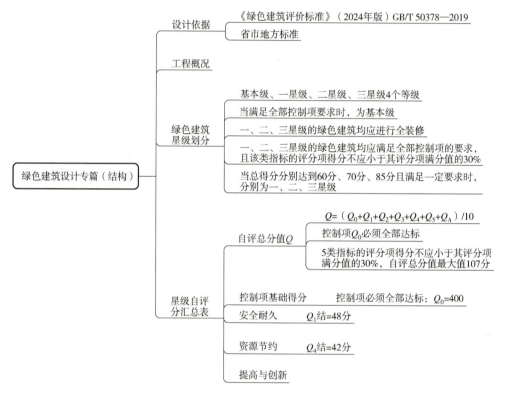

图 2-2　绿色建筑设计专篇（结构）内容

1. 设计依据

《绿色建筑评价标准》（2024 年版）GB/T 50378—2019（以下简称《绿评标》）

《公共建筑节能设计标准》GB 50189—2015（以下简称《公建节能标》）

《严寒和寒冷地区居住建筑节能设计标准》JGJ 26—2018（以下简称《严寒节能标》）

2. 绿色建筑基本级施工图设计审查自评表

控制项是绿色建筑的必要条件，当建筑项目满足本标准全部控制项的要求时，绿色建筑的等级即达到基本级。控制项中与结构专业有关的内容详见表 2-4 中的要求。

表 2-4　绿色建筑基本级施工图设计审查自评表（结构部分）

序号	指标	控制项技术要求	证明材料说明	条文
1	安全耐久	建筑结构应满足承载力和建筑使用功能要求。建筑外墙、屋面、门窗、幕墙及外保温等围护结构应满足安全、耐久和防护的要求	结构设计说明、计算书和结构施工图	《绿评标》第 4.1.2 条
		外遮阳、太阳能设施、空调室外机位、外墙花池等外部设施应与建筑主体结构统一设计、施工，并应具备安装、检修与维护条件	结构设计说明、计算书和结构施工图	《绿评标》第 4.1.3 条
		建筑内部的非结构构件、设备及附属设施等应连接牢固并能适应主体结构变形	结构计算书和结构施工图	《绿评标》第 4.1.4 条
2	资源节约	不应采用建筑形体和布置严重不规则的建筑结构	结构设计说明和结构施工图	《绿评标》第 7.1.8 条
		选用的建筑材料应符合下列规定： 1）500km 以内生产的建筑材料重量占建筑材料总重量的比例应大于 60% 2）现浇混凝土应采用预拌混凝土，建筑砂浆应采用预拌砂浆	结构设计说明	《绿评标》第 7.1.10 条

3. 绿色建筑星级设计结构专篇内容

一星级、二星级、三星级 3 个等级的绿色建筑均应满足表 2-4 中全部控制项的要求，且每类指标的评分项得分不应小于其评分项满分值的 30%，评分项结构部分内容详见表 2-5。

表 2-5　绿色建筑星级施工图设计审查自评表（结构部分）

序号	指标	技术要求		总分值	自评分值	证明材料说明及得分依据	条文
1	安全耐久（48 分）	采用基于性能的抗震设计并合理提高建筑的抗震性能		10 分		结构设计说明、结构计算书	《绿评标》第 4.2.1 条
		采取提升建筑适变性的措施	（1）采取通用开放、灵活可变的使用空间设计，或采取建筑使用功能可变的措施	7 分		结构设计说明、结构布置图、装配式建筑设计专篇	《绿评标》第 4.2.6 条
			（2）建筑结构与建筑设备管线分离	7 分			
			（3）采用与建筑功能和空间变化相适应的设备设施布置方式或控制方式	4 分			
		提高建筑结构材料的耐久性	（1）按 100 年进行耐久性设计	10 分		结构设计说明、结构计算书	《绿评标》第 4.2.8 条
			（2）采用耐久性能好的建筑结构材料，且应满足下列条件之一： 1）对于混凝土构件，提高钢筋保护层厚度或采用高耐久混凝土 2）对于钢构件，采用耐候结构钢及耐候型防腐涂料 3）对于木构件，采用防腐木材、耐久木材或耐久木制品	10 分			

（续）

序号	指标	技术要求		总分值	自评分值	证明材料说明及得分依据	条文
2	资源节约（42分）	合理选用建筑结构材料与构件	（1）混凝土结构，按下列规则分别评分并累计： 1）400MPa级及以上强度等级钢筋应用比例达到85%，得5分 2）混凝土竖向承重结构采用强度等级不小于C50的混凝土用量占竖向承重结构中混凝土总量的比例达到50%，得5分	10分		结构设计说明、结构施工图	《绿评标》第7.2.15条
			（2）钢结构，按下列规则分别评分并累计： 1）Q355及以上高强钢材用量占钢材总量的比例达到50%，得3分；达到70%，得4分 2）螺栓连接等非现场焊接节点占现场全部连接、拼接节点的数量比例达到50%，得4分 3）采用施工时免支撑的楼屋面板，得2分				
			（3）混合结构：对其混凝土结构部分、钢结构部分，分别按本条第1款、第2款进行评价，得分取各项得分的平均值				
		建筑装修选用工业化内装部品占同类部品用量比例达到50%以上的部品种类，达到1种，得3分；达到3种，得5分；达到3种以上，得8分		8分		装配式建筑设计专篇	《绿评标》第7.2.16条
		选用可再循环材料、可再利用材料及利废建材，按下列规则分别评分并累计	（1）可再循环材料和可再利用材料用量比例，按下列规则评分： 1）住宅建筑达到6%或公共建筑达到10%，得3分 2）住宅建筑达到10%或公共建筑达到15%，得6分	12分		建筑设计说明、结构设计说明、可循环材料用量比例计算	《绿评标》第7.2.17条
			（2）利废建材选用及其用量比例，按下列规则评分： 1）采用一种利废建材，其占同类建材的用量比例不低于50%，得3分 2）选用两种及以上的利废建材，每一种占同类建材的用量比例均不低于30%，得6分				
		选用绿色建材，绿色建材应用比例不低于30%，得4分；不低于50%，得8分；不低于70%，得12分		12分		结构设计说明	《绿评标》第7.2.18条

（续）

序号	指标	技术要求	总分值	自评分值	证明材料说明及得分依据	条文
3	提高与创新（50分）	采用符合工业化建造要求的结构体系与建筑构件，并按下列规则评分： 1）主体结构采用钢结构、木结构，得10分 2）主体结构采用装配式混凝土结构，地上部分预制构件应用混凝土体积占混凝土总体积的比例达到35%，得5分；达到50%，得10分	10分		结构设计说明、结构计算书	《绿评标》第9.2.5条
		采取节约资源、保护生态环境、降低碳排放、保障安全健康、智慧友好运行、传承历史文化等其他创新，并有明显效益，每采取一项，得10分，最高得40分	40分		结构施工图、结构设计说明	《绿评标》第9.2.10条

2.3　建筑防水结构设计专篇

施工图设计文件应编制防水设计专篇。设计专篇应包含地下、屋面、外墙、室内防水的材料要求及详细构造，包括各类接缝防水构造和节点防水构造。结构专业基本内容可包含：工程防水设计工作年限、防水等级和防水做法；细部节点防水构造设计；防水材料性能和技术措施；排水、截水设计及维护措施。其主要内容如图 2-3 所示。

图 2-3　建筑防水结构设计专篇内容

1. 建筑工程防水等级和工作年限

（1）建筑工程的防水类别。工业与民用建筑的地下、屋面、外墙、室内等按其防水功能重要程度分为甲类、乙类和丙类。公共建筑和居住建筑的屋面、外墙和室内工程，有人员活动的民用建筑地下室为甲类。

（2）建筑工程防水使用环境类别。建筑工程的地下、屋面、外墙和室内防水使用环境类别分为Ⅰ类、Ⅱ类和Ⅲ类。

（3）建筑工程防水等级。建筑工程防水等级依据建筑工程类别和建筑工程防水使用环境类别划分为一级、二级和三级，见表2-6。

表2-6 建筑工程防水等级划分

环境类别 防水类别	Ⅰ类	Ⅱ类	Ⅲ类
甲类	一级	一级	二级
乙类	一级	二级	三级
丙类	二级	三级	三级

2. 建筑工程的防水设计工作年限

（1）地下工程防水设计工作年限不应低于工程结构设计工作年限。

（2）屋面工程防水设计工作年限不应低于20年。

（3）室内工程防水设计工作年限不应低于25年。

3. 建筑屋面工程

（1）屋面排水坡度：

1）当屋面采用结构找坡时，其坡度≥3%。

2）混凝土屋面檐沟、天沟的纵向坡度≥1%。

（2）女儿墙宜采用现浇混凝土，宜与屋面板一次浇筑完成；如需留水平施工缝，宜留在屋面板向上300mm处。金属檐沟、天沟的伸缩缝间距不宜大于30m。

（3）屋面压型金属板的厚度应由结构设计确定，且应符合下列规定：

1）压型铝合金面层板的公称厚度不应小于0.9mm。

2）压型钢板面层板的公称厚度不应小于0.6mm。

3）压型不锈钢面层板的公称厚度不应小于0.5mm。

（4）屋面混凝土结构层应采用现浇钢筋混凝土，混凝土强度等级不宜低于C30，板厚不宜小于120mm，双层双向配筋间距不应大于150mm，控制裂缝宽度小于0.2mm。屋面外角应另加设放射构造筋。

4. 建筑地下工程

（1）地下工程迎水面主体结构应采用防水混凝土，并应符合：

1）防水混凝土应满足抗渗等级要求。

2）防水混凝土结构厚度不应小于 250mm。

3）防水混凝土的裂缝宽度不应大于结构允许限值，并不应贯通。

4）寒冷地区抗冻设防段防水混凝土抗渗等级不应低于 P10。

（2）受中等及以上腐蚀性介质作用的地下工程应符合：

1）防水混凝土强度等级不应低于 C35。

2）防水混凝土设计抗渗等级不应低于 P8。

3）迎水面主体结构应采用耐侵蚀性防水混凝土，外设防水层应满足耐腐蚀要求。

5. 细部构造措施

（1）地下室底板不宜设置施工缝，地下室侧墙施工缝应设在结构受力较小且便于施工的位置，具体位置应由结构设计确定；施工缝结构断面内可采用预埋钢板止水带水、遇水膨胀止水条（胶）等。

（2）后浇带应设在受力和变形小的部位，具体位置及间距应由结构设计确定，其宽度宜为 700~1000mm。后浇带应采用补偿收缩混凝土，其混凝土强度等级和抗渗等级应不低于两侧混凝土相应等级，钢筋应连接，两侧中部应设置钢板止水带，或设置缓膨型遇水膨胀橡胶止水条并宜设置预备注浆系统，后浇带混凝土两侧接缝处可涂水泥基渗透结晶型防水剂，附加防水层宜采用 2mm 厚柔性防水材料，每边宜宽出后浇带 300mm。

（3）地下工程集水坑和排水沟应做防水处理，排水沟的纵向坡度不应小于 0.2%。

（4）穿墙管设置防水套管时，防水套管与穿墙管之间应密封。

（5）外露使用防水材料的燃烧性能等级不应低于 B2 级。

6. 施工及运维要求

（1）施工应严格按《建筑与市政工程防水通用规范》GB 55030—2022 第 5 章的要求执行。

（2）运行维护应严格按《建筑与市政工程防水通用规范》GB 55030—2022 第 7 章的要求执行。

（3）防水混凝土、防水卷材、防水涂料、止水带的施工严格按规范相关要求执行。

（4）防水卷材最小搭接宽度按不小于《建筑与市政工程防水通用规范》GB 55030—

2022 表 5.1.7 条的要求执行。

（5）防水层施工完成后要做好成品保护措施。

（6）屋面坡度大于 30% 时，施工过程中应采取防滑措施。

2.4　装配式建筑结构设计专篇

装配式建筑是一个系统工程，是将预制部品部件通过系统集成的方法在工地装配而成的建筑。装配式建筑一般由结构系统、外围护系统、内装系统和设备与管线系统组成，按照结构体系划分可包括装配式混凝土结构建筑、装配式钢结构建筑、装配式木结构建筑及装配式混合结构建筑等。结构专业协同各专业设计的主要内容如图 2-4 所示。

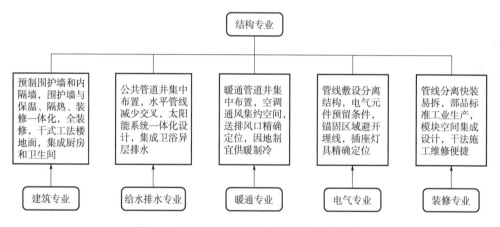

图 2-4　结构专业协同各专业设计的主要内容

装配式混凝土结构主要包括装配整体式框架结构和剪力墙结构。装配式框架结构是指全部或部分框架梁、柱采用预制构件通过可靠的连接方式装配而成的结构形式，装配式剪力墙结构是将竖向结构主要受力构件如剪刀墙、梁、板等由预制混凝土构件组成的装配式混凝土结构。装配式剪力墙结构是目前技术最成熟、应用最广泛的一种装配式混凝土体系，是高层住宅建筑的首选结构体系。装配式钢结构是由钢制材料组成的装配式结构。目前高层装配式钢结构建筑的结构体系传统的有框架、框架-中心支撑体系等。装配式钢结构主要由型钢和钢板等制成的钢梁、钢柱、钢桁架等构件组成，并采用镀锌等除锈防锈工艺。装配式木结构建筑是指主要的木结构承重构件、木组件和部品在工厂预制生产，并通过现场安装而成的木结构建筑。装配式木结构建筑在建筑全寿命周期中应符合可持续性原则，且应满足装配式建筑标准化设计、工厂化制作、装配化施工、一体化装修、信息化管理和智能化应用的"六化"要求。装配式钢和混凝土组合结构是指采用工厂生产的型钢梁和混凝土预制构件通过某种构造方式，在现场组合成为整体，兼具钢结构和混凝土结构的特性，共同承受荷载的一种结构。装配式建筑结构设计专篇主要内容如图 2-5 所示。

图 2-5　装配式建筑结构设计专篇内容

2.4.1　设计依据

1. 装配式建筑设计标准

国家标准《装配式混凝土建筑技术标准》GB/T 51231—2016、《装配式钢结构建筑技术标准》GB/T 51232—2016 和《装配式木结构建筑技术标准》GB/T 51233—2016；行业标准《装配式混凝土结构技术规程》JGJ 1—2014 和《装配式住宅建筑设计标准》JGJ/T 398—2017。

2. 装配式建筑评价标准

国家标准《装配式建筑评价标准》GB/T 51129—2017。需注意不同省市也相应编制了具有地方特色的装配式建筑评价标准，在评价指标体系中突出地方发展特点和需求，例如山东省《装配式建筑评价标准》DB37/T 5127—2018 在装配式评分表中增加了"标准化设计"和"信息化技术"两项内容。北京市《装配式建筑评价标准》DB11/T 1831—2021 在装配式评分表中增加了"绿色建筑评价星级等级"。设计人员在编制装配式建筑专篇时，应结合当地对装配式建筑的要求，依据地方评价标准进行装配率计算。

2.4.2 采用的材料及性能要求

1. 预制混凝土构件

预制混凝土构件强度等级不得低于 C30。

2. 预制构件钢筋

（1）预制构件使用的钢筋规格、间距、钢材牌号、性能需满足配套结构施工图要求及生产、运输、吊装要求。

（2）清水混凝土构件钢筋工程应满足《清水混凝土应用技术规程》5.2.2 条款要求。

（3）钢筋焊接网应符合《钢筋焊接网混凝土结构技术规程》JGJ 114 的规定。

（4）预制构件中钢筋保护层厚度需满足配套结构施工图要求，如需调整应取得原设计单位同意。

（5）预制构件中的受力吊环直径不大于 14mm 时可采用未经冷加工的 HPB300 级钢筋，直径大于 14mm 时应采用 Q235B 级圆钢。吊装用内埋式螺母或吊杆及配套的锚具的材料应符合国家现行相关标准的规定。

3. 预制构件连接材料

（1）预制楼梯、预制外围护墙与主体结构的找平层采用干硬性砂浆，强度等级 ≥ M15。其他预制构件节点及接缝处后浇混凝土的强度等级应高于被连接构件混凝土的强度等级。

（2）多层剪力墙结构中墙板水平接缝用坐浆材料、塞缝材料（专用坐浆料拌合物）应采用具有无收缩或微膨胀性能的专用坐浆料，其强度应较预制构件混凝土强度提高至少一个等级且不低于 30MPa。

（3）采用套筒灌浆连接和浆锚搭接连接的钢筋应采用热轧带肋钢筋，套筒应符合《钢筋连接用灌浆套筒》JG/T 398 的规定，灌浆料应符合《钢筋连接用套筒 灌浆料》JG/T 408 的规定，连接接头尚应符合《钢筋套筒灌浆连接应用技术规程》JGJ 355—2015 的规定。

（4）预制外围护墙的螺纹盲孔连接应采用Ⅱ类灌浆料，钢筋浆锚搭接接头、套筒连接接头应采用专用灌浆料。

2.4.3　预制构件详图及加工图

深化设计文件应包括（但不限于）下述内容：

（1）预制构件平面和立面布置图。

（2）预制构件模板图、配筋图、材料和配件明细表。

（3）预埋件布置图和细部构造详图。

（4）带瓷砖饰面构件的排砖图。

（5）内外叶墙板拉结件布置图和保温板排版图。

（6）计算书。根据《混凝土结构工程施工规范》GB 50666—2011 的有关规定，应根据设计要求和施工方案对脱模、吊运、运输、安装等环节进行施工验算，例如预制构件、预埋件、吊具等的承载力、变形和裂缝等。

2.4.4　预制构件的生产和检验要求

（1）预制构件模具的尺寸允许偏差和检验方法应符合《装配式混凝土结构技术规程》JGJ 1—2014 中 11.4.2 条款的相关规定。

（2）预制构件与现浇混凝土的结合面应做粗糙面，粗糙面的面积均小于结合面的80%，且外露粗骨料的凹凸应沿整个结合面均匀连续分布。预制砌体墙与预制承重构件、预制板的粗糙面凹凸深度应≥4mm，预制梁、柱、墙的受力连接端粗糙面凹凸深度应≥6mm。

（3）预制构件纵向受力钢筋采用钢筋套筒灌浆连接，应在构件生产前进行钢筋套筒灌浆连接接头抗拉强度试验，每种规格的连接接头试件数量不应少于 3 个。

（4）构件浇筑成型前，模具、隔离剂涂刷、钢筋成品（骨架）质量、保护层控制措施、预留孔道、配件和埋件等，应逐件进行隐蔽验收，符合有关标准规定和设计文件要求后方可浇筑混凝土。

（5）预制构件外观应光洁平整，不应有一般缺陷和严重缺陷，生产单位应根据不同的缺陷制定相应的修补方案，修补方案应包括材料选用、缺陷类型及对应修补方法、操作流程、检查标准等内容，应经过监理单位和设计单位书面批准后方可实施。

（6）工程采用的预制构件应按现行规范《混凝土结构工程施工质量验收规范》

GB 50204 的有关规定进行结构性能检验。

（7）预制构件检查合格后，应在构件上设置表面标识，标识内容宜包括构件编号、制作日期、合格状态、生产单位等信息。

2.4.5　预制构件的运输和堆放要求

1. 预制构件运输

（1）预制构件混凝土强度达到设计强度时方可运输。

（2）预制构件运输宜选用低平板车，车上应设有放靠专用架，且有可靠的稳定构件措施。

（3）预制外围护墙板宜采用直立方式运输，直立方式运输除了需注意超高限制外还要防止倾覆，必须制作专用钢排架，排架常有山形架和 A 字架。构件与排架之间须有限位措施并绑扎牢固，同时做好易碰部位的边角保护。

（4）叠合板预制底板、预制阳台、预制楼梯可采用平放运输，平放运输应计算出最佳支点距离且谨慎采取两点以上支点的方式，如必须采用两点以上支点需有专门措施保证每个支点同时受力。构件平躺叠加，支点与上下层构件的接触点必须设置减震措施，如垫橡胶块等，禁止硬碰硬方式。重叠不宜超过 5 层，且各层垫块必须在同一竖向位置。

2. 预制构件堆放

（1）预制构件运送到施工现场后，应按规格、品种、所用部位、吊装顺序分别设置堆场。现场堆放场地应设置在高吊工作范围内，最好为正吊，堆垛之间宜设置通道。

（2）现场运输道路和堆放场地应平整坚实，并有排水措施。运输车辆进入施工现场的道路，应满足预制构件的运输要求。卸放、吊装工作范围内，不得有障碍物，并应有满足预制构件周转使用的场地。现场堆置一般按一至二层数量为单位。

（3）预制外墙板可采用插放或靠放，堆放架应有足够的刚度和稳定性，并需支垫稳固。宜将相邻堆放架连成整体，在堆置 PC 板时下口两端垫置 100mm×100mm 木料，确保板外边缘不受破坏。对连接止水条、高低口、墙体转角等的薄弱部位，应采用定型保护垫块或专用式附套件加强保护。

（4）叠合板吊装时应慢起慢落，并避免与其他物体相撞，应保证起重设备的吊钩位置、吊具及构件重心在垂直方向上重合，吊索与构件水平夹角不宜小于 60°，当吊点数量为 6 点时应采用专用吊具，吊具应具有足够的承载能力和刚度。

（5）堆放场地应平整夯实，并设有排水措施，堆放时底板与地面之间应有一定的空隙。垫木放置在桁架侧边，板两端（至板端 200mm）及跨中位置均应设置垫木且间距不大于 1.5m。垫木应上下对齐，不同板号应分别堆放，堆放高度不应大于 5 层。堆放时间不宜超过两个月。

（6）预制阳台、预制楼梯可采用水平叠放方式，层与层之间应垫平、垫实，各层支垫应上下对齐，最下面一层支垫应通长设置。叠合板、预制底板水平叠放层数不应大于 6 层，预制阳台、预制楼梯水平叠放层数不应大于 4 层。

2.4.6　预制构件现场安装要求

（1）施工单位应对套筒灌浆施工工艺进行必要的试验，对操作人员进行培训、考核，施工现场有专人值守和记录，并留有影像资料。钢筋连接用灌浆套筒操作要求如下：

1）套筒灌浆操作应由供货方对施工人员进行培训并认可，施工方应固定灌浆操作员，严禁未经培训的人员随意操作。

2）水平预制板缝灌浆填充前应清理界面处渣物，并做好周围密封措施，以免漏浆。

3）灌浆路径过长时应做分仓处理，宜 3~4 个灌浆套筒为一个仓格，仓格间距不宜大于 1.2m，不应大于 1.5m。

4）套筒灌浆在同层现浇混凝土浇筑后即可施工，同时要求监理旁站并逐个逐项检查，做好相关记录，必须确保节点施工质量。

5）灌浆施工时，环境温度不应低于 5℃，当连接部位养护温度低于 10℃ 时，应采取加热保温措施。

6）灌浆料拌合物应在制备后 30min 内用完。

（2）预制件吊装。

1）现场吊装用螺栓必须使用高强螺栓。

2）所用吊具材质、规格、强度必须满足设计及相关规范要求。

3）吊具须有专人管理并做使用记录，每次使用前应检查损坏情况。

4）吊点连接位置必须按图纸标注使用"吊装用"金属连接件。

5）如无特殊说明，吊装顺序按预制构件编号顺序进行。

（3）钢筋套筒灌浆连接专项施工要求如下：

1）施工单位应当在钢筋套筒灌浆连接施工前，单独编制套筒灌浆连接专项施工方案。专项施工方案中应明确吊装灌浆工序作业时间节点、灌浆料拌和、分仓设置、补灌工艺和坐浆工艺等要求。

2）灌浆料进场时，施工单位应按规定随机抽取灌浆料进行性能检验。在灌浆施工过程中，施工单位应当按规定留置灌浆料标准养护 28d 抗压强度试件，并应当留置同条件养护抗压强度试件。同条件养护试件抗压强度未达到 35N/mm²，不得进行对接头有扰动的后续施工。

3）钢筋套筒灌浆连接应符合《钢筋套筒灌浆连接应用技术规程》（JGJ 355）的规定，施工现场应有符合要求的接头试件型式检验报告。钢筋套筒灌浆接头工艺检验和接头抗拉强度的试件，应由施工现场实际灌浆施工人员在见证人员的见证下制作，接头检测报告上应明确灌浆施工人员及其单位。

4）套筒灌浆连接施工的灌浆时间应符合设计要求，当设计无要求时应符合下列规定：①同一楼层的预制梁吊装完成并验收合格后应进行灌浆施工；②同一楼层的竖向预制构件吊装完成并验收合格后宜进行灌浆施工；③连续二层竖向预制构件吊装完成并验收合格后应进行灌浆施工。

5）竖向钢筋套筒灌浆施工时，出浆孔未流出圆柱体灌浆料拌合物时不得进行封堵，持压时间不得低于规范要求。水平钢筋套筒灌浆施工时，灌浆料拌合物的最低点低于套筒外表面时不得进行封堵。当灌浆套筒施工时，出浆孔出现无法出浆的情况时，采取的补灌工艺应符合《钢筋套筒灌浆连接应用技术规程》（JGJ 355）的规定。

6）灌浆施工后，施工单位和监理单位相关人员必须对出浆孔内灌浆料拌合物情况实施检查，当采用竖向钢筋连接套筒时，灌浆料加水拌和 30min 内，一经发现出浆孔空洞明显，应及时进行补灌。采用水平钢筋连接套筒施工停止后 30s 内，一经发现灌浆料拌合物下降，应检查灌浆套筒的密封或灌浆料拌合物排气情况，并及时补灌。补灌后，施工单位和监理单位必须进行复查。

7）应采取可靠的检测方法对套筒灌浆质量进行检测，目前较常见的检测方法有：X 射线工业 CT 法、预埋传感器法、预埋钢丝拉拔法、X 射线胶片成像法。

2.4.7 预制构件工程验收

（1）装配式结构部分应按照混凝土结构子分部工程进行验收；当结构中部分采用现浇混凝土结构时，装配式结构部分可作为混凝土结构子分部工程的分项工程进行验收。

（2）对装配式结构子分部工程进行验收时，应满足现行规范《装配式混凝土结构技术规程》JGJ 1、《混凝土结构工程施工质量验收规范》GB 50204、《建筑装饰装修工程质量验收规范》GB 50210 的有关规定。

（3）装配式混凝土结构验收时，除应按《装配式混凝土结构技术规程》JGJ 1、《混凝土结构工程施工质量验收规范》GB 50204 提供文件和记录外，尚应提供如下资料：①预制构件的质量证明文件；②饰面瓷砖与预制构件基面的粘结强度值。

2.5　住宅质量防控结构设计专篇

为有效防控住宅工程质量常见问题，进一步提升建筑工程品质，按照《建筑品质指导意见》（国办函〔2019〕92 号）文件精神，各地市相继编制了住宅工程质量常见问题防控技术标准、导则及住宅工程质量常见问题防控技术措施，并明确规定新申报审查的住宅工程施工图设计文件中，必须含有住宅工程质量常见问题防控技术措施专篇。其他建筑工程的质量常见问题可参照执行。住宅工程质量常见问题防控技术措施结构设计专篇的主要内容（以山东省为例）如图 2-6 所示。

图 2-6　住宅质量防控结构设计专篇内容

2.5.1　设计依据

(1)《装配整体式混凝土结构设计规程》DB37/T 5018—2014

(2)《住宅工程质量常见问题防控技术标准》DB37/T 5157—2020

2.5.2　地基基础工程

1. 地基基础不均匀沉降控制

(1) 同一结构单元不宜采用多种类型的地基基础设计方案;当采用两种或两种以上地基基础方案时,应采取措施控制其差异沉降。

(2) 地基基础采用桩基时,同一结构单元桩端宜置于同一地基持力层上,当桩端不在同一持力层上时,应采取措施解决地基基础的不均匀沉降问题。

(3) 采用桩基和地基处理的,当缺乏地区经验时,应在开工前进行施工工艺试验。桩基或地基处理施工后,各类地基的休止期应满足相关标准和规范要求。桩基或地基处理工程验收时,应进行桩身质量、单桩承载力或处理后的地基承载力检验。当检验结果不符合要求时,应扩大检测并分析原因,由设计单位核算并出具处理方案进行处理。

(4) 下列建筑物应在施工期间及使用期间进行沉降变形观测:

1) 地基基础设计等级为甲级的建筑物。

2) 软弱地基上的地基基础设计等级为乙级的建筑物。

3) 处理地基上的建筑物。

4) 加层、扩建建筑物。

5) 受邻近深基坑开挖施工影响或受场地地下水等环境因素变化影响的建筑物。

6) 采用新型基础或新型结构的建筑物。

(5) 观测期间应按规定设置和保护沉降观测点,当有损坏时,应进行补测。工程竣工验收及使用后,沉降没有达到稳定标准的,沉降观测应继续进行。

2. 桩基础质量控制

(1) 桩基设计防控措施应符合下列规定:

1) 人工挖孔桩不应用于软土或易发生流沙的场地,不宜用于有砂卵石、卵石或流塑淤泥夹层的场地。地下水位高的场地,应先降水后施工。

2) 水泥土搅拌法不应用于泥炭土、有机质土、塑性指数 I_p 大于 25 的黏土、地下水具有腐蚀性的土的处理。

3）当桩尖位于基岩表面且岩层坡度大于 10% 时，端头应有防滑措施。

（2）挖土应均衡分层进行，对流塑状软土的基坑开挖时，高差不应超过 1m。

（3）在承台和地下室外墙与基坑侧壁间隙回填土前，应排除积水，清除虚土和建筑垃圾，填土应按设计要求选料，分层夯实，对称进行。

（4）灌注桩混凝土浇筑时，宜采取下列措施：

1）浇筑顶面应高于桩顶设计标高和地下水位 0.5~1.0m，当混凝土充盈系数小于 1.0 或大于 1.3 时，应分析原因并采取措施进行处理。

2）在有承压水的地区，应采用坍落度小、初凝时间短的混凝土，混凝土的浇筑标高应考虑承压水头的不利影响，钢筋笼应焊接牢固，可采用保护块、木棍、吊筋等固定、控制钢筋笼的位置。

（5）管桩施工时，应采取下列措施：

1）桩身混凝土强度应达到设计值的 70% 方可起吊脱模，达到 100% 方可沉桩施工。

2）吊装点位置应满足设计及施工方案要求。

3）压桩前应制定合理的压桩顺序和流程。

4）压桩时应使桩杆、压头、桩在同一轴线上，在压桩过程中应随时校验和调整。

5）应采取措施压缩接桩焊接时间，并使压桩连续进行，不得中途停歇。

6）压桩控制时应兼顾标高与压桩力。

3. 土方回填质量控制

（1）填方土料应满足设计要求。淤泥、耕土、冻土、膨胀性土及有机质含量大于 5% 的土不得用于压实填土；碎石、草皮和有机质含量大于 8% 的土，仅可用于无压实要求的填方；不得采用冻结土作为填土。

（2）基础工程施工完毕后应及时进行回填。填土前，应清除沟槽内的积水、杂物、腐质土等，并填实沟槽内局部坑道。

（3）应根据不同的土质确定地基土的压实系数。填土应按规范要求做干密度和击实试验，压实系数应满足设计要求。

4. 地下防水混凝土结构裂缝与渗漏控制

（1）设计中应充分考虑地下水、地表水和毛细管水等对结构的影响，亦应综合考虑周围水文地质变化，以确定防水设防措施。

（2）地下工程迎水面主体结构应采用防水混凝土，并应根据防水等级的要求采取其他防水措施。

（3）防水混凝土拌合物在运输后如出现离析，必须进行二次搅拌。当坍落度损失后不能满足施工要求时，应加入原水胶比的水泥浆或掺加同品种的减水剂进行搅拌，严禁直接加水。

（4）地下室外墙不应采用光圆钢筋，网片钢筋间距不应大于150mm。对水平断面变化较大处，宜增设抗裂钢筋。

（5）地下工程迎水面结构应采用防水混凝土，并采取控制混凝土收缩的措施，同时对地下室外墙、基础筏板、防水底板、防水顶板等进行抗裂验算。

（6）防水混凝土掺入的外加剂掺合料应按规范经有资质单位复试，复试合格后方可使用，其掺量应经试验确定。防水混凝土应采用机械振捣，分层连续浇筑，防止出现冷缝，不留或少留施工缝。防水混凝土终凝后应立即进行养护，养护时间不得少于14d。

（7）应合理设置加强带、后浇带、变形缝和施工缝等措施，并注明构造详图。地下室外墙水平施工缝处均应设置止水钢板或膨胀止水条。

（8）地下室底板、顶板不宜留施工缝，墙体不应留垂直施工缝，墙体水平施工缝应留在高出底板不小于300mm的墙上，并经设计单位确认。

（9）地下工程后浇带施工缝浇筑混凝土前，应将其表面浮浆和杂质清除，并凿到密实混凝土处，再铺设去石水泥砂浆。浇筑混凝土时，先浇水湿润，再及时浇筑混凝土，并振捣密实，加强养护。

5. 基坑开挖质量控制

（1）施工期间应采取降水措施，保持降水面在最深基底以下0.5m。降水时应连续监测，采取防止因降水对周围建筑物、道路等设施产生不利影响的可靠措施。

（2）开挖基坑时应注意边坡稳定，定期观测其对周围道路、市政设施和建筑物有无不利影响。非自然放坡开挖时，基坑护壁应做专门设计，基坑支护系统应确保场区内外原有建筑安全并保证人员安全。

2.5.3　砌体工程

（1）不同品种的块材不得在同一楼层混砌。

（2）砌筑砂浆宜采用预拌砂浆，混凝土多孔砖、轻骨料混凝土砌块、加气混凝土砌块、混凝土小型砌块等宜采用专用砌筑砂浆。当现场搅拌砂浆时，应严格执行配合比，并应按规定对原材料、掺合料等进行见证取样和送检。

（3）抗震构造设置的拉结筋宜采用预埋方式，其数量和长度应满足抗震要求。当采用后锚固方式时，应编制专项施工、检测、验收方案。

（4）构造柱上端预留钢筋应确保位置、长度准确。当采用后锚固方法时，不得破坏上部梁板主筋。构造柱的混凝土应分层振捣密实，当浇筑高度不小于2m时，宜设置溜槽。

（5）墙体（厚度≥200mm）长度超过8m或层高2倍时，宜在墙体中部设置钢筋混凝土构造柱。

（6）墙体（厚度≥200mm）高度超过4m时，墙体半高（或门洞上皮）宜设置与柱连接且沿墙全长贯通的钢筋混凝土水平系梁。

（7）不同基体材料交接处应采取钉钢丝网等抗裂措施。钢丝网与不同基体的搭接宽度每边不应小于200mm。钢丝网应采用间距不大于300mm的钢钉或射钉加铁片固定。钢丝网片的网孔尺寸不应大于20mm×20mm，钢丝直径不应小于1.2mm。钢丝网宜采用先成网后镀锌的后热镀锌电焊网。

（8）在填充墙砌体临时施工洞处，应按规定沿墙体两侧预留拉结筋且不得少于2ϕ6@500；补砌前应润湿墙体连接处，补砌应与原墙接槎处顶实，并外挂钢丝网片，两边压墙不应小于150mm。

（9）未经设计同意，不得在墙体上交叉埋设电气导管或开凿长度超过300mm的水平槽。槽内线管管壁外表面距墙体表面不应小于15mm，并应可靠固定。内应采用M10水泥砂浆填塞密实，抹灰前应加贴钢丝网片等抗裂材料，抗裂材料向孔洞、槽两侧延伸均不应小于100mm。

（10）墙顶应与框架梁密切结合，墙长大于5m时墙顶与梁（板）宜有钢筋拉结。填充墙砌筑接近梁底或板底时，应留一定空间，间隔至少14d后，再将其补砌挤紧。

（11）填充墙应沿框架柱或剪力墙全高每隔500mm设2ϕ6拉筋（填充墙厚度>250mm时设3ϕ6），拉筋全长贯通。

（12）窗台下应设置钢筋混凝土窗台梁，梁长伸入左右墙体不少于240mm，梁高不小于100mm。

（13）门口过梁上部墙体应与两侧墙体同时砌筑，不得留槎砌筑。预留的门窗洞口应采取钢筋混凝土框加强。

2.5.4 混凝土结构工程

（1）普通钢筋宜优先采用延性、韧性和焊接性好的钢筋。抗震等级为一、二、三级的框架、框剪、剪力墙结构，其纵向受力钢筋采用普通钢筋时，钢筋的抗拉强度实测值与屈服强度实测值的比值不应小于1.25；且钢筋的屈服强度实测值与强度标准值的比值不应大于1.3，且钢筋在最大拉力下总伸长率实测值不应小于9%。

（2）剪力墙结构住宅长度大于45m且无变形缝时，应在中间位置设置后浇带或加强带，且应采取其他可靠措施避免结构超长带来的不利影响。

（3）对跨度大于4m的梁、板，其模板应按设计要求起拱；设计无要求时可按1/1000~3/1000起拱。

（4）现浇混凝土楼板裂缝控制。

1）住宅的建筑平面宜规则。当楼板平面形状不规则时，宜设置梁使楼板形成较规则的平面，宜在未设梁的板的边缘部位设置暗梁，当平面有凹口时，凹口周边楼板的配筋宜适当加强。

2）现浇钢筋混凝土双向板设计厚度不宜小于100mm。当埋设线管较密或线管交叉时，板厚不宜小于120mm。对于结构超长的楼板，设计时应进行抗裂验算，必要时可加密分布筋的配置。

3）现浇板配筋设计宜采用细而密的配筋方案。

4）外墙转角处楼板宜设置放射形钢筋，钢筋的数量、规格不应少于7 Φ 10，长度不应小于板跨的1/3，且不应小于1.2m。

5）在现浇板的板宽急剧变化处、大开洞削弱处等易引起应力集中的位置，钢筋间距不应大于150mm，直径不应小于8mm，并应在板的上表面布置纵横两个方向的温度收缩钢筋。

6）当管线布置在楼板内时，应布置在上下钢筋层之间，且不宜立体交叉穿越，确需立体交叉的不应超过二层管线。线管敷设时交叉布线处可采用线盒，在多根线管的集散处宜采用放射形分布，不宜紧密平行排列。当两根及以上管并行排列时，沿管方向应增加Φ 4@150、宽500mm的钢筋网片。当线管直径不小于20mm时，宜采用金属导管。

（5）后浇带及两侧应采用独立的模板支撑体系，在后浇带混凝土达到拆模强度之前，不得拆除后浇带两侧梁板下的支撑，采用钢筋支架控制上层钢筋或负弯矩钢筋位置时，支架应通长设置，并具有足够的强度、刚度，间距为500~600mm，支架底部应有防锈措施。

（6）地下车库质量问题防控。

1）地下车库顶板结构宜选用梁板体系。

2）地下车库设计时，应充分考虑景观覆土、施工车辆等荷载及其不均匀性，在设计文件中对地下室顶板覆土时的施工总荷载和荷载的均匀性提出明确要求，并应做好施工交底工作。

3）地下车库顶板覆土的容重、厚度等应满足设计要求，施工时严禁超载。

4）施工总荷载和荷载的均匀性应满足设计文件的要求。施工过程中，当实际荷载需要超过设计单位准许的施工荷载时，应联系设计单位复核，必要时应在楼盖下方增设临时支撑。

2.5.5 装配式混凝土结构工程

（1）预制构件的吊点应进行专门设计，确保吊装安全，吊点合理。对于漏埋吊点或吊点设计不合理的构件，应返回工厂进行处理。

（2）预制构件起吊运输前，应按设计要求做好临时固定措施。预制构件安装采用的吊具设计和检验均应符合相关标准；吊具的选择应根据预制构件形状、尺寸及重量要求，进行吊装过程中，吊索水平夹角不宜小于 60°，不应小于 45°；尺寸较大或形状复杂的预制构件应选择设置分配梁或分配桁架的吊具，并应保证吊车主钩位置、吊具及构件重心在竖直方向重合。

（3）预制构件安装要求：

1）进场时应进行外观质量检查，不应出现破损或污染。

2）对预制构件及其上的建筑附件、预埋件、预埋吊件等宜采取保护措施。

3）未经设计允许不得对预制构件切割、开洞。

4）正式吊装作业前，应先试吊，确认可靠后，方可作业。

5）混凝土构件吊装施工就位后，应在校准定位及临时固定措施安装完成后，方可拆除吊具。

（4）施工现场运输与存放要求：

1）预制墙板宜对称插放或靠放在存放架上，存放架应有足够的刚度并支垫稳固。预制外墙板宜对称靠放、饰面朝外，与地面倾斜角度不宜小于 80°。

2）预制板类构件可采用叠放方式存放，构件层与层之间应垫平、垫实，各层支垫应上下对齐，最下面一层支垫应通长设置，叠放层数不宜大于 6 层。

（5）预制构件浇筑前应保证钢筋位置准确，浇筑完毕后，应根据插筋平面布置图及现场构件边线或控制线，对预留插筋位置进行复核。

（6）叠合构件的安装施工要求：

1）叠合构件的支撑应根据设计要求或施工方案设置，支撑标高除应符合设计规定外，尚应考虑支撑本身的施工变形。

2）控制施工荷载不应超过设计规定，并应避免单个预制构件承受较大的集中荷载与冲击荷载。

3）叠合构件的搁置长度应满足设计要求。

4）叠合构件在混凝土浇筑前，应检查结合面粗糙度，并应检查及校正预制构件的外露钢筋。

5）叠合构件后浇混凝土强度达到设计要求后，方可拆除支撑或承受施工荷载。

（7）墙、柱构件的安装要求：

1）预制墙板安装时应按照施工控制线进行控制，保证就位准确。

2）构件安装前应清洁结合面。

3）构件底部应设置坐浆层，坐浆材料的强度不应小于被连接的构件强度，坐浆层的厚度不应大于20mm。

4）钢筋套筒灌浆连接接头灌浆前，应对接缝周围进行封堵。

（8）钢筋套筒及浆锚搭接连接接头的灌浆施工要求：

1）灌浆前应制定灌浆操作的专项质量保证措施。

2）灌浆料的配合比应满足产品说明书的要求，灌浆料拌合物应搅拌均匀，流动度应满足相关标准和设计要求。

3）灌浆料拌合物应在制备后0.5h内使用完毕。灌浆作业应采取压浆法从下口灌注，当浆料从上口流出时应及时封闭，封闭宜采用专用堵头，封闭后灌浆料不应外漏。

4）灌浆施工时环境温度不宜低于10℃，且不应低于5℃，必要时可对连接处采取保温加热措施。

5）灌浆作业完成后12h内，构件和灌浆连接接头不应受到振动或冲击。

（9）预制外墙板连接接缝采用防水密封胶施工时要求：

1）预制外墙板外侧水平、竖直接缝的防水密封胶封堵前，侧壁应清理干净，保持干燥。嵌缝材料应与板牢固粘结，不得漏嵌或虚粘。

2）防水密封胶应在预制外墙板校核固定后嵌填，嵌填时应先安放填充材料，然后注胶。防水密封胶应均匀顺直，饱满密实，表面光滑连续。

3）外墙板"十"字拼缝处的防水密封胶注胶应连续完成。

（10）构件预制部分与后浇混凝土的结合面应设置粗糙面。粗糙面的面积不宜小于结合面的80%，预制板的粗糙面凹凸深度不应小于4mm，预制梁端、预制墙端的粗糙面凹凸深度不应小于6mm。

2.6 危大工程结构设计专篇

"危大工程"即危险性较大的分部分项工程，是指房屋市政工程施工过程中，容易导致人员群死群伤或者造成重大经济损失的分部分项工程。根据实际情况可以分为危险性较大的分部分项工程与超过一定规模危险性较大的分部分项工程。按照危险性较大的分部分项工程安全管理规定（住建部令第 37 号公布，第 47 号修正）文件精神，各地市相继编制了房屋市政施工危险性较大分部分项工程安全管理实施细则，并明确规定应当在设计文件中注明涉及危大工程的重点部位和环节，提出保障工程周边环境安全和工程施工安全的意见，必要时进行专项设计。危险性较大的分部分项工程设计专篇内容如图 2-7 所示。

图 2-7 危大工程结构设计专篇内容

2.6.1　编制依据

（1）《危险性较大的分部分项工程安全管理规定》（住房和城乡建设部令第37号）

（2）《关于实施〈危险性较大的分部分项工程安全管理规定〉有关问题的通知》（建办质〔2018〕31号）

（3）地方规定。如《山东省房屋市政施工危险性较大分部分项工程安全管理实施细则》（鲁建质安字〔2018〕15号）

2.6.2　编制总则

（1）本说明所称危险性较大的分部分项工程（简称"危大工程"），是指房屋建筑和市政基础设施工程在施工过程中，容易导致人员群死群伤或者造成重大经济损失的分部分项工程。

（2）建设单位应当依法提供真实、准确、完整的工程地质、水文地质和工程周边环境等资料。

（3）勘察单位应当根据工程实际及工程周边环境资料，在勘察文件中说明地质条件可能造成的工程风险。

（4）建设单位应当组织勘察、设计等单位在施工招标文件中列出危大工程清单，要求施工单位在投标时补充完善危大工程清单并明确相应的安全管理措施。

（5）建设单位在申请办理安全监督手续时，应当提交危大工程清单及其安全管理措施等资料。

（6）设计单位应在表2-7和表2-8中注明涉及本项目危大工程的重点部位和环节，提出保障工程周边环境安全和工程施工安全的意见，必要时进行专项设计。无相应危大工程项目时，填"无"即可。

（7）设计交底时，设计单位应就危大工程情况向建设单位、施工单位、监理单位作出特别说明。

（8）施工单位应对本项目中危大工程的具体内容和位置做进一步了解确认，并在施工前设计交底时以书面方式确认。

2.6.3　专项施工方案要求

（1）施工单位应当在危大工程施工前，根据《危大工程编制指南》，组织工程技术人员编制专项施工方案。实行施工总承包的，专项施工方案应当由施工总承包单位组织编制。危大工程实行分包的，专项施工方案可以由相关专业分包单位组织编制。

（2）专项施工方案应当由施工单位技术负责人审核签字、加盖单位公章，并由总监理工程师审查签字、加盖执业印章后方可实施。危大工程实行分包并由分包单位编制专项施工方案的，专项施工方案应当由总承包单位技术负责人及分包单位技术负责人共同审核签字并加盖单位公章。

（3）对于超过一定规模的危大工程，施工单位应当组织召开专家论证会对专项施工方案进行论证。实行施工总承包的，由施工总承包单位组织召开专家论证会。专家论证前专项施工方案应当通过施工单位审核和总监理工程师审查。专项施工方案经论证需修改后通过的，施工单位应当根据论证报告修改完善后，重新履行第（2）条的程序。专项施工方案经论证不通过的，施工单位修改后应当按规定重新组织专家论证。

（4）危大工程专项施工方案的编制内容、审查要点以及论证管理程序等应符合国家、行业及地方现行有关规范、标准和相关管理文件的规定。

2.6.4　专项施工方案主要内容

（1）施工方案应提出针对潜在安全风险源的实施措施及预防的管理细则，包括工艺流程、组织架构、应急预案、监管机制等各方面，并交监理及有关安监部门审批备案，经批准后方可施工，实际施工应严格按此措施及细则切实遵照执行。

（2）工程场地周边环境有建筑物、货运站场、学校、公园、医院及大型客运站等人流密集场所以及跨越或下穿铁路、高速公路、桥梁、隧道等情况时，施工单位进驻现场后，需逐一查明工程建设范围周边状况，评估施工过程中可能对周边建筑及人员安全造成的影响，编制相应施工方法保护周边建筑及来往人员的安全，对跨越重要设施、线路等的施工方案需报相关主管部门审批后方可实施。

（3）施工场地周围若存在高压线路经过，需在线路下进行桩机（含钻孔、冲孔、旋挖、搅拌、旋喷、静压、锤击、振冲等各种工艺）及架桥机施工，应复核桩机（或架桥机）设备与高压线的安全距离，并做好防电、防雷措施。

（4）应制定一套适合施工场地的安全防护措施，内容应涵盖所有施工作业内容及生活生产细则，并对所有进场工人进行安全教育及技术培训，经考试合格后才能上岗。工人调换工种或使用新工具、新设备时，必须重新进行针对新工种的岗位安全教育和技术培训。

（5）正式施工前，针对本工程的特点、施工外部和内部环境要求，进行安全技术交底，施工过程中，应严格执行安全生产会议制度、安全检查制度、安全评议制度，对安全生产出现的问题应指定专人限期整改。

（6）现场材料、机械、临设按施工平面图整齐放置或搭设。在施工现场存在危险的地方（如坑、洞、悬空及其他危险区域等），必须设置防护设施和明显的警示标志，不准任意移动或拆除。施工区按有关规定建立消防责任制，按照有关防火要求布置临时设施，配备足够数量的消防器材，并设立明显的防火标志。

（7）日常安全检查及不定期抽查相结合。内容包括施工机具检查及各项安全措施的执行情况（台风、暴雨）检查，同时要严格执行各类机械设备的专人管理和操作制度，所有机械均有安全保护设备，所有机械进场前需提供合格证及其他相关检测安全证件，并对机械进行定期保护，保证机械正常运行和操作人员安全。

（8）施工现场外部围挡结构必须安全牢靠，并在外部显眼位置设定警示标志，严禁非施工人员及未经允许人员进入、防止外来车辆失控闯入。

（9）埋地建筑物地下部分需要进行基坑回填，回填土需满足设计参数要求，必须在结构构件自身强度满足要求时才能开始，回填时应对称、分层压实或夯实，防止土压不平衡导致结构构件破坏，同时应防止施工机械因回填土松软，造成机械倾覆等安全事故。

（10）工程中存在高处作业时，必须搭设脚手架及安全围网，高空作业人员必须系好安全带，并根据实际条件制定出切实可行的安全防范措施。

（11）高支模结构体系施工单位应制作相关施工组织方案，充分计算考虑支模的承载力、整体稳定性、支架地基强度、预压荷载及稳定沉降控制标准等，同时还应满足相关规范要求，以及预计施工期可能遭遇的恶劣气候影响；对临时通行通道的支墩，要加强防撞设施及提前设置限速、限高等预警提示标志。

（12）所有构件的模板拆除，必须待其构件混凝土强度满足设计或规范要求后才能施工，当施工阶段的施工荷载较大时，施工单位必须根据其受力要求，对相关的结构构件计算并设置临时支顶或加固措施，保证结构构件正常使用不发生破坏。

危险性较大及超过一定规模的危险性较大的分部分项工程内容一览表分别见表2-7、表2-8。

表 2-7　危险性较大的分部分项工程一览表

分部分项工程	序号	危险性较大的分部分项工程内容	涉及重点部位和环节简述	审查内容要点及说明
基坑工程	1	开挖深度超过 3m（含 3m）的基坑（槽）的土方开挖、支护、降水工程		设计人员应列出开挖深度、所在楼栋部位，提出保障工程周边环境安全和工程施工安全的意见，必要时进行专项设计。勘察应说明周边环境情况，如基坑边线外 10m 范围以内建筑物及其基础形式、供水管和供气管等，对生产、储存易燃易爆危险品的建筑物，用地红线外 50m 范围以内高压电杆及其位置、电压、电线走向
	2	开挖深度虽未超过 3m，但地质条件、周围环境和地下管线复杂，或影响毗邻建（构）筑物安全的基坑（槽）的土方开挖、支护、降水工程		基坑开挖深度为原有地面或者经整平后的地面标高到最深的开挖深度，如承台垫层底或者消防水池、集水井等坑中坑的垫层底
模板工程及支撑体系	3	各类工具式模板工程：包括滑模、爬模、飞模、隧道模等工程		一般建筑工程较少使用，但筒仓、烟囱等结构较多使用滑模施工
	4	混凝土模板支撑工程：搭设高度 5m 及以上，或搭设跨度 10m 及以上，或施工总荷载（荷载效应基本组合的设计值，以下简称设计值）10kN/m² 及以上，或集中线荷载（设计值）15kN/m 及以上，或高度大于支撑水平投影宽度且相对独立无连系构件的混凝土模板支撑工程		设计人员应判断是否存在该危大工程，并列出所在部位，提出保障工程周边环境安全和工程施工安全的意见，必要时进行专项设计。 　　关于施工荷载计算，可参照《施工模板规》中的荷载计算内容。 　　关于集中线荷载（设计值）15kN/m，经初步计算，凡是梁截面≥0.4m² 的独立梁或者有板梁均属于超规梁。如 400mm×1000mm、300mm×1400mm、600mm×700mm、500mm×800mm 等。对于非独立梁（梁两侧有楼板的情况），应考虑梁两侧的楼板传来的荷载，则梁截面面积大于 0.3m² 的梁也可以列入。如 300mm×1000mm、400mm×800mm 等。设计有加腋梁的需予以提示。 　　关于施工总荷载（设计值）10kN/m²，经初步计算，当一般楼板厚度达到 300mm，即可列入。设计有加腋板的需予以提示。 　　关于搭设高度 5m 及以上模板支撑体系，搭设高度为层高，包括外立面有悬挑结构（雨篷、阳台等）及空中悬挑结构、花架梁施工等情况。 　　此项内容设计单位应列表明确各超规梁板的轴线区域范围、所在楼层、楼板厚度、梁板面标高、模板支架支撑层所在楼层、楼板厚度、梁板面标高等
	5	承重支撑体系：用于钢结构安装等满堂支撑体系		设计有钢结构屋面且难于整体吊装需要分段吊装的，或者散件吊装安装的，一般需搭设满堂支撑体系

（续）

分部分项工程	序号	危险性较大的分部分项工程内容	涉及重点部位和环节简述	审查内容要点及说明
起重吊装及起重机械安装拆卸工程	6	采用非常规起重设备、方法，且单件起吊重量在10kN及以上的起重吊装工程		有此类内容的工程需予以提示。如设计有钢结构、预制构件等需要吊装的工程，周边环境或者建筑物体量较大不利于常规方法吊装的需予以提示
	7	采用起重机械进行安装的工程		设计有钢结构屋面、钢结构天桥、预制混凝土结构（含桥面板等）等且需要整体吊装的需予以提示
	8	起重机械安装和拆卸工程		有此类内容的工程需予以提示，如大多建筑工程施工需要安装塔式起重机等设备
	9	起重机械的基础和附着工程		设计人员应提示，当起重机械的基础和附着工程可能对结构产生影响时，施工单位应提交相关资料给设计单位复核。 有此类内容的工程需予以提示，如大多建筑工程施工需要安装塔式起重机、施工电梯等设备，这些设备需要考虑其基础及附着
脚手架工程	10	搭设高度24m及以上的落地式钢管脚手架工程（包括采光井、电梯井脚手架）		脚手架高度应为室外回填土地面或者室外地下室顶板结构面标高至建筑物外围施工需防护的最高点标高，如电梯井、楼梯间等加上1.5m防护高度的总高度
	11	附着式升降脚手架工程		设有此类内容的工程需予以提示。如100m高度左右的综合楼只有一部分采用附着式升降脚手架，但采用全现浇外墙的高层商业综合楼、高层酒店、办公类建筑多使用附着式升降脚手架施工，应予以提示
	12	悬挑式脚手架工程		有此类内容的工程需予以提示。如多数商住楼及少数商品厂房在样板间之上设置悬挑脚手架
	13	高处作业吊篮		有此类内容的工程需予以提示。如使用全现浇外墙的高层商业楼、高层酒店类、办公类建筑及外立面设计为幕墙的多使用高处作业吊篮施工，应予以提示
	14	卸料平台、操作平台工程		有此类内容的工程需予以提示，如外立面设计有悬挑钢结构的，需要设置施工操作平台
	15	异型脚手架工程		有此类内容的工程需予以提示，如外立面设计异型难以搭设垂直脚手架等情况下需予以提示
拆除工程	16	可能影响行人、交通、电力设施、通信设施或其他建（构）筑物安全的拆除工程		新设计建筑工程不存在此项内容。 凡是采用内支撑结构的基坑支护工程，支撑拆除属于此范围

（续）

分部分项工程	序号	危险性较大的分部分项工程内容	涉及重点部位和环节简述	审查内容要点及说明
暗挖工程	17	采用矿山法、盾构法、顶管法施工的隧道、洞室等工程		给水管线、污水管线等工程有沉井及顶管的应予以提示
结建式人防工程	18	结构工程的模板工程（支撑）；孔口防护工程的门框墙制作（门框采用起重机械进行吊装）、防护门（防护密闭门、密闭门）吊装		凡属结建式人防工程的均应予以提示
其他	19	建筑幕墙安装工程		设计有幕墙的应提示
	20	钢结构、网架和索膜结构安装工程		有此类设计的均应提示
	21	人工挖孔桩工程		有此类设计的均应提示
	22	水下作业工程		有此类内容的工程应予以提示
	23	装配式建筑混凝土预制构件安装工程		有此类设计的均应提示
	24	采用新技术、新工艺、新材料、新设备可能影响工程施工安全，尚无国家、行业及地方技术标准的分部分项工程		与施工有关，超常规工程设计需予以提示
	25	建设、勘察、设计、施工、监理单位三方以上共同认定或建设主管部门及其委托的安全监督机构认定为危险性较大的分部分项工程		根据 2017 年危大工程较大及以上安全事故的统计分析结果，大约 72% 的安全事故属于已经明确规定的危大工程（或超过一定规模）范围，还有大约 28% 的安全事故并不属于已经明确规定的危大工程（或超过一定规模）范围，考虑到工程施工的特殊性、复杂性、多变性和危险性，建议给有关企业和监管部门一个管理的空间，加强自我辨识意识，提高自我辨识能力，更好地促进安全、保障安全，故增加此内容

表 2-8　超过一定规模的危险性较大的分部分项工程一览表

分部分项工程	序号	危险性较大的分部分项工程内容	涉及重点部位和环节简述	审查内容要点及说明
深基坑工程	1	开挖深度超过 5m（含 5m）的基坑（槽）的土方开挖、支护、降水工程		设计人员应列出开挖深度、所在楼栋部位，提出保障工程周边环境安全和工程施工安全的意见，必要时进行专项设计。勘察报告应说明周边环境情况，如基坑边线外 20m 范围以内建（构）筑物及其基础形式，供水管、供气管及其位置、管径、压力、埋深、走向，

（续）

分部分项工程	序号	危险性较大的分部分项工程内容	涉及重点部位和环节简述	审查内容要点及说明
深基坑工程	1	开挖深度超过5m（含5m）的基坑（槽）的土方开挖、支护、降水工程		高压电缆位置、埋深、电压、走向等；对生产、储存易燃易爆危险品的建筑物，用地红线外50m范围以内高压电杆（塔）及其位置、电压、电线走向。 地质条件复杂的需予以提示，如开挖深度内地下水位以下有厚度3m以上中等或强透水层、流塑土层；勘探深度以内有承压水层的应列明水头高度。 基坑开挖深度为原有地面或者经整平后的地面标高到最深的开挖深度如承台垫层底或者消防水池、集水井等坑中坑的垫层底
	2	开挖深度虽未超过5m，但地质条件、周围环境和地下管线复杂，或影响毗邻建（构）筑物安全的基坑（槽）的土方开挖、支护、降水工程		周边环境情况需予以提示，如基坑边线外20m范围以内建（构）筑物及其基础形式，供水管、供气管及其位置、管径、压力、埋深、走向，高压电缆位置、埋深、电压、走向等；对生产、储存易燃易爆危险品的建筑物，用地红线外50m范围以内高压电杆（塔）及其位置、电压、电线走向。 地质条件复杂的需予以提示，如开挖深度内地下水位以下有厚度3m以上中等或强透水层、流塑土层；勘探深度以内有承压水层的应列明水头高度
模板工程及支撑体系	3	各类工具式模板工程：包括滑模、爬模、飞模、隧道模等工程		一般建筑工程较少使用，但筒仓、烟囱等结构较多使用滑模施工
	4	混凝土模板支撑工程：搭设高度8m及以上，或搭设跨度18m及以上，或施工总荷载（设计值）15kN/m² 及以上，或集中线荷载（设计值）20kN/m 及以上		设计人员应判断是否存在该危大工程，并列出所在部位，提出保障工程周边环境安全和工程施工安全的意见，必要时进行专项设计。 施工荷载计算可参照《施工模板规》中的荷载计算内容。关于集中线荷载（设计值）20kN/m，经初步计算，凡是梁截面面积大于或等于0.6m²的独立梁或者有板梁均属于超规梁。如450mm×1350mm、500mm×1200mm、600mm×1000mm、800mm×900mm等。 对于非独立梁（梁两侧有楼板的情况），应考虑梁两侧的楼板传来的荷载，则梁截面面积大于0.5m²的梁也应列为超大梁。如500mm×1000mm、400mm×1300mm、300mm×1700mm、600mm×900mm等。设计有加腋梁的需予以提示。 关于施工总荷载（设计值）15kN/m²，经初步计算及行业要求，一般楼板厚度达到450mm厚度的，即可列入，包括柱帽、加腋板等。 关于搭设高度8m及以上模板支撑体系，搭设高

（续）

分部分项工程	序号	危险性较大的分部分项工程内容	涉及重点部位和环节简述	审查内容要点及说明
模板工程及支撑体系	4	混凝土模板支撑工程：搭设高度 8m 及以上，或搭设跨度 18m 及以上，或施工总荷载（设计值）15kN/m² 及以上，或集中线荷载（设计值）20kN/m 及以上		度为层高，包括外立面有悬挑结构（雨棚、阳台等）、空中悬挑结构、花架梁等情况。此项内容设计人员应列表明确各超规梁板的轴线区域范围、所在楼层、楼板厚度、梁板面标高、模板支架支撑层所在楼层、楼板厚度、梁板面标高等
	5	承重支撑体系：用于钢结构安装等满堂支撑体系，承受单点集中荷载 7kN 及以上		设计人员应判断是否存在该危大工程，提出保障工程周边环境安全和工程施工安全的意见，必要时进行专项设计。如从设计角度不能确定，应注明要求施工单位进行判断。设计有钢结构屋面且难以整体吊装需要分段吊装的，或者散件吊装安装的，一般需搭设满堂支撑体系
起重吊装及起重机械安装拆卸工程	6	采用非常规起重设备、方法，且单件起吊重量在 100kN 及以上的起重吊装工程		有此类内容的工程需予以提示，如设计有钢结构、预制构件等需要吊装的工程，周边环境或者建筑物体量较大不利于常规方法吊装的需予以提示
	7	起重量 300kN 及以上，或搭设总高度 200m 及以上，或搭设基础标高在 200m 及以上的起重机械安装和拆卸工程		设计有钢结构屋面、钢结构天桥、预制混凝土结构（含桥面板等）等且需要整体吊装的需予以提示
	8	发生严重变形或事故的起重机械的拆除工程		有此类内容的工程需予以提示
	9	采用高承台、钢结构平台、利用原有建筑结构的特殊基础工程；附着距离达 1.5 倍制造商的设计最大值、附着杆数量少于制造商的设计数量、附着杆均位于垂直附着面中心线的同一侧的起重机械附着工程，以及附着杆与垂直附着面中心线之间的夹角小于 15° 或大于 65° 的塔式起重机附着工程		有此类内容的工程需予以提示，如少数工程需要设计复核的需予以配合

（续）

分部分项工程	序号	危险性较大的分部分项工程内容	涉及重点部位和环节简述	审查内容要点及说明
脚手架工程	10	搭设高度50m及以上的落地式钢管脚手架工程		设计人员应判断是否存在该危大工程，提出保障工程周边环境安全和工程施工安全的意见，必要时进行专项设计。 脚手架高度应为室外回填土地面或者室外地下室顶板结构面标高至建筑物外围施工需防护的最高点标高如电梯井、楼梯间等加上1.5m防护高度的总高度
	11	提升高度在150m及以上的附着式升降脚手架工程或附着式升降操作平台工程		一般150m高度及以上的综合楼、高层酒店类、办公类建筑多使用附着式升降脚手架施工，应予以提示
	12	分段架体搭设高度20m及以上的悬挑式脚手架工程		多数商业楼及少数厂房在样板间之上设置悬挑脚手架。架体总体搭设高度超过75m的脚手架
	13	作业面异形、复杂的或无法按产品说明书要求安装的高处作业吊篮工程		外立面设计为异形的需予以提示
拆除工程	14	码头、桥梁、高架、烟囱、水塔或拆除中容易引起有毒有害气（液）体或粉尘扩散、易燃易爆事故发生的特殊建、构筑物的拆除工程		改扩建、拆除工程及与此有关的应予以提示
	15	文物保护建筑、优秀历史建筑或历史文化风貌区影响范围内的拆除工程		此项内容与新建工程无关。改扩建工程与此有关的应予以提示
暗挖工程	16	采用矿山法、盾构法、顶管法施工的隧道、洞室工程		给水管线、污水管线等工程有沉井及顶管的应予以提示
其他	17	施工高度50m及以上的建筑幕墙安装工程		施工高度超过50m，设计有幕墙的工程应予以提示
	18	跨度36m及以上的钢结构安装工程，或跨度60m及以上的网架和索膜结构安装工程		有此类内容的工程需予以提示
	19	开挖深度16m及以上的人工挖孔桩工程		有此类内容的工程需予以提示

（续）

分部分项工程	序号	危险性较大的分部分项工程内容	涉及重点部位和环节简述	审查内容要点及说明
其他	20	水下作业工程		有此类内容的工程需予以提示
	21	重量 1000kN 及以上的大型结构整体顶升、平移、转体等施工工艺		有此类内容的工程需予以提示
	22	采用新技术、新工艺、新材料、新设备等可能影响工程施工安全，尚无国家、行业及地方技术标准的分部分项工程		与施工有关，超常规工程设计需予以提示
	23	建设、勘察、设计、施工、监理单位三方以上共同认定或建设主管部门及其委托的安全监督机构认定为超过一定规模的危险性较大的分部分项工程		根据 2017 年危大工程较大及以上安全事故的统计分析结果，大约72%的安全事故属于已经明确规定的危大工程（或超过一定规模）范围，还有大约28%的安全事故并不属于已经明确规定的危大工程（或超过一定规模）范围，考虑到工程施工的特殊性、复杂性、多变性和危险性，建议给有关企业和监管部门一个管理的空间，加强自我辨识意识，提高自我辨识能力，更好地促进安全、保障安全，故增加此内容

第3章

施工图设计审查细则

受建筑行业大环境影响，房地产利润持续降低，项目开发过程中降低造价和设计费用成为趋势。在此背景下，设计违反正常设计程序、缩短设计周期、节省设计费用等严重影响设计人员提高专业水平积极性的情况正在蔓延。随之发生的专业间协调配合不足、专业校审缺失、设计阶段失误所导致的质量问题等是施工阶段难以弥补的，甚至有可能会造成不可预知的安全风险，以致影响到整个工程项目质量目标的实现。上述"行业痛点"为后期项目遭业主投诉，出现大量的变更及安全质量等埋下了隐患，也给房地产企业的诚信带来极为不利的负面影响。本章按照"设计缺陷类、专业配合类和错漏碰缺类"三个方面的施工图审查细则进行了分类汇总梳理，供设计和审查人员参考。

3.1 设计缺陷类审查细则

3.1.1 地下车库无梁楼盖

自从瑞士工程师罗伯特·马亚尔发明了无梁楼盖并于1906年第一次在美国芝加哥建成带柱帽的板柱结构后，距今已有120年了。20世纪50年代，我国在北京设计建造了采用无梁楼盖结构形式的冷库。如今无梁楼盖结构形式重新被大家广泛关注，起因于2017年以来采用无梁楼盖的地下车库接连坍塌。分析无梁楼盖的破坏形式可以归为两种模式：一种是由于柱边冲切不满足直接引起的冲切破坏；另一种是由于柱顶纵筋配置不足，造成少筋破坏。其破坏机理是先引起柱边受弯裂缝，裂缝深度开展，削弱抗剪截面，最终导致柱边发生冲切破坏。在施工图审查过程中发现，地下车库无梁楼盖设计无论是建筑还是结构专业，均存在设计失误或设计不当等问题。因此，有必要对此类问题进行系统总结，明确一些基本要求及设计审查细则，避免同类问题重复发生。

1. 无梁楼盖设计规范依据

（1）《人防规》第D.1.1条：无梁楼盖的柱网宜采用正方形或矩形，区格内长短跨之比不宜大于1.5。

（2）《人防规》第 D.2.3 条：当无梁楼盖的跨度大于 6m，或其相邻跨度不等时，冲切荷载设计值应取按等效静荷载和静荷载共同作用下求得的冲切荷载的 1.1 倍；当无梁楼盖的相邻跨度不等，且长短跨之比超过 4∶3，或柱两侧节点不平衡弯矩与冲切荷载设计值之比超过 0.05（$c+h_0$）（c 为柱边长或柱帽边长）时，应增设箍筋。

（3）《抗标》第 14.3.2 条：地下建筑的顶板、底板和楼板，应符合下列要求：宜采用梁板结构。当采用板柱-抗震墙结构时，无柱帽的平板应在柱上板带中设构造暗梁，其构造措施按《抗标》第 6.6.4 条第 1 款的规定采用。

（4）《抗标》第 6.6.4 条第 1 款：板柱-抗震墙结构的板柱节点构造应符合下列要求：无柱帽平板应在柱上板带中设构造暗梁，暗梁宽度可取柱宽及柱两侧各不大于 1.5 倍板厚。暗梁支座上部钢筋面积应不小于柱上板带钢筋面积的 50%，暗梁下部钢筋不宜少于上部钢筋的 1/2；箍筋直径不应小于 8mm，间距不宜大于 3/4 倍板厚，肢距不宜大于 2 倍板厚，在暗梁两端应加密。

（5）《混标》第 9.11.1 条：板柱结构中混凝土板中配置抗冲切箍筋或弯起钢筋时，应符合下列构造要求：

1）板的厚度不应小于 150mm。

2）按计算所需的箍筋及相应的架立钢筋应配置在与 45° 冲切破坏锥面相交的范围内，且从集中荷载作用面或柱截面边缘向外的分布长度不应小于 $1.5h_0$（图 3-1a），箍筋直径不应小于 6mm，且应做成封闭式，间距不应大于 $h_0/3$，且不应大于 100mm。

3）按计算所需弯起钢筋的弯起角度可根据板的厚度在 30°～45° 之间选取，弯起钢筋的倾斜段应与冲切破坏锥面相交（图 3-1b），其交点应在集中荷载作用面或柱截面边缘以外（1/2～2/3）h 的范围内。弯起钢筋直径不宜小于 12mm，且每一方向不宜少于 3 根。

（6）《混标》第 9.11.2 条：板柱节点可采用带柱帽或托板的结构形式。板柱节点的形状、尺寸应包含 45° 的冲切破坏锥体，并应满足受冲切承载力的要求。柱帽的高度不应小于板的厚度 h；托板的厚度不应小于 $h/4$。柱帽或托板在平面两个方向上的尺寸均不宜小于同方向上柱截面宽度 b 与 $4h$ 的和，如图 3-2 所示。

（7）《高规》第 8.1.9 条第 4 款：

1）无梁板可根据承载力和变形要求采用无柱帽（柱托）板或有柱帽（柱托）板形式。柱托板的长度和厚度应按计算确定，且每方向长度不宜小于板跨度的 1/6，其厚度不宜小于板厚度的 1/4。抗震设防裂度 7 度时宜采用有柱托板，8 度时应采用有柱托板，此

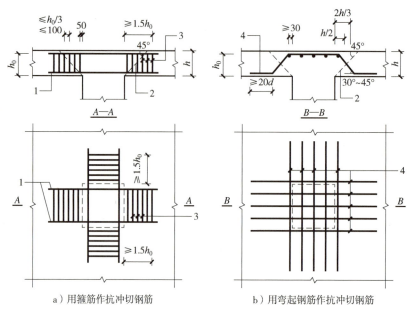

图 3-1　板中抗冲切钢筋布置（图中尺寸单位 mm）

1—架立钢筋　2—冲切破坏锥面　3—箍筋　4—弯起钢筋

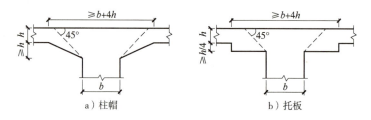

图 3-2　带柱帽或托板的板柱结构

时托板每方向长度尚不宜小于同方向柱截面宽度和 4 倍板厚之和，托板总厚度尚不应小于柱纵向钢筋直径的 16 倍。当无柱托板且无梁板受冲切承载力不足时，可采用型钢剪力架（键），此时板的厚度并不应小于 200mm。

2）双向无梁板厚度与长跨之比，不宜小于表 3-1 中规定。

表 3-1　双向无梁板厚度与长跨的最小比值

非预应力楼板		预应力楼板	
无柱托板	有柱托板	无柱托板	有柱托板
1/30	1/35	1/40	1/45

2. 无梁楼盖工程政策规定

（1）住房和城乡建设部《无梁楼盖管理通知》（建办质〔2018〕10 号）文件要求：

注重设计环节的质量安全控制。设计单位要保证施工图设计文件符合国家、行业标准规范和设计深度规定要求，在无梁楼盖工程设计中考虑施工、使用过程的荷载并提出荷载限值要求，**注重板柱节点的承载力设计，通过采取设置暗梁等构造措施，提高结构的整体安全性**。要认真做好施工图设计交底，向建设、施工单位充分说明设计意图，对施工缝留设、施工荷载控制等提出施工安全保障措施建议，及时解决施工中出现的相关问题。施工图审查机构要加强对无梁楼盖工程施工图设计文件的审查。

（2）济南市住建局《地库顶板管理通知》（济建发〔2019〕44 号）明确提出以下要求：

1）2020 年 1 月 1 日后报批的新建工程，其地下车库覆土顶板宜采用梁板结构。

2）严禁建设单位以降低造价为目的，借"优化设计"名义擅自改变地下车库覆土顶板设计方案。

3）设计单位要保证施工图设计文件符合国家现行有关标准、相关文件和设计深度规定要求。在地下车库覆土顶板工程设计中充分考虑施工、使用过程的荷载，并提出荷载限值要求。要认真做好施工图设计交底，向建设、施工单位充分说明设计意图，对施工缝留设、施工荷载控制等提出施工安全保障措施的建议，及时解决施工中出现的相关问题。

4）施工单位要重点考虑施工堆载、施工机械及车辆对地下车库覆土顶板的影响，地下车库顶板覆土厚度不宜超过 1.5m。

3. 无梁楼盖设计应注意的问题

（1）按照《抗规》第 6.6.3 条第 3 款规定，板柱节点应进行冲切承载力的抗震验算，应计入不平衡弯矩引起的冲切，节点处地震作用组合的不平衡弯矩引起的冲切反力设计值应乘以增大系数，一、二、三级板柱的增大系数可分别取 1.7、1.5 和 1.3。利用 PKPM 软件计算无梁楼盖时，应勾选"冲切考虑不平衡弯矩"项，如图 3-3 所示。对于采用的计算软件，若无法考虑不平衡弯矩引起的冲切，则必须进行人工手算复核。

（2）为提高板的抗连续倒塌能力，无梁楼板钢筋应通长双层双向布置，钢筋应采用焊接或机械连接，不应采用绑扎搭接。钢筋接头位置应设置在中间支座（柱）两侧 0.3 倍净跨度范围内。

（3）设计说明中应明确设计荷载，注明考虑施工在内的总荷载不得超过总设计荷载，同时也应说明车库顶板覆土须分层均匀堆载。

（4）车库顶板种植土的重量应按照土的饱和重度计算。种植土避免采用素土回填，建议采用轻型材料的种植屋面。

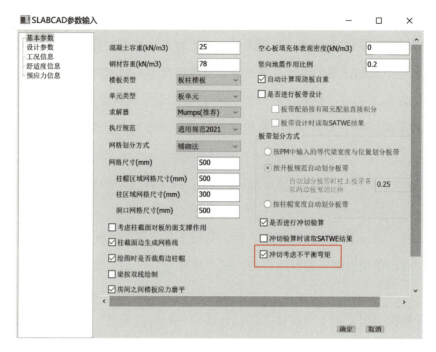

图 3-3　PKPM-SLABCAD 参数输入菜单

（5）地下室顶板消防车道荷载取值，应综合考虑板的跨度和板顶覆土的厚度，当为 300kN 级消防车时，可参照表 3-2 中给出的荷载数值；当为 550kN 级消防车时，可参照表 3-3 中的荷载数值。

表 3-2　消防车等效均布活荷载（300kN 级消防车）　　（单位：kN）

板的跨度/m	覆土厚度/m					
	≤0.25	0.5	1.00	1.50	2.00	≥2.50
3.0	31	29	25	20	16	11
3.5	30	28	24	19	15	11
4.0	28	26	22	19	15	11
4.5	26	24	21	18	15	11
5.0	24	23	20	17	14	11
5.5	22	21	19	16	14	11
≥6.0	20	19	17	15	13	11

表 3-3　消防车等效均布活荷载（550kN 级消防车）　　（单位：kN）

板的跨度/m	覆土厚度/m					
	≤0.25	0.5	1.00	1.50	2.00	≥2.50
3.0	36	34	29	23	19	13

（续）

板的跨度/m	覆土厚度/m					
	≤0.25	0.5	1.00	1.50	2.00	≥2.50
3.5	35	33	28	22	18	13
4.0	33	30	26	22	18	13
4.5	30	28	25	21	18	13
5.0	28	27	23	20	16	13
5.5	26	25	22	19	16 ·	13
≥6.0	23	22	20	18	15	13

（6）对于有柱帽的无梁楼板应设置构造暗梁，必要时可在柱帽处增设型钢，用来增加抗冲切的安全裕度。

（7）设计说明中应强调待车库顶板混凝土强度达 100% 时，方可进行顶板堆载覆土。

（8）在危大工程专项说明中强调施工中重点部位和环节，做好施工交底，对必须施工堆载、施工车辆通行的地方，要提前考虑施工荷载。

4. 无梁楼盖施工图审查应注意的问题

施工图审查机构要严格按照国家现行有关标准和省、市有关要求对地下车库覆土顶板施工图设计文件中涉及安全、质量的内容进行技术审查。

（1）如果建设单位要采用，设计人员也未反对，必要时可以在审查意见中提出建议采用梁板结构。

（2）对采用现浇空心无梁楼盖的结构，空心无梁楼盖的柱上必须设置暗梁，并应采用等代框架法补充计算。

【案例分析】中山市古镇镇昇海豪庭一期厂房坍塌事故

2018 年 11 月 12 日，中山市古镇镇昇海豪庭一期 2 标段车库顶板突然发生局部坍塌。车库顶板覆土平均厚度约 1.38m，坍塌面积约 3500m²，其中地下室顶板坍塌面积约 2000m²，负一层楼板坍塌面积约 1500m²。本工程车库区域为板柱（无梁楼盖）结构形式，抗震设防类别为丙类，抗震防烈度为 7 度。地下室 2 层。顶板结构：顶板厚 350mm，顶板钢筋为三级钢直径 Φ18@200mm 双层双向，托板尺寸 1.5m×1.5m×0.45m，柱截面尺寸 500mm×600mm，柱、托板、板混凝土强度等级采用 C30。负一层结构：负一层板厚 250mm，钢筋为三级钢直径 Φ14@200mm 双层双向，托板尺寸 1.5m×1.5m×0.45m，柱截面尺寸 500mm×600mm，柱、托板、板混凝土强度等级为 C30。地下室顶板和负一层的托板设计图大样如图 3-4 所示。

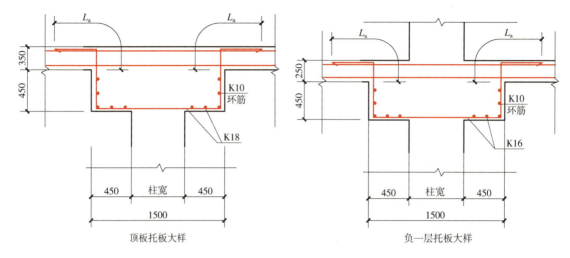

图 3-4　地下室顶板和负一层托板大样图

"中山 11.12 报告"公布的事故发生原因如下：

（1）直接原因。设计安全储备不足，对施工荷载不利工况考虑不足，防连续倒塌措施不强；覆土施工超载导致托板与顶板交界处发生冲切破坏是地下室顶板坍塌的直接原因：

1）设计荷载分项系数、板柱节点形状和尺寸、托板尺寸不符合相关规定。

2）坍塌地下室顶板的柱上板带抗弯不满足承载力要求，顶板抗冲切不满足承载力要求。

（2）间接原因。设计院未按照国家有关建设工程设计文件编制深度要求编制工程设计文件；未在施工图设计文件中向建设、施工单位充分说明设计意图，未就无梁楼盖施工、使用过程的荷载限值向各方责任主体单位进行技术交底。

（3）其他问题。建筑工程设计审查公司未对施工图设计文件涉及公共利益、公众安全的内容进行审查，出具真实、准确的审查结论。

3.1.2　地下工程抗浮设计

地下工程抗浮设计是结构设计的主要内容之一，近年来，因地下水位上升导致建设工程浮起、地下结构破坏的工程较多，使抗浮设计成为焦点。抗浮设防水位定得太高，工程费用增加，造成浪费；定得太低，建筑工程发生上浮破坏，后果又很严重。那么，究竟该如何确定抗浮设防水位？确定抗浮设防水位要考虑哪些因素呢？抗浮设防水位不是勘察期间实测到的场地最高水位，也不完全是历史上观测记录到的历史最高水位，而是工程施工和使用期间可能遇到的最高水位，是根据场地条件和当地经验预测的、未来可能出现的一个水位，因此要考虑多种影响因素。

1. 抗浮设防水位规范依据

确定抗浮设防水位时需要对能收集到的场地已有资料进行充分分析，并结合长期监测成果进行对比或验证，而目前的勘察市场环境和建设周期的短暂性需求，场地岩土工程勘察单位根本不具有获取较完整、全面的相关资料完成此项特殊工作的条件。鉴于上述原因，规范仅根据工程经验给出比较原则的确定方法具体见表 3-4。

表 3-4 抗浮设防水位确定方法

依据规范	确定方法
《抗浮标》	第 5.3.2 条 施工期抗浮设防水位应取下列地下水水位的最高值： (1) 水位预测咨询报告提供的施工期最高水位。 (2) 勘察期间获取的场地稳定地下水水位并考虑季节变化影响的最不利工况水位。 (3) 考虑地下水控制方案、邻近工程建设对地下水补给及排泄条件影响的最不利工况水位。 (4) 场地近 5 年内的地下水最高水位。 (5) 根据地方经验确定的最高水位。 第 5.3.3 条 使用期抗浮设防水位应取下列地下水水位的最高值： (1) 地区抗浮设防水位区划图中场地区域的水位区划值。 (2) 水位预测咨询报告提供的使用期最高水位。 (3) 与设计使用年限相同时限的场地历史最高水位。 (4) 与使用期相同时限的场地地下水长期观测的最高水位。 (5) 多层地下水的独立水位、有水力联系含水层的最高混合水位。 (6) 对场地地下水水位有影响的地表水系与设计使用年限相同时限的设计承载水位。 (7) 根据地方经验确定的最高水位
《高层勘察标》	第 8.6.2 条 抗浮设防水位的综合确定宜符合下列规定： (1) 抗浮设防水位宜取地下室自施工期间到全使用寿命期间可能遇到的最高水位。该水位应根据场地所在地貌单元、地层结构、地下水类型、各层地下水水位及其变化幅度和地下水补给、径流、排泄条件等因素综合确定；当有地下水长期水位观测资料时，应根据实测最高水位以及地下室使用期间的水位变化，并按当地经验修正后确定。 (2) 施工期间的抗浮设防水位可按勘察时实测的场地最高水位，并根据季节变化导致地下水位可能升高的因素，以及结构自重和上覆土重尚未施加时，浮力对地下结构的不利影响等因素综合确定。 (3) 场地具有多种类型地下水，各类地下水虽然具有各自的独立水位，但若相对隔水层已属饱和状态、各类地下水有水力联系时，宜按各层水的混合最高水位确定。 (4) 当地下结构邻近江、湖、河、海等大型地表水体，且与本场地地下水有水力联系时，可按地表水体百年一遇高水位及其波浪雍高，结合地下排水管网等情况，并根据当地经验综合确定抗浮设防水位。 (5) 对于城市中的低洼地区，应根据特大暴雨期间可能形成街道被淹的情况确定，对南方地下水位较高、地基土处于饱和状态的地区，抗浮设防水位可取室外地坪高程

2. 工程抗浮设防水位确定设计应注意的问题

（1）防水设计水位是建筑防水设计的依据，抗浮设计水位是结构抗浮设计的依据。防水设计水位和抗浮设计水位对结构设计的安全和工程造价影响较大，设计人员应予以充分重视。当抗浮设计水位明显不合理时，应建议建设单位与勘察单位沟通或进行抗浮设计水位专项论证，并出具补充说明或论证结论，以合理确定抗浮设计水位。

（2）位于坡地地基上带地下室的建筑，当建筑施工对地形进行了人为改变时，由于基坑周边渗水条件等地质情况发生变化，可能造成局部积水，引发结构抗浮问题，结构设计应与勘察单位沟通说明建筑地下室情况，建议其补充出具相关抗浮设计资料及相应的处理方案。

3. 工程抗浮设防水位施工图审查应注意的问题

（1）勘察报告中应明确提出防水设计水位和抗浮设计水位，否则，结构设计人员应与勘察单位及时沟通，必要时要求出具补充说明。因人为改变地形的场地，应注意改变后地基及周边地质环境的稳定性以及是否产生基础抗浮问题等。

（2）抗浮验算是强制要求，详见《基础通规》第2.2.4条，但具体如何验算及采用何种抗浮措施属于非强条。

4. 基坑肥槽回填设计应注意的问题

（1）《基础规》第8.4.24条：筏形基础地下室施工完毕后，应及时进行基坑回填工作。填土应按设计要求选料，回填时应先清除基坑中的杂物，在相对的两侧或四周同时回填并分层夯实，回填土的压实系数不应小于0.94。

（2）《高规》第12.2.6条：高层建筑地下室外周回填土应采用级配砂石、砂土或灰土，并应分层夯实。

（3）《抗浮标》第6.5.5条：

1）地下结构外周边地表应设置混凝土等弱透水材料的封闭带，范围宜扩至基坑肥槽边缘以外不小于1.0m。

2）场地应设置与渗水井、排水盲沟及泄水沟等形成有组织排水系统的截水沟、排水沟。

3）基坑肥槽回填应采用分层夯实的黏性土、灰土或浇筑预拌流态固化土、素混凝土等弱透水材料。

4）基底不得设置透水性较强材料的垫层，超挖土方宜采用混凝土等弱透水材料回填。

（4）《防水通规》第4.2.6条：基底至结构底板以上500mm范围及结构顶板以上不小于500mm范围的回填层压实系数不应小于0.94。

5. 基坑肥槽回填施工图审查应注意的问题

肥槽回填质量对明挖法地下工程防水工程质量有较大影响。肥槽如处理不当，不但可能造成侧墙防水层被破坏，更是将肥槽变成贮水空间，增加抗浮的风险。

（1）回填材料选择。在地下室周边，应选用弱透水性且密实不透水的材料进行回填。这样的回填材质和回填质量，能够确保在地震作用下，土体对地下室的约束作用得到有效发挥。

（2）窄肥槽处理。当肥槽宽度较窄时，可以采用素混凝土、流动性好的水泥搅拌物或流态固化土进行回填。

（3）宽肥槽应对。对于较宽的肥槽，推荐使用2∶8灰土或压实性良好的素土进行分层夯实回填。同时，压实系数需确保不低于0.94。

（4）抗浮措施。若勘察期间未发现地下水，但地下室位于不透水或弱透水层的黏性土地基或泥（页）岩地基上，设计时必须考虑采取抗浮措施。这些措施旨在防止使用过程中基坑肥槽积水渗入底板，从而形成水盆效应。例如，可以采用阻排法或在基础底板下方设置暗沟等措施。在岩石地区，若岩石遇水不易风化，则可在肥槽内或底板下设置集水、排水系统来释放水浮力。对于特别重要的工程，应进行专项研究并采取加强型的抗浮措施。

（5）及时回填。地下室顶板混凝土浇筑完成后，应在28d内及时进行回填作业。同时，所有土方回填工作（包括基础肥槽的回填）都应严格遵循相关施工规范，确保回填土的施工质量。

6. 工程事故案例分析

【案例一】勘察报告不准，设计判赔600万，勘察判赔1700万。

2012年8月，山东某工程地下室防水底板出现开裂、渗漏、隆起现象，并存在地下室积水。2013年5月，某公司进行了加固施工。2013年11月，地下室再次出现防水底板开裂、隆起现象，部分框架柱底底板开裂，同时伴有大量地下水涌出。

（1）法院判定（鲁民终2572号）。勘察单位应当掌握下列水文地质条件：

1）地下水类型和赋存状态。

2）主要含水层的分布规律。

3）区域性气候资料，如降水量、蒸发量及其变化对地下水位的影响。

4）地下水的补给排泄条件、地表水与地面、地表水与地下水的补排关系及其对地下水位的影响、历史最高地下水位、近3~5年最高地下水位、水位变化趋势和主要影响因素。作为勘察单位未按照上述勘察规范要求，掌握水文信息，在勘察报告中未提供地下水位变化幅度，补充说明提供的地下水位建议值不准确，后设计单位依据该勘察报告对地下室未做出相应的抗浮设计，最终导致地下室底板破裂，是造成本案建设工程质量问题的主要原因，应当承担相应的责任。

（2）法院判定（鲁民终 2572 号）。设计单位以勘察单位出具的勘察报告为据，抗辩因案涉场地未见地下水，故无须对案涉工程地下室进行抗浮设计的理由并不充分。第一，根据检验报告，发生工程质量问题的主要原因是勘察单位未提供地下水变化幅度及建议值。虽然在此情况下，尚无强制性规范要求必须进行抗浮设计，但设计公司作为专业的设计机构，其履行合同不仅应当符合国家法律、法规，符合工程行业的标准和规范，还应当秉持专业的精神，最大限度地尽到专业机构的注意义务，提供合理可使用的设计方案，保证工程按照设计方案施工后能够正常投入使用。

（3）法院终审判决结果。

1）勘察单位：未提供地下水位变化幅度，补充说明提供的地下水位建议值不准确。勘察公司赔偿 1730 万。

2）设计单位：设计因案涉场地未见地下水，故无须对案涉工程地下室进行抗浮设计的理由并不充分。还应当秉持专业的精神，最大限度地尽到专业机构的注意义务。设计公司赔偿 692 万。

3）施工单位：地下室底板厚度偏小，不符合《地下防水工程质量验收规范》GB 50208—2011 第 4.1.19 条规定"防水混凝土结构厚度不应小于 250mm，其允许偏差应为 +8mm、−5mm"的要求，是施工偏差造成的，施工公司赔偿 692 万。

（4）案例警示：法院对设计单位判罚偏重，但也警示设计人员应重视地下车库抗浮设计。

【案例二】未全面考虑包括地表水渗入可能引发的水浮力问题导致地下室受损。

2008 年 5 月 28 日，义乌下暴雨。同年 5 月 29 日，建设单位发现地下室顶板露天部分有上抬现象（最高起拱约 260mm），地下室部分框架柱、梁、板及地下室隔墙出现裂缝。2008 年 6 月 16 日，浙江省建筑科学设计研究院有限公司对该起工程质量事故的原因及该起事故对现有的建筑造成的损害程度进行鉴定。经检测鉴定，地下室局部起拱及部分结构构件受损主要是由于地表水渗入基坑四周，使地下水位上升，导致地下室底板受水浮力，而地下室自重不足以抵抗水浮力所致，鉴定结论为应对地下室采取有效的抗浮措施，对地下室受损构件采取有效的处理措施。

法院判定（浙民提字第 133 号）：

（1）勘察单位：勘察公司出具的岩土工程勘察报告对场地工程地质条件、场地水文地质特征、地基基础均做出了分析与评价，并对设计和施工提出了相应的建议。其中场地水文地质特征结论为，该场地地下水按赋存条件分为填土中的透镜状上层滞水和基岩风化裂隙水，地下水补给来源为大气降水。即该场地经勘察本身无地下水存在。根据建标（2002）7号《岩土工程勘察规范》4.1.13条规定，工程需要时，详细勘察应论证地基土和地下水在建筑施工和使用期间可能产生的变化及其对工程和环境的影响，提出防治方案、防水设计水位和抗浮设计水位的建议。由此可以看出，在有地下水存在的情况下，才适用该强制性规定，故勘察公司已适当履行了合同义务，其未违反合同约定和法律规定，不应承担违约责任。

（2）设计单位：设计院在设计施工图过程中，应当考虑到地表水渗入地下可能引起地下室底板自重不足而上浮的情形，即应当对地下室底板的抗浮措施进行设计，而其设计上的遗漏即构成违约，应对本案工程加固费用的损失承担相应的赔偿责任。

（3）审查单位：设计单位的设计存在抗浮措施遗漏，审查机构未能审出，确有不当，但在场地经勘察本身无地下水的情况下，没有证据证明其违反了法律、法规和工程建设强制性标准，故其对工程质量事故损失依法不承担民事赔偿责任。

法院终审判决结果：设计院应承担90%的工程加固费用。

案例警示：地表水抗浮是否属于勘察范围，有待商酌。但也提醒设计人员应重视极端天气对地下室的影响，未考虑地表水渗透进行抗浮设计确有不当。

【案例三】勘察单位因抗浮水位被判80%赔偿责任。

2014年6月19日，黔西县某医院地下车库部分梁、板、柱在雨后发生裂变现象。经北京建研院鉴定（建鉴字第162号），地下车库部分墙、柱、梁开裂是由于建筑物上浮所导致。建筑物上浮是由于建筑物实际承受的地下水位高于抗浮设计水位，该工程设计中直接采用勘察报告中的建议抗浮水位，未对工程进行抗浮设计，在地下水位高于抗浮水位的情况下，出现结构变形开裂等现象。

法院判定（黔05民终1975号）：

（1）勘察单位：勘察院在进行工程勘察设计工作中，并未按《岩土工程勘察规范》（GB 50021—2001）中7.1.1条的规定执行，即岩土工程勘察应根据工程要求，通过搜集资料和勘察工作，掌握相应的水文地质条件，勘察时的地下水位、历史最高地下水位、近3~5年最高地下水位、水位变化趋势和主要影响因素。根据勘察院出具的地勘报告表述，本案工程的地下水抗浮水位确定参考了遵义县水文地质工作经验，未综合分析黔西县本地区水文地质和气候条件。工程勘察报告中地下室抗浮设防水位的确定方法考虑因素不全面，方法不严谨，地勘报告在确定抗浮水位时，存在低估水位的可能性，勘察院对抗浮水位的设定不当是导致建筑物上浮开裂变形的主要原因，应承担本案事故的主要责任。

（2）设计单位：勘察院提供的地勘报告数据不具真实性、准确性，以致设计公司未对工程进行抗浮水位设计，责任在于勘察院，设计公司的工程设计行为符合规范，对事故的发生无过错，不应对事故承担赔偿责任。

法院终审判决结果：施工单位承担 5417.00 元，勘察院承担 21669.00 元。

案例警示：本案事故的发生系勘察单位错误确定抗浮水位、施工单位的不作为行为所致。这个判罚比较合理，抗浮设计主要依据是地勘报告提供的抗浮水位。

3.1.3　钢结构失稳破坏

建筑工程中钢结构的破坏形式可分为：钢结构失稳破坏、钢结构脆性断裂、钢结构承载力和刚度失效、钢结构疲劳破坏和钢结构腐蚀破坏等几种。他们其中有些是属于突然性的脆性破坏，有些属于可提前发现的延性破坏。钢结构失稳主要发生在轴压、压弯和受弯构件，可分为丧失局部稳定和丧失整体稳定性。钢结构一旦失稳，破坏速度极快，来不及采取补救措施。钢结构脆性破坏发生时，应力通常都远小于钢材的屈服强度，破坏前没有显著变形，破坏发生突然，无事故征兆。钢结构承载力失效指正常使用状态下结构构件或连接因材料强度被超越而导致破坏。主要原因是超载或者受荷方式改变以及连接构件发生破坏等。钢结构疲劳破坏是指钢材或构件在反复交变荷载作用下在拉力远小于抗拉极限强度甚至屈服点的情况下发生的一种破坏。疲劳破坏经历了裂缝起始、扩展和断裂的漫长过程。钢结构的腐蚀破坏会引起构件截面减小，承载力下降，因腐蚀产生的锈坑将使钢结构的脆性破坏的可能性增大。在各种钢结构破坏的类型中，钢结构失稳破坏是最常见的一种。

1. 钢结构规范规定

（1）《钢通规》第 5.1.4 条：门式刚架轻型房屋钢结构在安装过程中，应根据设计和施工要求，采取保证结构整体稳定性的措施。

（2）《抗通规》第 5.3.2 条：框架结构以及框架-中心支撑结构和框架-偏心支撑结构中的无支撑框架，框架梁潜在塑性铰区的上下翼缘应设置侧向支承或采取其他有效措施，防止平面外失稳破坏。

（3）《钢标》第 10.4.3 条：当工字钢梁受拉的上翼缘有楼板或刚性铺板与钢梁可靠连

接时，形成塑性铰的截面应满足下列要求之一：

1）正则化长细比不大于 0.3。

2）布置间距不大于 2 倍梁高的加劲肋。

3）受压下翼缘设置侧向支撑。

（4）《钢标》第 18.2.4 条：柱脚在地面以下的部分应采用强度等级较低的混凝土包裹（保护层厚度≥50mm），包裹的混凝土高出室外地面不应小于 150mm，室内地面不宜小于 50mm，并宜采取措施防止水分残留；当柱脚底面在地面以上时，柱脚底面高出室外地面不应小于 100mm，室内地面不宜小于 50mm。

（5）《钢标》第 18.2.7 条：在钢结构设计文件中应注明防腐蚀方案，如采用涂（镀）层方案，须注明所要求的钢材除锈等级和所要用的涂料（或镀层）及涂（镀）层厚度，并注明使用单位在使用过程中对钢结构防腐蚀进行定期检查和维修的要求，建议制订防腐蚀维护计划。

（6）《门规》第 14.2.4 条：柱基础二次浇筑的预留空间，当柱脚铰接时不宜大于 50mm，柱脚刚接时不宜大于 100mm。第 14.2.5 条，门式刚架轻型房屋钢结构在安装过程中，应根据设计和施工工况要求，采取措施保证结构整体稳固性。第 14.2.6 条，门式刚架主构件的安装顺序宜先从靠近山墙的有柱间支撑的两端刚架开始。在刚架安装完毕后应将其间的檩条、支撑、隔撑等全部装好，并检查其垂直度。以这两榀刚架为起点，向房屋另一端顺序安装。

2. 钢结构设计应注意的问题

（1）在危大工程设计专篇中应重点强调：

1）门式刚架轻型房屋钢结构在安装过程中，应及时安装屋面水平支撑和柱间支撑。采取措施（如临时稳定缆风绳）保证施工阶段结构的稳定。要求每一施工步完成时，结构均具有临时稳定的特性。安装过程中形成的临时空间结构稳定体系应能承受结构自重、风荷载、雪荷载、施工荷载以及吊装过程冲击荷载的作用。

2）对于大型复杂钢结构，应进行施工成形过程计算，并应进行施工过程监测；索膜结构或预应力钢结构施工张拉时应遵循分级、对称、匀速、同步的原则。

（2）一般情况下应采取构造措施（如设置隔撑等）确保钢梁的稳定性，否则应在结构整体计算中，验算钢梁的整体稳定。

（3）楼盖结构（特别是大跨度结构）应具有适宜的舒适度，楼盖结构的竖向振动频率不宜小于 3Hz。

（4）罕遇地震作用下发生塑性变形的构件或部位的钢材，超强系数不应大于1.35。

3. 钢结构审查应注意的问题

（1）屋面刚架梁均应设置隅撑，屋面檩条的间距可作为屋面钢梁上翼缘的侧向支承点，隅撑按规范计算确定其对屋面钢梁下翼缘的侧向支承作用。

（2）非上人屋面活荷载取值不应小于$0.5kN/m^2$，且不需考虑其最不利布置。

（3）不上人的屋面，当施工或维修荷载较大时，应按实际情况采用；当上人屋面兼作其他用途时，应按相应楼面活荷载采用；屋顶花园的活荷载不应包括花圃土石等材料自重。

（4）对于因屋面排水不畅、堵塞等引起的积水荷载，应采取构造措施加以防止；必要时，应按积水的可能深度确定屋面活荷载。

4. 工程事故案例分析

【案例一】江西喜多橙农产品有限公司橙中城项目施工坍塌事故。

江西某果品车间，为跨度34m的三连跨门式刚架结构，建筑长度192.0m，宽度102.0m，柱距8.0m，檐口高度12.0m，总建筑面积19584m²。其中梁、柱和屋面檩条钢材采用Q355B，基础锚栓钢材采用Q235，隅撑钢材采用Q235A，柱间支撑、屋面水平支撑钢材采用Q235B。刚架连接采用10.9级高强螺栓，檩条与檩托、檩条与隅撑、隅撑与钢梁等次要连接采用普通螺栓。该项目于2020年10月10日开工建设，2020年12月30日果品车间在钢结构安装过程中突然发生倒塌事故。经事故调查组调查认定：

（1）事故直接原因。

1）刚架安装顺序错误。钢结构安装人员违反《门规》第14.2.5条和第14.2.6条的规定，在钢柱已安装完成96.8%、钢梁完成86.6%的情况下，所有的柱间支撑、屋面水平支撑均未安装，导致钢结构未形成整体受力体系。

2）柱底螺栓不符合规范要求。预埋地脚螺栓设计直径为M27、长度为800mm，检验结果直径为M25、长度为600mm，不满足设计要求。事故现场所有柱底螺栓二次浇注的预留空间尺寸均超过100mm，个别达170mm，不符合《门规》第14.2.4条的规定，且柱底未采取有效加强措施，加大了外露螺杆的长细比，导致预埋地脚螺栓承载能力降低。

（2）事故间接原因。

1）设计文件未注明钢结构是危大工程并提出安全防范意见。设计单位违反《安全管理条例》第13条、《危大工程管理规定》（住建部令第37号）第6条的规定，未在设计文件中注明钢结构安装工程是危大工程。对钢结构安装顺序这一危大工程的重点环节，没有严格按照《门规》第 14.2.6 条等条款，提出防范安全事故的指导意见。设计文件中结构设计总说明钢结构安装部分 25 条说明中，有 7 条说明错误或与本项目无关，特别是关于钢结构安装顺序的说明，逻辑混乱、含义不清。设计文件引用废止的《钢结构工程施工质量验收规范》（GB 50205—2001），违反《建设工程质量管理条例》第 23 条的规定，未进行设计交底。

2）图审机构违反《审查管理办法》（住建部 13 号令）、《审查要点规定》（住建部建质〔2013〕87 号）第 11 条的规定，<u>对设计单位未在设计文件中注明钢结构安装工程是危大工程；对钢结构安装顺序这一危大工程的重点环节，设计说明混乱不清；对设计文件引用废止的规范等问题，审查不严，没有提出修改意见。</u>

【案例二】淮南市潘集区张灯结彩灯具有限公司厂房事故。

该公司钢结构厂房为门式刚架结构，檐口高度 8.5m，屋脊高度 9.9m，双坡屋面，柱距 4.6~6.2m，单跨 14.0m，平面尺寸南北向长 29.0m，东西向长 52.0m，东南角外凸尺寸为 10.7m×23.8m，实际占地面积 1773.2m²；一层层高 4.5m，建筑面积 3546.4m²，屋面为彩钢板，二层为钢主次梁结构体系；厂房外墙 1.2m 以下采用砖砌结构，1.2m 以上采用彩钢板围护。2024 年 6 月 21 日，厂房二层局部坍塌发生坍塌事故，造成 5 人死亡、7 人受伤，直接经济损失 385.78 万元。

（1）检验鉴定情况。依据检测评估报告，主要结果如下：

1）厂房二层钢结构未进行正规设计和正规施工，无设计施工图、地质勘探报告、相关材料和施工检测报告，不符合《建设工程质量管理条例》规定。

2）二层钢结构主梁、次梁以及增设钢柱等主要承重受力构件的连接做法不符合《钢标》第 12 章要求。

3）根据检测结果，判断二层钢结构主次梁以及增设钢柱等主要承重受力构件钢材为 Q235 材质。二层楼面主要功能为生产和部分货物堆放区，生产区域楼面活荷载约为 2.0kN/m²，货物堆放区域楼面均布活荷载最大为 3.26kN/m²，二层钢结构的承载能力不满足规范要求，即安全性不满足要求。

4）二层钢结构构件中，次梁的受弯承载能力不足，钢柱的截面刚度和平面外稳定性不足，易受扰动失稳，继而引起坍塌。

（2）事故调查报告结论。

1）事故直接原因。厂房建设过程中未按照有关国家标准规定进行设计和施工，不符合《钢标》第 11.3.1 条、11.3.5 条、11.3.8 条、12.1.2 条、12.3.5 条规定。工人在厂房二层持续堆载货物，坍塌区域货物重量超过该区域结构极限承载能力，造成该区域瞬间坍塌。

2）事故间接原因。勘查、设计和施工委托给无资质的单位负责。

3.2　专业配合类审查细则

建筑工程的设计和施工是一个比较复杂的过程，需由各个专业人员协同工作共同完成，各专业之间的协调与配合至关重要，不容忽视的。结构设计人员在绘制结构施工图时，往往只注意结构各项参数及配筋等本专业的问题，忽略各专业之间的相互配合协调，而在实际施工过程中，又由于各专业之间沟通及校核不到位，往往会导致出现各种问题，从而影响建筑的质量和结构安全，特别是住宅建筑，会造成后期使用过程中住户大量投诉。

3.2.1　结构与建筑专业的配合

在建筑设计当中，充分了解建筑与结构之间的配合关系，往往可以帮助建筑设计人员正确地认识到其中的一些重要的安全概念，并且更好地理解建筑和结构的相互关系。有人把结构比作建筑的骨骼，以此突出结构对于建筑的重要性。结构是为建筑服务的，建筑的表现是靠结构给予实现的。下面列出施工图审查中发现的结构与建筑专业存在密切关系的一些常见问题，详见表 3-5。

表 3-5　结构与建筑专业配合缺陷类审查细则

建筑内容	规范条文	常见设计缺陷	说明
防火墙下承重结构	防火墙的耐火极限≥3.00h。甲、乙类厂房（仓库）和丙类仓库内的防火墙，耐火极限≥4.00h。防火墙应直接设置在具有相应耐火性能的框架、梁等承重结构上	某耐火等级二级钢结构办公楼，防火墙下钢框架梁耐火极限1.50h，柱2.5h，不满足耐火极限≥3.00h（防火墙）的要求	《建通规》第 6.1.1、6.1.3 条
耐火验算	钢结构应按结构耐火承载力极限状态进行耐火验算与防火设计	防火设计不仅是建筑专业的内容，结构专业也应按结构耐火承载力极限状态进行耐火验算，对不满足耐火极限要求的构件，应及时反馈给建筑专业进行调整	《建钢规》第 3.2.1 条

（续）

建筑内容	规范条文	常见设计缺陷	说明
混凝土屋面坡度	坡度≥3%时，混凝土结构层宜采用结构找坡；当采用材料找坡时，坡度宜为2%	结构找坡既节省材料、降低成本，又减轻了屋面荷载。有些设计，坡度大于3%时，采用材料找坡，找坡层的坡度过大势必会增加屋面荷载和工程造价	《屋面规》第4.3.1条
托幼疏散走道柱	幼儿经常通行和安全疏散走道的墙面距地面2m以下不应设有壁柱、管道、消火栓箱、灭火器、广告牌等凸出物	某幼儿园设计，框架柱居中布置，疏散走道柱凸出走道。建筑专业应告知结构专业，疏散走道处柱应与内墙面齐平，或采取其他措施	《托幼规》第4.1.13条
屋面压型金属板厚度	屋面压型金属板的厚度应由结构设计确定，且应符合下列规定： 1）压型铝合金面层板的公称厚度≥0.9mm 2）压型钢板面层板的公称厚度≥0.6mm 3）压型不锈钢面层板的公称厚度≥0.5mm	压型金属板主要采用机械固定安装，金属板厚度与其力学性能、抗风揭能力、耐腐蚀性有关。许多厂房屋面压型钢板面层板厚度为0.5mm，不符合规范要求	《防水通规》第3.6.2条
防护栏杆荷载	中小学校的上人屋面、外廊、楼梯、平台、阳台等临空部位必须设防护栏杆，栏杆顶部的水平荷载应取1.5kN/m，竖向荷载应取1.2kN/m，水平荷载与竖向荷载应分别考虑	设计人员选用栏杆做法时套用了普通栏杆的做法。应注意，中小学校对临空处设置栏杆要求严于其他建筑	《结构通规》第4.2.14条
太阳能系统安装	太阳能系统安装应符合： 1）满足结构、电气及防火安全的要求 2）由太阳能集热器或光伏电池板构成的围护结构构件，应满足相应围护结构构件的安全性及功能性要求	结构设计时应为太阳能系统安装埋设预埋件或其他连接件，连接件与主体结构的锚固承载力设计值应大于连接件本身的承载力设计值。太阳能集热器的支撑结构应满足太阳能集热器运行状态下的最大荷载和作用要求	《节能通规》第5.2.5条

3.2.2　结构与设备专业的配合

　　建筑设备是为使用功能服务的，建筑设备对结构专业也同时会提出许多要求。如结构设计要为机电系统（管道、风管、设备等）提供支撑和空间，而机电设计则要考虑如何布置设备而不影响结构的稳定性和安全性，电缆桥架、管道等需要穿过结构构件，给水排水、暖通专业需要与结构专业协商开孔的位置和大小，以确保结构的完整性。下面列出施工图审查中发现的结构与设备专业配合中的一些常见问题,详见表 3-6。

表 3-6 结构与设备专业设计缺陷类审查细则

设备内容	规范条文	常见设计缺陷	依据规范
消防水泵房	独立消防水泵房的抗震应满足当地地震要求,且宜按本地区抗震设防烈度提高 1 度采取抗震措施,但不宜按提高 1 度进行抗震计算,并应符合现行国家标准	结构设计时未按照本地区抗震设防烈度提高 1 度采取抗震措施	《消水规》第 5.5.15 条
	消防水泵房应设置起重设施,并应符合下列规定: 1)消防水泵的重量小于 0.5t 时,宜设置固定吊钩或移动吊架 2)消防水泵的重量为 0.5~3t 时,宜设置手动起重设备 3)消防水泵的重量大于 3t 时,应设置电动起重设备	消防水泵房设计时,屋面梁未设置固定吊钩,计算时未考虑吊钩处设备检修时的荷载。目前民用建筑内的消防水泵房内设置起重设施的少,但考虑安装和检修宜逐步设置	《消水规》第 5.5.1 条
室外空调机位	空调器室外机平台应与建筑结构构件直接连接,且结构形式应符合下列规定: 1)当空调器室外机平台外挑长度不大于 1200mm 时,可采用悬挑板结构形式,且悬挑板厚度不应小于 100mm 2)当悬挑板的承载能力不能满足设计使用空调器室外机的安装要求,或当空调器室外机平台外挑长度大于 1200mm 时,应采用梁板结构形式,且梁截面高度不应小于 200mm,宽度不应小于 150mm	空调器室外机平台挑出尺寸(即深度 D)不超过 1200mm,且悬挑板厚度不小于 100mm 时,承载能力足以满足自重不超过 100kg 的空调器室外机安装要求。如果设计使用的空调器室外机重量超过了 100kg,则应该核算是否可以使用悬挑板结构。如果悬挑板结构不能满足使用要求,则应采用梁结构形式。为了保证空调器室外机平台有足够的承载力和安全性,应将平台与建筑的结构构件直接连接。平台本身重量和空调器室外机重量视为建筑的永久荷载	《空调平台规》第 4.1.6 条
	空调器室外机平台承载能力不应低于室外机自重与安装人员体重之和的 4 倍且不应少于 400kg。安装人员体重应按 70kg 计	本条是为了保证平台结构的承载能力。设计人员往往忽略此项荷载,只按照构造进行配筋	《空调平台规》第 4.1.7 条
	在通向空调器室外机平台的阳台、窗洞口或检修门附近室内上方应设置安全带挂环,安全带挂环宜采用预埋的方式设置。安全带挂环承载力不宜低于室外机自重与安装人员体重之和的 4 倍,且不应少于 400kg	设置安全挂环的目的是确保安装维修时作业人员有良好、稳固的地方挂安全带。由于安装人员可能会负重移动,因此安全带挂环的承重要求与空调器室外机平台的承重要求一致。相比后锚固方式,采用预埋件的方法更能保证安全带挂环的可靠性	《空调平台规》第 4.1.9 条

（续）

设备内容	规范条文	常见设计缺陷	依据规范
变电所	当变电所设置在建筑物内时，应向结构专业提出荷载要求并应设有运输通道。当其通道为吊装孔或吊装平台时，其吊装孔和平台的尺寸应满足吊装最大设备的需要，吊钩与吊装孔的垂直距离应满足吊装最高设备的需要	变电所中的单件最重设备为配电变压器。设置在建筑物地下层或楼层的电力变压器，因结构设计未考虑其荷载和运输通道的要求，造成后期变更，有的在施工时，变压器勉强运到安装位置，但对今后的更换则非常困难。因此，在设计时应向结构专业提出通道、荷载等要求	《民电标》第 4.10.6 条
防雷装置	1）建筑物防雷装置宜利用建筑物钢结构或结构柱的钢筋作为引下线。敷设在混凝土结构柱中作引下线的钢筋仅为一根时，其直径不应小于 10mm。当利用构造柱内钢筋时，其截面面积总和不应小于一根直径 10mm 钢筋的截面面积，且多根钢筋应通过箍筋绑扎或焊接连通。作为专用防雷引下线的钢筋应上端与接闪器、下端与防雷接地装置进行可靠连接，结构施工时做明显标记 2）利用建筑物构件内钢筋作为防雷装置时，构件内有箍筋连接的钢筋或成网状的钢筋，其箍筋与钢筋、钢筋与钢筋应采用土建施工的绑扎法、螺栓、对焊或搭焊连接。单根钢筋、圆钢或外引预埋连接板、线与构件内钢筋的连接应焊接或采用螺栓紧固的卡夹器连接。构件之间必须连接成电气通路	结构设计说明中往往忽视了防雷设计要求	《民电标》第 11.7.1 条、第 11.10.5 条
配电室	位于地下室和楼层内的配电室，应设设备运输通道	高层建筑内通常将配电室设于地下室或楼层内，应考虑到安装时和建成后维修时的运输通道问题。要向土建设计人员提出要求，不能只考虑安装时的运输，还应考虑正常使用时配电设备出故障运出维修的可能，后者常常为设计人员所忽略	《低配规》第 4.3.6 条

3.3　错漏碰缺类审查细则

建筑结构施工图设计中，常常发生一些错漏碰缺的问题，造成工程的设计变更，如果这些图纸已经施工了，还会造成工程费用的增加，严重的甚至会导致建筑功能无法满足原设计要求。

1. 楼梯设计时容易忽略的问题

（1）楼梯计算时输入荷载偏小。对于多跑楼梯，结构计算时应依据投影面上的实际梯段数量，将各梯段折算板厚叠加后输入为楼梯的恒荷载，并应按实际梯段数输入活荷载。例如，当首层层高较高时，需设置超过二跑的梯段，此时若仍按二跑楼梯的荷载输入，将导致荷载设计不足，进而影响楼梯平台梁柱的安全性。因此，进行整体结构建模计算时，应根据实际的梯段数和不同板厚进行折算后输入荷载。或根据楼梯实际情况，将其作为支撑结构直接输入计算模型。同时保证楼梯荷载的传力路径与实际情况一致。在计算模型总信息中勾选计算考虑楼梯刚度，并在平面模型中按实际跑数输入楼梯后，PKPM 附加恒载及活载应乘实际跑数除 2 的倍数；YJK 软件计算时附加恒载及活载按二跑方式输入，附加恒载及活载不用乘实际跑数除 2 的倍数；如总信息中未勾选计算考虑楼梯刚度，楼梯自重、附加恒载及活载应按乘实际跑数除 2 的倍数输入荷载。

（2）楼梯对独立墙肢的侧向支撑。楼梯踏步与剪力墙浇筑成整体，踏步平板水平钢筋须锚入墙身，作为独立（即无楼板连接）墙体的侧向支撑。

（3）框架结构中楼梯对地震作用的影响。《抗标》第 6.1.15 条规定：对于框架结构，楼梯间的布置不应导致结构平面特别不规则；楼梯构件与主体结构整浇时，应计入楼梯构件对地震作用及其效应的影响，进行楼梯构件的抗震承载力验算；宜采取构造措施，减少楼梯构件对主体结构刚度的影响。对于框架结构，楼梯构件与主体结构整浇时，梯板起到斜支撑的作用，对结构刚度、承载力、规则性的影响比较大，应参与抗震计算；当采取措施，如梯板滑动支承于平台板，楼梯构件对结构刚度等的影响较小，是否参与整体抗震计算差别不大。对于楼梯间设置刚度足够大的抗震墙的结构，楼梯构件对结构刚度的影响较小，也可不参与整体抗震计算。因此，设计框架结构楼梯时应遵循均匀、对称原则，将楼梯视为关键的抗震构件，确保楼梯梁、柱的抗震等级与框架结构一致，提升楼梯周边框架梁、柱的承载力和延性，梯段采用双层配筋，同时加强构造措施。

（4）楼梯平台柱的截面尺寸。楼梯间平台柱一般不作为框架柱，因此截面尺寸可不执行《混标》第 4.4.4 条 2 中要求矩形截面框架柱的边长不应小于 300mm 的规定，但需注意：

1）遇梯梁跨度较大、层高较高以及梯跑较多等情况下，应按照实际受力状态确定平台柱的截面尺寸。

2）平台柱截面尺寸应满足梯梁钢筋的锚固要求。

3）满足柱耐火极限要求。依据《建规》第 5.1.2 条的规定，建筑耐火等级为一、二级时，柱的耐火极限分别为 3.00h 和 2.50h。查《建规》附表 1 可知，钢筋混凝土柱截面尺寸为 200mm×500mm 的耐火极限为 3.00h，200mm×300mm 的耐火极限为 2.50h。

（5）楼梯碰头问题。复核梯段净高是否不低于 2.2m，以及平台板上方是否满足至少 2.0m 的净高要求。梯段净高为从每一级踏步前缘线外 0.3m 处量至上方凸出物（如结构梁）下缘的垂直距离。若不满足，梯梁应后移 300mm，且以上尺寸均需以建筑完成面为基准。

（6）楼梯间四角宜设置框架柱。框架结构中，楼梯间的四角宜设置框架柱，有困难时，至少在中间平台位置设置两个框架柱。由于楼梯间在抗震时受力情况复杂，同时作为紧急逃生通道，结构设计时需将楼梯间视为安全岛。虽然梯段可采用滑移支座，但标准图集中的滑移支座做法尚未经过地震的检验，存在一定的不确定性。因此，应强化楼梯间结构布置的概念设计。

2. 地下车库结构设计中易忽略的问题

在审图过程中会经常发现，地下车库设计无论是建筑专业还是结构专业，均存在设计失误或设计不合理等问题，导致后期使用过程中车库漏水、车位尺寸偏小、车位净高不够以及楼面与顶板、梁设计出现失误等。这些问题有些是在施工图出图后发现的，有些是在项目已完成并交付使用时才发现，变更难度加大，也会给建设方造成巨大损失。因此，有必要对此类问题进行系统总结，明确一些基本要求及设计原则，避免日后同类问题重复发生。

（1）地下车库楼面设计要求。

1）普通停车库的楼面活荷载应取不小于 4.0kN/m²，板厚不小于 120mm，在合理跨度的情况下，配筋基本采用构造配筋。框架梁高一般采用（1/10～1/12）L；

2）面层和找坡。普通停车库的面层和找坡应一起考虑，对于双面停车的车库楼面，一般采用 1% 的同厚度结构找坡。面层一般为 50mm 厚，面层中需配 φ4@150×150 的钢丝网片，以提高面层的抗开裂性。

（2）地下车库顶板厚度。

1）《高规》第3.6.3条规定，普通地下室顶板厚度不宜小于160mm；作为上部结构嵌固部位的地下室楼层的顶楼盖应采用梁板结构，楼板厚度不宜小于180mm，应采用双层双向配筋，且每层每个方向的配筋率不宜小于0.25%。

2）《人防规》第4.11.3条规定，防空地下室顶板和中间实心楼板的厚度应不小于200mm，如为密板，其实心截面厚度不宜小于100mm，如为现浇空心板，其板顶厚度不宜小于100mm，且其折合厚度均不应小于200mm。

（3）地下车库顶板覆土。

地下室顶板填土（种植屋面）厚度较大时，应避免采用素填土回填，宜采用轻型材料的种植屋面。承载力设计时，屋面种植土的重量应按照土的饱和重度计算。有些设计人员采用天然重度或有效重度计算填土，导致结构不安全。

（4）消防车荷载取值。地下车库顶板上通常布置有消防车道和消防救援场地，消防车活荷载应按照《荷载规》附录B规定采用。需要注意的是，规范给出的数值是按照300kN消防车计算的结果，当为500kN级消防车时，应将规范附表中给出的数值乘以1.17。

（5）车库顶板梁、柱截面确定。车库顶板梁和柱截面的选取既要确保结构的安全和经济性，又要兼顾建筑和通风中对层高和车位大小的控制。目前地下车库常用结构形式为有梁楼盖和无梁楼盖两大类，均适用于不同柱网形式。对于大体量规则的柱网，宜采用无梁楼盖的结构形式；对于不规则柱网、柱跨变化较大、平面复杂且有较多楼板开洞的车库，宜采用有梁楼盖形式。不同柱网形式对楼盖形式无差异性影响。

1）柱网布置。大柱网作为常规尺寸，7.8m×8.0m的柱网尺寸已经被广泛应用于地下车库，7.80m的柱距，三个2.40m×5.30m的标准停车位，柱截面要求不大于600mm（净距不小于7.20m）。在大柱网的基础上，合理降低柱网尺寸能够有效降低结构构件截面尺寸，提高地下车库的经济性。大小柱网是在满足三个2.40m×5.30m的标准停车位的前提下，保持7.80m的柱距（净距为7.20m）及5.50m车道净宽不变，将原柱网进深更改为6.0m的车道进深和5.05m的车身进深。在大小柱网的基础上进一步改变双侧柱网尺寸，得出满足两个2.40m×5.30m的标准停车位的小柱网形式。小柱网采用5.20m的柱距，柱截面要求不大于400mm（净距为4.80m），将原柱网进深更改为5.90m的车道进深和5.10m的车身进深。单车位建筑面积是地下车库的敏感问题之一，在单车位的平面尺寸不变的情况下，大柱网形式采用600mm×600mm柱截面，小柱网形式因受荷面积减小采用400mm×400mm柱截面，因此不同柱网形式对单车位的建筑面积无差异性影响。

2）层高分析。依据试算及管线综合结果，有梁楼盖的大柱网、大小柱网、小柱网的结构高度约为 900mm、800mm 及 700mm。无梁楼盖的大柱网、大小柱网、小柱网的结构高度约为 450mm、400mm 及 300mm。因此，不同柱网形式下无梁楼盖与有梁楼盖的结构高度相差 350~450mm，设备高度相差 150~200mm，层高相差 150~300mm。

3. 混凝土结构温度伸缩缝设置问题

混凝土结构的伸（膨胀）缝、缩（收缩）缝合称伸缩缝。伸缩缝是结构缝的一种，目的是为减小由于温差（早期水化热或使用期季节温差）和体积变化（施工期或使用早期的混凝土收缩）等间接作用效应积累的影响，将混凝土结构分割为较小的单元，避免引起较大的约束应力和开裂。由于现代水泥强度等级提高、水化热加大、凝固时间缩短；混凝土强度等级提高、拌合物流动性加大、结构的体量越来越大；为满足混凝土泵送、免振等工艺，混凝土的组分变化造成收缩增加，近年由此而引起的混凝土体积收缩呈增大趋势，现浇混凝土结构的裂缝问题比较普遍。图纸审查过程中发现许多工程长度远超规范规定，特别是住宅建筑，三单元的剪力墙结构，长 70~80m，只设置了一道后浇带，一旦出现裂缝就会带来大量投诉，引起恐慌，应慎之又慎。因此，对住宅建筑一般情况下应严格控制裂缝，没有十分可靠的措施不能随意放宽限值。对于公共建筑，可根据工程情况（一般建筑要求立面效果，不许设缝）适当放宽伸缩缝间距，不作强制性要求。

（1）规范规定。

1）《混标》第 8.1.1 条，钢筋混凝土结构伸缩缝的最大间距可按表 3-7 确定。

2）《北京装剪规》第 5.1.4 条规定，预制剪力墙结构伸缩缝最大间距不宜超过 60m，当剪力墙中现浇混凝土量大于剪力墙混凝土总量的 50% 时，伸缩缝最大间距宜取 55m。

表 3-7　钢筋混凝土结构伸缩缝最大间距　　　　　　　　（单位：m）

结构类型		室内	备注
框架结构	现浇式	55	1. 装配整体式结构的伸缩缝间距，可根据结构的具体情况取表中装配式结构与现浇式结构之间的数值
	装配式	75	
剪力墙结构	现浇式	45	2. 框架-剪力墙结构或框架-核心筒结构房屋的伸缩缝间距，可根据结构的具体情况取表中框架结构与剪力墙结构之间的数值
	装配式	65	

（2）放宽条件（采取有效措施）。设计中常常因各种原因导致结构分缝困难。有的工程分缝后结构体系自身不够合理，有的工程分缝后建筑立面难以处理，有的工程可以适当分缝，但分缝后每一个结构单元的长度还是大大超过了规范所规定的限值。依据《混标》第 8.1.3 条，如有充分依据，伸缩缝最大间距可适当增大：

1）采取减小混凝土收缩或温度变化的措施。

2）采用专门的预加应力或增配构造钢筋的措施。

3）采用低收缩混凝土材料，采取跳仓浇筑、后浇带、控制缝等施工方法，并加强施工养护。施工阶段采取的措施对于早期防裂最为有效。设计人员应该注意的是，设置后浇带可适当增大伸缩缝间距，但不能代替伸缩缝。当伸缩缝间距增大较多时，设计人员应通过有效的分析或计算慎重考虑各种不利因素对结构内力和裂缝的影响，以确定合理的伸缩缝间距。

（3）温度应力分析计算。对于结构伸缩缝超过规范规定的最大间距多少才需要计算温度应力对结构影响，各地市审图机构要求不同，参照《混凝土结构措施》第 2.6.1 条要求，当房屋长度超过规范规定长度的 1.5 倍时，应按照要求进行温度应力分析并采取温度应力分析的综合措施。考虑到目前采用的计算软件计算的温度应力离散性较大，计算结果参考意义不大，实际工程大部分都是通过采取加强措施进行处理。

（4）超长混凝土结构设计加强措施。参照《混凝土结构措施》第 2.6.3 条，控制温度裂缝可以采取的措施有：

1）做好建筑物的保温，建筑外墙设外保温，适当增加屋面保温层厚度。

2）屋面最好做架空层以提高其隔热性能，减少太阳辐射对混凝土屋面板的直接影响。一般可在屋面防水层以上砌筑小砖墩，上面铺设混凝土薄板（厚度 40mm 左右），板内可配置φ4~φ6 构造钢筋。在外墙面上须留出通气孔，使架空层内的空气能够流通。

3）仅在屋顶层设置伸缩缝。

4）在温度应力大的部位增设温度筋，这些部位主要集中在超长结构的两端，混凝土墙体附近，温度筋配置的原则是直径细、间距密。在满足强度要求的前提下，钢筋直径宜为 8~10mm，间距宜为 150mm 左右。顶层梁、板筋均应适当加大，梁筋主要加大腰筋，腰筋直径以不大于 16mm 为宜，间距可取 150mm 左右

5）对于矩形平面的框架-剪力墙结构，不宜在建筑物两端设置纵向剪力墙。

6）剪力墙结构纵向两端的顶层墙的配筋，采用细直径密间距的方式。

7）外露的挑檐、雨篷等结构，应每隔 12m 左右，设一道伸缩缝，缝宽 20~30mm，与之相连的纵向梁，应加强其腰筋的配置，腰筋直径宜≤16mm，间距可取 150mm 左右。

8）配置预应力温度筋。

9）现浇结构每隔 30~40m 间距设置施工后浇带，通过后浇带的板、墙钢筋宜断开搭接，以便两部分的混凝土各自自由收缩。

（5）温度应力分析计算软件问题。可以做温度应力分析的软件很多，比如 SAP2000、Midas、ETABS、YJK、PKPM 等，前两者可通过精细化的施工过程模拟较为准确的状况进行温度效应分析，后三者对温度效应的分析相对粗糙了一些。以 YJK 为例，通过将温度转换为等效荷载，进行弹性分析，然后对计算结果进行折减得到最终结果。而折减的幅度可人为控制，结果的合理性与设计人员经验有关。使用 YJK 计算过程中需要注意的是：

1）温度荷载引起的构件变形分为两类，一类是构件内外表面温差造成的弯曲，另一类是构件均匀升温或降温造成的伸长或缩短。由于高层建筑结构出现的温度荷载主要是均匀的普遍升温或降温作用，所以目前 YJK 程序采用杆件截面均匀受温、均匀伸缩的温度荷载加载方式。不能考虑杆件内外表面有温差时的弯曲。

2）实际工程中温度对构件的影响是不均匀的。对钢构件，由于传热性能好，截面很薄，当温度变化时，可以认为截面中的温度是均匀变化的。而对于混凝土构件，由于截面厚度大，温度从里到外是逐渐衰减的，呈梯度变化。YJK 软件无论对混凝土构件还是钢构件，都假定截面上的温度场是均匀的。这种均匀膨胀、收缩的温度荷载方式，比较适用于钢截面。但这种做法将使实心的混凝土结构温度荷载效应计算偏大。

3）设计人员需注意，在进行温度荷载下的分析时，应将温度荷载影响范围内的楼板定义为弹性膜。

4）目前 YJK 程序是按照线弹性理论计算结构的温度效应，对于混凝土结构，考虑到徐变应力松弛特性等非线性因素，实际的温度应力并没有弹性计算的结果那么大。因此设计人员可以视情况在组合系数的基础上乘以徐变应力松弛系数 0.3（未考虑构件开裂刚度折减）。对钢结构不应考虑此项折减。

5）除徐变应力松弛系数外，理论上还应考虑开裂引起的刚度折减。

第4章

施工图设计审查要点

强制性工程建设规范具有强制约束力，是保障人民生命财产安全、人身健康、工程安全、生态环境安全、公众权益和公众利益，以及促进能源资源节约利用、满足经济社会管理等方面的控制性底线要求。工程建设项目的勘察、设计、施工、验收、维修、养护、拆除等建设活动全过程中必须严格执行。因此强制性工程建设规范中所有与施工图设计相关的内容均为审查内容，也是审查的重点。鉴于部分非强条和强条之间存在着千丝万缕的联系，有些强条又过于原则，很难真正得到落实，故除了强条外，本章对突出影响地基基础和主体结构安全、消防安全等较为重要的条文进行了梳理和精简。特别强调：本要点未将全部的强制性条文列出，审查机构应依据工程建设标准中的强制性条文（包括全文强制性工程建设规范和现行工程建设标准中的有效强制性条文）进行施工图设计文件技术审查。现行工程建设标准（含国家标准、行业标准、地方标准）中涉及公共利益、公众安全的非强制性条文以及相关法规（包括法律、法规、部门规章及政府主管部门规范性文件等）规定需要审查的其他内容也应当列入审查要点。

4.1 施工图设计政策性审查

施工图审查机构除了对建设工程勘察、设计阶段执行强制性标准的情况实施监督外，还应当对设计文件是否落实国家和各省市要求深入推进绿色建筑和装配式建筑，大力推广钢结构进行严格把关，核查新建超限高层建筑是否进行了抗震超限审查以及抗震设防专项审查意见的落实情况，对应当进行超限审查或抗震设防专项审查，但未通过审查的建设工程，施工图审查不予通过。

4.1.1 绿色建筑要求

为加快推动绿色建筑的发展，国务院办公厅发布的《节能降碳方案》明确提出，到2025年，城镇新建建筑全面执行绿色建筑标准。并设定绿色建筑目标，如新建项目至少达到国家绿色建筑评价标准中的二星级标准，改造项目至少达到一星级标准。绿色建筑应体现共享、平衡、集成的理念，在设计过程中规划、建筑、结构、给水排水、暖通空调、燃气、电气与智能化、室内设计、景观、经济等各专业应紧密配合，因此要求在施工图设计阶段应提供绿色建筑设计专篇，在专篇中明确绿色建筑等级目标，相关专业采取的技术措施和详细的设计参数，并明确对绿色建筑施工与建筑运营管理的技术要求。此外，为保证绿色建筑设计的系统性，在立项阶段、方案设计阶段和初步设计阶段，应提前开展绿色建筑设计专篇有关工作，例如明确绿色建筑等级目标、技术路径、设计参数要求，并将相关费用纳入工程投资概算等。各阶段专业设计图纸应与同阶段绿色建筑相关内容一致，并达到相应的设计深度要求。

为响应国家政策，各省市也出台了相应的地方规定。如山东省为了落实建筑领域碳达峰碳中和目标，《山东绿建方案》（鲁建节科字〔2024〕4 号）文件要求大型公共建筑、政府投资或者国有资金投资的公共建筑、高品质住宅以及城市新区新建民用建筑，应按照二星级及以上绿色建筑标准设计建设，超高层建筑全面执行三星级绿色建筑标准。设计单位应编写绿色建筑设计专篇，按要求填报绿色建筑设计自评表，审查机构应依据《山东绿建审查要点》和其他标准规范进行审查。

4.1.2　装配式建筑要求

发展装配式建筑是建造方式的重大变革，有利于节约资源能源、减少施工污染、提升劳动生产效率和质量安全水平。《装配式指导意见》明确提出力争用 10 年左右的时间，使装配式建筑占新建建筑面积的比例达到 30%。为了更好地规范和引导装配式建筑发展，住房和城乡建设部批准发布了《装配式建筑评价标准》GB/T 51129—2017，同时，各地结合实际制定发布了地方装配式建筑的实施意见。如《山东绿色发展通知》要求，政府投资或以政府投资为主的建筑工程按规定采取装配式建筑标准建设，其他新建建筑项目装配式建筑占比不低于 30%，并逐步提高比例要求。推动钢结构住宅建设，新建公共建筑原则上采用钢结构。到 2025 年，全省新开工装配式建筑占城镇新建建筑比例达到 40% 以上，其中济南、青岛、烟台市达到 50%。《山东校舍钢结构通知》要求，学校、医院等公共建筑原则上采用装配式钢结构设计；城镇建设用地范围政府投资或者以政府投资为主，或者抗震设防烈度 8 度及以上地区的新建学校建筑，应当采用钢结构建筑。

4.1.3　抗震设防专项审查要求

1. 超高层建筑要求

落实住房和城乡建设部、应急管理部《超高层管理的通知》规定，城区常住人口 300

万以上城市确需新建 250m 以上超高层建筑的，省级住房和城乡建设主管部门应结合抗震、消防等专题严格论证审查，并报住房和城乡建设部备案复核。

2. 超限高层建筑要求

按照《超高层抗震规定》要求，在抗震设防区内进行超限高层建筑工程的建设时，建设单位应当在初步设计阶段向工程所在地的省、自治区、直辖市人民政府建设行政主管部门提出专项报告。超限高层建筑工程所在地的省、自治区、直辖市人民政府建设行政主管部门，负责组织省、自治区、直辖市超限高层建筑工程抗震设防专家委员会对超限高层建筑工程进行抗震设防专项审查。超限高层建筑工程的施工图设计文件审查应当由具有超限高层建筑工程施工图设计文件审查资格的审查机构承担。应当进行超限高层建筑工程抗震设防专项审查而未经审查或审查未通过的，施工图审查机构不得对超限高层建筑工程施工图设计文件进行审查。施工图设计文件审查时应当检查设计图纸是否执行了抗震设防专项审查意见和采取相应的抗震措施；未执行专项审查意见的，施工图设计文件审查不予通过。

3. 抗震专项审查地方规定

（1）《四川抗震办》规定，下列房屋建筑和市政基础设施工程，设计单位在初步设计阶段中应当编制抗震设防设计专篇，由建设单位报住房和城乡建设主管部门进行抗震设防专项审查：

1）《抗震分类标》中特殊设防类（甲类）和中型及以上重点设防类（乙类）建筑工程。

2）超过 1 万 m^2 的地下公共设施。

3）穿越抗震设防区的城市道路和桥梁及客运候车楼、行车调度、监控、运输、信号、通信、供电、供水建筑。

4）超出工程建设抗震设防标准适用范围的房屋建筑和市政公用设施。施工图审查机构应当核查抗震设防专项审查意见的落实情况，对应当进行抗震设防专项审查，但未通过抗震设防专项审查或未按专项审查意见进行施工图设计的建设工程，施工图审查不予通过。

（2）《云南抗震办》规定，以下新建、改扩建及加固房屋建筑工程应当进行抗震设防专项审查：

1）超出国家现行规范、规程所规定适用高度（层数）、体型规则性以及其他规范、规程规定应进行抗震专项审查的高层建筑工程；高宽比等抗震安全相关重要指标超出现行规范、规程限值较多的高层建筑工程。

2）采用现行抗震设计规范规定以外的结构体系（结构形式）的高层建筑工程。

3）采用隔震、减震等新技术或者新材料的建筑工程。

4）抗震设防分类为特殊设防类（甲类）建筑工程、单体建筑面积 1000m² 以上重点设防类（乙类）建筑工程。

5）经地震安全性评价、地震动参数复核和开展过地震区划工作的高层建筑工程。

6）省人民政府规定需要进行抗震专项审查的地震灾区恢复重建项目。前款规定范围以外其他建筑工程的设计与施工也应严格执行抗震设防相关技术标准。单体建筑面积 1000m² 以下重点设防类（乙类）建筑工程设计文件中应有抗震设防专项内容，并作为施工图审查的重点审查内容之一。

建设项目是否需要进行抗震专项审查，建议项目落地后及时与当地审查机构咨询了解。部分地市不单独组织初步设计抗震设防专项审查，抗震设防审查与施工图审查一并进行。

4.1.4　减震隔震技术应用要求

随着国内近几年地震灾害的频繁发生，建筑物的抗震设防显得尤为重要。隔震减震技术作为提高建筑物抗震能力的重要手段，近年来得到了广泛的关注和应用。2021 年 9 月 1 日起实施的《抗震管理条例》（国务院令 744 号）对隔震减震技术的推广应用提出了明确的要求：

（1）位于高烈度设防地区、地震重点监视防御区的新建学校、幼儿园、医院、养老机构、儿童福利机构、应急指挥中心、应急避难场所、广播电视等建筑（以下简称"两区八类"建筑）应当按照国家有关规定采用隔震减震等技术，保证发生本区域设防地震时能够满足正常的使用要求。

（2）国家鼓励在除"两区八类"建筑以外的建设工程中采用隔震减震等技术，以提高抗震性能。

（3）隔震减震装置生产经营企业应当建立唯一编码制度和产品检验合格印鉴制度，采集、存储隔震减震装置生产、经营、检测等信息，确保隔震减震装置质量信息可追溯。隔震减震装置质量应当符合有关产品质量法律、法规和国家相关技术标准的规定。

（4）建设单位应当组织勘察、设计、施工、工程监理单位建立隔震减震工程质量可追溯制度，利用信息化手段对隔震减震装置采购、勘察、设计、进场检测、安装施工、竣工验收等全过程的信息资料进行采集和存储，并纳入建设项目档案。

4.1.5　法律法规及其他规定

法律、法规、规章中规定必须审查的内容。勘察、设计应当遵守当地经济政策、产业政策、质量安全技术保障、市场行为规范等内容。

（1）除有特殊要求的建筑材料、专用设备和工艺生产线外，施工图设计文件选用的材料、设备、构配件应注明规格、型号、性能、材质等技术参数，不得指定生产厂家和供应商。

（2）涉及建筑主体和承重结构变动的装修工程或确需修改勘察、设计文件的，应当由原勘察、设计单位修改。经原勘察、设计单位书面同意，建设单位也可以委托其他具备资格的勘察、设计单位修改，修改单位对修改的勘察、设计文件承担相应责任。

（3）设计单位应当考虑施工安全操作和防护的需要，对涉及施工安全的重点部位和环节应在设计文件中注明，提出防范施工生产安全事故的指导意见。

（4）采用新材料、新结构、新工艺的建设工程和特殊结构的工程，设计单位应提出保障施工作业安全和预防安全事故的措施。没有国家技术标准的，应出具国家认可的检测机构的检测报告，并经省级人民政府建设行政主管部门认定。

4.2　施工图设计技术性审查

4.2.1　类别、等级和措施要求

应核查下列建筑分类等级及所依据的规范或批文，统称"**四类八级二措施**"。

1. "四类二措施"包括的内容

"四类"指建筑抗震设防类别、人防地下室设计类别、混凝土构件环境类别和建筑工程防水类别；"二措施"指抗震措施和抗震构造措施。

（1）建筑抗震设防类别。各类建设工程抗震设防标准要求详见表4-1。

表 4-1　各类建设工程抗震设防标准要求

设防类别	设防标准			I 类场地
	抗震措施	地震作用		抗震构造措施
特殊设防类 （甲类）	提高一度确定	按批准的地震安全性评价结果确定，但不应低于《抗震通规》第2.3.2条规定		允许按本地区设防烈度的要求采取抗震构造措施
重点设防类 （乙类）	提高一度确定	按设防烈度，根据《抗震通规》第2.3.2条确定		

（续）

设防类别	设防标准		Ⅰ类场地
	抗震措施	地震作用	抗震构造措施
标准设防类（丙类）	按设防烈度确定	按设防烈度，根据《抗震通规》第2.3.2条确定	允许按本地区设防烈度降低一度、但不得低于6度的要求采用
适度设防类（丁类）	适度降低	按设防烈度，根据《抗震通规》第2.3.2条确定	

【审查要点】

1）甲类工程应按高于当地抗震设防烈度取值，其值应按批准的地震安全性评价的结果确定。

2）对抗震措施和抗震构造措施要求高低的掌握尺寸。抗震措施是指除了地震作用计算和构件抗力计算以外的抗震设计内容，包括建筑总体布置、结构选型、地基抗液化措施、考虑概念设计对地震作用效应（内力和变形等）的调整，以及各种抗震构造措施；而抗震构造措施是指根据抗震概念设计的原则，一般不需计算而对结构和非结构各部分所采取的细部构造。抗震构造措施只是抗震措施的一部分，其提高和降低的规定仅涉及抗震设防标准的部分调整问题。需要注意抗震措施和抗震构造措施二者的区别和联系。

3）对Ⅰ类场地，除6度设防外均允许降低一度采取抗震措施中的抗震构造措施。

4）对混凝土结构和钢结构房屋的最大适用高度，重点设防类与标准设防类相同，不按提高一度的规定采用。

5）对多层砌体房屋的总高度和层数，重点设防类比标准设防类降低3m、层数减少一层，即7度设防时与提高一度的控制结果相同，而按6度、8度、9度设防时不按提高一度的规定执行。

6）确定是否液化及液化等级，只与设防烈度有关，而与设防分类无关；但对同样的液化等级，抗液化措施与设防分类有关，其具体规定不按提高一度或降低一度的方法处理。

7）应注意结构重要性和结构的抗震类别并不一定完全对应。

8）核查设防标准，查看房屋高度、抗液化措施、地震作用取值、内力调整和构造措施等是否符合相关控制要求，结构总说明应与计算书中相一致。为方便设计及审图人员查阅，归纳不同抗震设防类别、设防烈度、场地类别的建筑，其抗震措施和抗震构造措施详见表4-2。

表 4-2　抗震措施和抗震构造措施设防标准

抗震设防类别	本地区抗震设防烈度		地震作用计算设防标准	确定抗震措施时的设防标准				
				Ⅰ类场地		Ⅱ类场地	Ⅲ、Ⅳ类场地	
				抗震措施	抗震构造措施	抗震措施（抗震构造措施）	抗震措施	抗震构造措施
甲类、乙类	6 度	0.05g	甲类：高于本地区设防烈度；乙类：按本地区设防烈度	7	6	7	7	7
	7 度	0.10g		8	7	8	8	8
		0.15g		8	7	8	8	8+
	8 度	0.20g		9	8	9	9	9
		0.30g		9	8	9	9	9+
	9 度	0.40g		9+	9	9+	9+	9+
丙类	6 度	0.05g	按本地区设防烈度	6	6	6	6	6
	7 度	0.10g		7	6	7	7	7
		0.15g		7	6	7	7	8
	8 度	0.20g		8	7	8	8	8
		0.30g		8	7	8	8	9
	9 度	0.40g		9	8	9	9	9

注：1. 8+为应符合比 8 度抗震设防更高的要求，9+为应符合比 9 度抗震设防更高的要求。

　　2. 本表调整后的设防标准主要用于确定结构的抗震等级（包括内力调整和构造措施）。

（2）人防地下室的设计类别。《人防规》第 1.0.4 条把防空地下室区分为甲、乙两类。甲类防空地下室战时需要防核武器、防常规武器、防生化武器等，乙类防空地下室不考虑防核武器，只防常规武器和防生化武器。

【审查要点】对于防空地下室是按甲类还是按乙类修建，应根据国家的有关规定，依据当地的人防主管部门相关批文确定。

（3）混凝土构件环境类别。《混标》第 3.5.2 条将混凝土结构的环境类别划分为一、二 a、二 b、三 a、三 b、四和五共七类。具体划分条件详见表 4-3 的要求。

表 4-3　混凝土结构的环境类别

环境类别	条件	备注
一	1. 室内干燥环境 2. 无侵蚀性静水浸没环境	1. 室内潮湿环境是指构件表面经常处于结露或湿润状态的环境
二 a	1. 室内潮湿环境 2. 非严寒和非寒冷地区的露天环境 3. 非严寒和非寒冷地区与无侵蚀性的水或土壤直接接触的环境 4. 严寒和寒冷地区的冰冻线以下与无侵蚀性的水或土壤直接接触的环境	2. 严寒和寒冷地区的划分应符合《热工规》的有关规定 3. 海岸环境和海风环境宜根据当地情况，考虑主导风向及结构所处迎风、背风部位等因素的影响，由调查研究和工程经验确定

（续）

环境类别	条件	备注
二 b	1. 干湿交替环境 2. 水位频繁变动环境 3. 严寒和寒冷地区的露天环境 4. 严寒和寒冷地区冰冻线以上与无侵蚀性的水或土壤直接接触的环境	4. 受除冰盐影响环境是指受到除冰盐盐雾影响的环境，受除冰盐作用环境是指被除冰盐溶液溅射的环境以及使用除冰盐地区的洗车房、停车楼等建筑 5. 暴露的环境是指混凝土结构表面所处的环境
三 a	1. 严寒和寒冷地区冬季水位变动区环境 2. 受除冰盐影响的环境 3. 海风环境	
三 b	1. 盐渍土环境 2. 受除冰盐作用的环境 3. 海岸环境	
四	海水环境	
五	受人为或自然的侵蚀性物质影响的环境	

【审查要点】

1）非严寒和非寒冷地区与严寒和寒冷地区的区别主要在于有无冰冻及冻融循环现象。

2）严寒地区是指最冷月平均温度≤-10℃，日平均温度≤5℃的天数不少于145d的地区；寒冷地区是指-10℃<最冷月平均温度≤0℃，日平均温度≤5℃的天数不少于90d且少于145d的地区。

3）三类环境主要是指近海海风、盐渍土及使用除冰盐的环境。

4）严寒和寒冷地区普通建筑地上部分环境类别一般为二 a，地下部分通常为二 b。

2. "八级"包括的内容

"八级"指建筑结构安全等级、地基基础设计等级、房屋的抗震等级、地下防水混凝土抗渗等级、地下室抗浮设计等级、建筑的耐火等级、地下水、土对建筑材料的腐蚀性等级、防常规武器抗力级别和防核武器抗力级别。

（1）建筑结构安全等级。《结构通规》第2.2.1条将结构的安全等级划分为三级，分别对应重要结构、一般结构和次要结构。结构及其部件的安全等级不得低于三级，其划分条件为：

1）对于破坏后果很严重的划分为一级。

2）对于破坏后果严重的划分为二级。

3）对于破坏后果不严重的划分为三级。

【审查要点】结构的安全等级与结构重要性系数 γ_0 相关联，是考虑结构破坏后果的严重性而引入的系数，对于安全等级为一级、二级和三级的结构构件分别取 1.1、1.0 和 0.9。

（2）地基基础设计等级。《基础规》第 3.0.1 条将地基基础按照地基复杂程度、建筑物规模和功能特征以及由于地基问题可能造成建筑物破坏或影响正常使用的程度划分为三个设计等级，设计时应根据具体情况按表4-4选用。

表 4-4　地基基础设计等级

设计等级	建筑和基础类型	备注
甲级	1. 重要的工业与民用建筑物 2. 30 层以上的高层建筑 3. 体型复杂，层数相差超过 10 层的高低层连成一体的建筑物 4. 大面积的多层地下建筑物（如地下车库、商场、运动场等） 5. 对地基变形有特殊要求的建筑物 6. 复杂地质条件下的坡上建筑物（包括高边坡） 7. 对原有工程影响较大的新建建筑物 8. 场地和地基条件复杂的一般建筑物 9. 位于复杂地质条件及软土地区的二层及二层以上地下室的基坑工程 10. 开挖深度大于 15m 的基坑工程 11. 周边环境条件复杂、环境保护要求高的基坑工程	1. 体型复杂、层数相差超过 10 层的高低层连成一体的建筑物是指在平面上和立面上高度变化较大、体型变化复杂，且建于同一整体基础上的高层宾馆、办公楼、商业建筑等建筑物 2. 复杂地质条件下的坡上建筑物是指坡体岩土的种类、性质、产状和地下水条件变化复杂等对坡体稳定性不利的情况，此时应作坡体稳定性分析，必要时应采取整治措施 3. 对原有工程有较大影响的新建建筑物是指在原有建筑物旁和在地铁、地下隧道、重要地下管道上或旁边新建的建筑物 4. 场地和地质条件复杂的建筑物是指不良地质现象强烈发育的场地，如泥石流、崩塌、滑坡、岩溶土洞塌陷等，或地质环境恶劣的场地，如地下采空区、地面沉降区、地裂缝地区等，复杂地基是指地基岩土种类和性质变化很大、有古河道或暗浜分布、地基为特殊性岩土，如膨胀土、湿陷性土等，以及地下水对工程影响很大需特殊处理等情况
乙级	1. 除甲级、丙级以外的工业与民用建筑物 2. 除甲级、丙级以外的基坑工程	
丙级	1. 场地和地质条件简单、荷载分布均匀的七层及七层以下民用建筑及一般工业建筑及次要的轻型建筑物 2. 非软土地区且场地地质条件简单、基坑周边环境条件简单、环境保护要求不高且开挖深度小于5.0m 的基坑工程	

【审查要点】

1）30 层以上的高层建筑，不论其体型复杂与否基础设计等级均为甲级。

2）大面积的多层地下建筑物存在深基坑开挖的降水、支护和对邻近建筑物可能造成严重不良影响等问题，另外有些地面以上没有荷载或荷载很小的大面积多层地下建筑物，如地下停车场、商场、运动场等还存在抗地下水浮力的设计问题，因此基础设计等级均为甲级。

3）对在复杂地质条件和软土地区开挖较深的基坑工程，由于基坑支护、开挖和地下水控制等技术复杂、难度较大；挖深大于 15m 的基坑以及基坑周边环境条件复杂、环境保护要求高时对基坑支档结构的位移控制严格，也划分为甲级。

（3）房屋的抗震等级。房屋的抗震等级是重要的设计参数，抗震等级不同，不仅计算时相应的内力调整系数不同，对配筋、配箍、轴压比、剪压比的构造要求也有所不同，体现了不同延性要求和区别对待的设计原则。《抗震通规》第 5.2.1 条、5.3.1 条、5.4.1 条将丙类混凝土结构房屋、丙类钢结构房屋和丙类钢-混凝土组合结构房屋的抗震等级按照设防类别、设防烈度、结构类型和房屋高度划分为一、二、三和四级。设计时不同抗震等级房屋应符合相应的内力调整和抗震构造要求。

【审查要点】

1）结构设计总说明和计算书中，房屋结构的抗震等级应明确无误。

2）处于 I 类场地的情况，要注意区分内力调整的抗震等级和构造措施的抗震等级。

3）主楼与裙房不论是否分缝，主楼在裙房顶板对应的相邻上下楼层（共 2 个楼层）的构造措施应适当加强，但不要求各项措施均提高一个抗震等级。

4）甲、乙类建筑提高一度查表确定抗震等级时，当房屋高度大于《抗震通规》表 5.2.1、表 5.3.1、表 5.4.1 规定的高度时，应采取比一级更有效的抗震构造措施。

5）房屋总高度按有效数字取整数控制，小数位四舍五入。因此对于框架-抗震墙结构、抗震墙结构等类型的房屋，高度在 24～25m 时应采用四舍五入方法来确定其抗震等级。例如，高度为 24.4m，取整时为 24m；高度为 24.8m，取整时为 25m。

6）房屋高度"接近"一词的含义可按以下原则进行把握：如果在现有楼层的基础再加上（或减去）一个标准层，则房屋的总高度就会超出（或低于）高度分界，那么现有房屋的总高度就可判定为"接近于"高度分界。

（4）地下防水混凝土抗渗等级。《防水通规》第 2.0.6 条将工程防水等级按照工程类别和工程防水使用环境类别分为一级、二级、三级。地下室（车库）防水等级通常为一级。《防水通规》第 4.2.3 条规定，明挖法地下现浇混凝土结构，防水混凝土的最低抗渗等级：

1）防水等级为一级、二级时，抗渗等级应不低于 P8。

2）防水等级为三级时，抗渗等级应不低于 P6。

【审查要点】

1）防水混凝土的施工配合比应通过试验确定，其强度等级不应低于 C25，试配混凝土的抗渗等级应比设计要求提高 0.2MPa。

2）地下工程迎水面主体结构应采用防水混凝土，防水混凝土应满足抗渗等级要求，防水混凝土结构厚度不应小于 250mm，寒冷地区抗冻设防段防水混凝土抗渗等级不应低于 P10。

3）受中等及以上腐蚀性介质作用的地下工程，防水混凝土强度等级不应低于C35，防水混凝土设计抗渗等级不应低于P8。

（5）地下室抗浮设计等级。《抗浮标》第3.0.1条将抗浮工程按照工程地质和水文地质条件的复杂程度、地基基础设计等级、使用功能要求及抗浮失效可能造成的对正常使用影响程度或危害程度等划分为甲、乙和丙三个设计等级，并按表4-5确定。

表4-5　建筑抗浮工程设计等级

抗浮工程设计等级	建筑工程特征	备注
甲级	1. 工程地质和水文地质条件复杂场地的工程 2. 设计地坪低于防洪设防水位或处于经常被淹没场地的工程 3. 埋深较大和结构荷载分布变化较大的工程 4. 对上浮、隆起及其裂缝等有特殊要求的工程；抗浮失效危害严重的工程 5.《基础规》规定设计等级为甲级的工程 6. 进行抗浮治理的既有工程	1. 工程地质、水文地质复杂主要是指位于地层结构变化、地下水的补给、径流和排泄条件复杂、存在多层含水层且厚度和层面坡度变化大、地下水类型多、不同含水层水力联系复杂，以及地下水动态变化规律尚不够明确的场地 2. 场地水文地质及地基条件简单、荷载分布均匀的建筑工程，当体量大、抬升、降起、渗漏要求不严格、挖除岩土重量小于上部结构自重、临时性建筑、抗浮失效危害小不会构成公共安全问题等工程，宜综合分析确定其抗浮设计等级
乙级	除甲级、丙级以外的工程	
丙级	1. 工程地质和水文地质条件简单场地的工程 2. 抗浮失效对工程安全危害不严重的工程 3.《基础规》规定设计等级为丙级的工程 4. 临时性工程	

【审查要点】建筑工程抗浮稳定性计算中，建筑工程抗浮稳定安全系数 K_w 取值与抗浮工程设计等级有关，依据《抗浮标》第3.0.3条规定，当抗浮工程设计等级为甲、乙和丙级时，施工期抗浮稳定安全系数 K_w 分别取1.05、1.00和0.95；使用期抗浮稳定安全系数 K_w 分别取1.10、1.05和1.00。需要提醒的是，因采用的荷载及其组合方式的不同而采用不同的安全系数，目前不同标准对抗浮稳定性安全系数取值有所不同。如《地铁设计规范》GB 50157第11.6.1条第6款规定："结构设计应按最不利情况进行抗浮稳定性验算。抗浮安全系数当不计地层侧摩阻力时不应小于1.05；当计及地层侧摩阻力时，根据不同地区的地质和水文地质条件，可采用1.10~1.15的抗浮安全系数"。

（6）建筑的耐火等级。《建规》第3.2.1条、5.1.2条将工业与民用建筑的耐火等级分为一级、二级、三级、四级。不同耐火等级建筑对构件的燃烧性能和耐火极限要求不同，具体规定可查看《建规》表3.2.1和表5.1.2。

【审查要点】

1）防火墙的耐火极限不应低于3.00h。甲、乙类厂房和甲、乙、丙类仓库内的防火墙，耐火极限不应低于 4.00h。

2）防火墙应直接设置在建筑的基础或具有相应耐火性能的框架、梁等承重结构上，并应从楼地面基层隔断至结构梁、楼板或屋面板的底面。防火墙与建筑外墙、屋顶相交处，防火墙上的门、窗等开口，应采取防止火灾蔓延至防火墙另一侧的措施。

3）建筑高度大于 100m 的工业与民用建筑楼板的耐火极限不应低于 2.00h。一级耐火等级工业与民用建筑的上人平屋顶，屋面板的耐火极限不应低于 1.50h；二级耐火等级工业与民用建筑的上人平屋顶，屋面板的耐火极限不应低于 1.00h。

4）地下、半地下建筑（室）的耐火等级应为一级。

5）钢结构的防火设计文件应注明建筑的耐火等级、构件的设计耐火极限、构件的防火保护措施、防火材料的性能要求及设计指标。

6）钢结构柱间支撑的设计耐火极限应与柱相同，楼盖支撑的设计耐火极限应与梁相同，屋盖支撑和系杆的设计耐火极限应与屋顶承重构件相同。

（7）地下水、土对建筑材料的腐蚀性等级。《岩土规》第 12.1.4 条将水和土对建筑材料的腐蚀性分为微、弱、中、强四个等级，具体评价结论可查看工程项目的勘察报告。

【审查要点】

1）基础应设垫层。基础与垫层的防护要求应符合表 4-6 的规定。

表 4-6　基础与垫层的防护要求

腐蚀性等级	垫层材料	基础的表面防护	备注
弱	C20 混凝土	1. 沥青冷底子油两遍，沥青胶泥涂层，厚度>300μm 2. 聚合物水泥浆两遍	1. 表中有多种防护措施时，可根据腐蚀性介质的性质和作用程度、基础的重要性等因素选用其中一种 2. 埋入土中的混凝土结构或砌体结构，其表面应按本表进行防护。砌体结构表面应先用 1:2 水泥砂浆抹面找平 3. 垫层材料可采用具有相应防腐蚀性能且强度等级>C20 的混凝土（厚 150mm）、聚合物水泥混凝土（厚 100mm）等
中	耐腐蚀材料	1. 沥青冷底子油两遍，沥青胶泥涂层，厚度>500μm 2. 聚合物水泥砂浆，厚度>5mm 3. 环氧沥青或聚氨酯沥青涂层，厚度>300μm	
强	耐腐蚀材料	1. 环氧沥青或聚氨酯沥青涂层，厚度>500μm 2. 聚合物水泥砂浆，厚度>10mm 3. 树脂玻璃鳞片涂层，厚度>300mm 4. 环氧沥青或聚氨酯沥青贴玻璃布，厚度>1mm	

2）基础梁的防护要求。基础梁的表面防护要求应符合表 4-7 的规定。

表 4-7　基础梁的表面防护要求

腐蚀性等级	基础梁的表面防护	备注
弱	1. 环氧沥青或聚氨酯沥青涂层，厚度>300μm 2. 聚合物水泥砂浆，厚度>5mm 3. 聚合物水泥浆两遍	当表中有多种防护措施时，可根据腐蚀性介质的性质和作用程度、基础梁的重要性等因素选用其中一种
中	1. 环氧沥青或聚氨酯沥青涂层，厚度>500μm 2. 聚合物水泥砂浆，厚度>10mm 3. 玻璃鳞片涂层，厚度>300μm	
强	1. 环氧沥青或聚氨酯沥青贴玻璃布，厚度>1mm 2. 璃鳞片涂层，厚度>500μm 3. 聚合物水泥砂浆，厚度>15mm	

3）桩基础的选择。腐蚀性等级为弱、中时，可采用钢筋混凝土灌注桩，腐蚀性等级为强时，宜选用预制钢筋混凝土桩，可选用预应力高强混凝土管桩、预应力混凝土管桩。

（8）防常规武器抗力级别和防核武器抗力级别。《人防规》第1.0.2条将防常规武器抗力级别划分为5级和6级（简称为常5级和常6级），将防核武器抗力级别划分为4级、4B级、5级、6级和6B级（简称为核4级、核4B级、核5级、核6级和核6B级）。

【审查要点】

1）对乙类防空地下室和核5级、核6级、核6B级甲类防空地下室结构，当采用平战转换设计时，应通过战前实施平战转换达到战时防护要求。

2）人防顶板等效静荷载可参照《防空地下室措施》第3.3.2条内容，详见表4-8中取值。

表 4-8　甲类防空地下室顶板设计采用的等效静荷载标准值　（单位：kN/m²）

顶板覆土厚度 h/m	顶板区格最大短边净跨 L_0/m	考虑上部建筑影响			不考虑上部建筑影响		
		抗力级别			抗力级别		
		核6B级 常6级	核6级 常6级	核5级 常5级	核6B级 常6级	核6级 常6级	核5级 常5级
0.5<h≤1.0	3.0≤L_0≤4.5	40	65	120	45	70	140
	4.5<L_0≤6.0	40	60	115	45	70	135
	6.0<L_0≤7.5	40	60	110	45	65	130
	7.5<L_0≤9.0	40	60	110	45	65	130
1.0<h≤1.5	3.0≤L_0≤4.5	45	70	135	50	75	145
	4.5<L_0≤6.0	40	65	120	45	70	135
	6.0<L_0≤7.5	35	60	115	40	70	135
	7.5<L_0≤9.0	35	60	115	40	70	130

（续）

顶板覆土厚度 h/m	顶板区格最大短边净跨 L_0/m	考虑上部建筑影响			不考虑上部建筑影响		
		抗力级别			抗力级别		
		核 6B 级 常 6 级	核 6 级 常 6 级	核 5 级 常 5 级	核 6B 级 常 6 级	核 6 级 常 6 级	核 5 级 常 5 级
1.5<h≤2.0	3.0≤L_0≤4.5	45	75	140	50	80	165
	4.5<L_0≤6.0	40	70	130	50	80	160
	6.0<L_0≤7.5	40	65	120	45	70	145
	7.5<L_0≤9.0	35	60	115	40	70	135
2.0<h≤2.5	3.0≤L_0≤4.5	45	75	135	50	80	155
	4.5<L_0≤6.0	45	70	135	50	80	160
	6.0<L_0≤7.5	40	65	125	45	75	150
	7.5<L_0≤9.0	40	65	120	45	70	145

4.2.2　荷载作用压力规定

应核查设计说明和计算书的荷载取值是否一致，是否有漏项。重点查看楼面和屋面活荷载、雪荷载和风荷载、施工和检修荷载、走廊和楼梯栏杆活荷载、汽车通道和消防车荷载、偶然作用和温度作用、地下室外墙土压力，统称"六荷载二作用一压力"。

1. 楼面和屋面活荷载

（1）楼面活荷载取值。应按照《结构通规》第 4.2.2 条的规定取值，严禁漏项。表 4-9 给出了常见民用建筑和工业建筑中楼面活荷载取值（注意与《荷载规》的差异），供审图时使用。

表 4-9　民用与工业建筑楼屋面均布活荷载标准值

分类		项次	类别	标准值/(kN/m^2)	组合值系数
民用建筑	主要功能房间	1	（1）住宅、宿舍、托幼	2.0	0.7
			（2）办公楼、教室	2.5	
		2	食堂、餐厅、阅览室	3.0	
		3	影院	3.5	
		4	商店	4.0	
		5	健身房	4.5	
	设备间	6	储藏室	6.0	0.9
		7	通风机房、电梯机房	8.0	
	附属房间	8	一般的厨房（餐厅的厨房）	2.0（4.0）	0.7
		9	卫生间	2.5	
	走廊（门厅）	10	（1）住宅、宿舍、托幼	2.0	
			（2）办公楼	3.0	
			（3）教学楼	3.5	

（续）

分类		项次	类别	标准值/（kN/m²）	组合值系数
民用建筑	楼梯	11	多层住宅取括号内值	3.5（2.0）	
	阳台	12	非人员密集情况取括号内值	3.5（2.5）	0.7
	屋面	13	（1）不上人的屋面	0.5	
			（2）上人的屋面	2.0	
			（3）屋顶花园	3.0	
			（4）屋顶运动场地	4.5	
工业建筑	厂房	14	电子产品加工	4.0	
		15	轻型机械加工	8.0	0.8
		16	重型机械加工	12.0	
	仓库	17	一般仪器仓库	4.0	1.0
		18	较大型仪器仓库	7.0	

【审查要点】作用在楼面上的活荷载，不可能以标准值的大小同时布满在所有的楼面上，因此在设计梁、墙、柱和基础时，还要考虑实际荷载沿楼面分布的变异情况，因此在确定梁、墙、柱和基础的荷载标准值时，还应按楼面活荷载标准值乘以折减系数。《结构通规》第4.2.4条和4.2.5条规定了采用楼面等效均布活荷载方法设计楼面梁、墙、柱及基础时，楼面均布活荷载的折减系数必须遵守的最低要求。

（2）检查计算书中当采用楼面等效均布活荷载方法设计楼面梁时，楼面活荷载标准值的折减系数取值：

1）表4-9中第1（1）项（如住宅）当楼面梁从属面积≤25m²时，不应折减；超过25m²时，折减系数≥0.9。

2）表4-9中第1（2）~7项（如办公楼）当楼面梁从属面积≤50m²时，不应折减；超过50m²时，折减系数≥0.9。

3）表4-9中第8~12项（如楼梯、走廊）应采用与所属房屋类别相同的折减系数。

（3）检查计算书中当采用楼面等效均布活荷载方法设计墙、柱和基础时，楼面活荷载标准值的折减系数取值：

1）表4-9中第1（1）项单层建筑楼面梁的从属面积超过25m²时不应小于0.9，其他情况应按表4-10规定采用。

2）表4-9中第1（2）~7项应采用与其楼面梁相同的折减系数。

3）表4-9中第8~12项应采用与所属房屋类别相同的折减系数。例如项次9"卫生间"，如果是项次1（1）住宅的卫生间，就按照项次1（1）的规定折减；如是项次1（2）

办公楼的卫生间，就按照项次 1（2）的规定折减。

表 4-10　活荷载按楼层的折减系数

墙、柱、基础计算截面以上的层数	2~3	4~5	6~8	9~20	≥21
计算截面以上各楼层活荷载总和的折减系数	0.85	0.70	0.65	0.60	0.55

（4）对于支撑单向板的梁，其从属面积为梁两侧各延伸二分之一的梁间距范围内的面积；对于支撑双向板的梁，其从属面积由板面的剪力零线围成。对于支撑梁的柱，其从属面积为所支撑梁的从属面积的总和；对于多层房屋，柱的从属面积为其上部所有柱从属面积的总和。

（5）需要注意的是，工业建筑在确定梁、墙、柱和基础的荷载标准值时，楼面活荷载折减与民用建筑不同。属于《荷载规》附录 D.0.1 条中的特定类别工业厂房，设计墙、柱、基础时，楼面活荷载可采用与设计主梁相同的荷载。其他类型车间楼面的活荷载不建议折减，如需折减，需有建设方根据生产工艺和行业标准提供的有关活荷载折减参数并在设计文件中反映的前提下，可考虑根据有关参数进行厂房相关结构构件设计时的活荷载折减。

（6）门式刚架轻型不上人屋面活荷载统一采用不低于 $0.5kN/m^2$，且不需考虑其最不利布置。

（7）对多跑楼梯，应按实际考虑楼梯板的恒荷载及活荷载。如第一层层高较高为 6m 时，常把楼梯设计成三跑或四跑楼梯，这样原来按二跑楼梯输入的荷载就少了一半，造成一层楼梯边上的梁不安全。

（8）电梯机房除按照 $8kN/m^2$ 荷载外，运行荷载应根据电梯资料考虑全面。

（9）屋顶构架、雨篷等在结构计算时应考虑其附加荷载，计算简图与实际应相符。屋面檐沟应考虑积水荷载，种植屋面的活荷载应按现行规范取值。

2. 雪荷载和风荷载

依据《荷载规》附录 E 确定基本雪压和基本风压，同时也要参考当地规定。如山东编制了《山东省沿海地区建筑工程风压标准》，其基本风压取值普遍高于国标《荷载规》中的规定。

【审查要点】

（1）《结构通规》第 4.5.2 条，对雪荷载敏感的结构，应按照 100 年重现期雪压和基本雪压的比值，提高其雪荷载取值，如门式刚架轻型房屋钢结构，其檐口及相邻房屋屋面高差处应考虑积雪荷载影响。

（2）《高规》第4.2.2条，对风荷载比较敏感的高层建筑，承载力设计时应按基本风压的1.1倍采用。

（3）当采用风荷载放大系数的方法考虑风荷载脉动的增大效应时，风荷载放大系数应按下列规定采用：

1）主要受力结构的风荷载放大系数应根据地形特征、脉动风特性、结构周期、阻尼比等因素确定，其值不应小于1.2。

2）围护结构的风荷载放大系数应根据地形特征、脉动风特性和流场特征等因素确定，且不应小于 $1+\dfrac{0.7}{\sqrt{\mu_z}}$（$\mu_z$ 为风压高度变化系数）。

（4）《门规》第4.2.1条规定计算主刚架及次结构的 β 系数就是考虑了门式刚架风敏感后的风荷载放大系数，该系数不是《结构通规》第4.6.5条第1款所指的风荷载放大系数，后者为综合考虑风振系数和阵风系数以后的系数，门式刚架结构已经在"风荷载系数"中给予了考虑，因此不需要乘以1.2。

3. 施工和检修荷载

依据《结构通规》第4.2.12条，施工和检修荷载应按下列规定采用：

1）设计屋面板、檩条、钢筋混凝土挑檐、悬挑雨篷和预制小梁时，施工或检修集中荷载标准值不应小于1.0kN，并应在最不利位置处进行验算。

2）对于轻型构件或较宽的构件，应按实际情况验算，或应加垫板、支撑等临时设施。

3）计算挑檐、悬挑雨篷的承载力时，应沿板宽每隔1.0m取一个集中荷载：在验算挑檐、悬挑雨篷的倾覆时，应沿板宽每隔2.5~3.0m取一个集中荷载。依据第4.2.13条，地下室顶板施工活荷载标准值不应小于5.0kN/m²，当有临时堆积荷载以及有重型车辆通过时，施工组织设计中应按实际荷载验算并采取相应措施。依据第4.2.15条，施工荷载、检修荷载及栏杆荷载的组合值系数应取0.7，频遇值系数应取0.5，准永久值系数应取0。

【审查要点】

1）设计屋面板、檩条、钢筋混凝土挑檐、雨篷和预制小梁时，除了考虑屋面均布活荷载外，还应另外验算在施工、检修时可能出现在最不利位置上，由人和工具自重形成的集中荷载。

2）地下室顶板等部位在建造施工和使用维修时，往往需要运输、堆放大量建筑材料与施工机具，因施工超载引起的建筑物楼板开裂甚至破坏时有发生，应引起设计人员的高度重视。

4. 走廊和楼梯栏杆活荷载

现实中栏杆破坏时有发生，特别是中小学中的走廊和楼梯需重点核查。学校教学楼是供学生学习的重要场所，其安全与稳固必须得到严格监管。尤其在小学校，学生年龄较小，天性喜嬉戏、打闹，自我保护和安全意识较弱，这就要求教学楼的阳台、楼梯、走廊等地方的防护设置，不仅必不可少，而且必须牢固、结实。因为在某种情况下，这可能是保护学生安全的最后一道防线。

【审查要点】依据《结构通规》第4.2.14条规定，楼梯、看台、阳台和上人屋面等的栏杆活荷载标准值，不应小于下列规定值：

1）住宅、宿舍、办公楼、旅馆、医院、托儿所、幼儿园，栏杆顶部的水平荷载应取1.0kN/m。

2）食堂、剧场、电影院、车站、礼堂、展览馆或体育场，栏杆顶部的水平荷载应取1.0kN/m，竖向荷载应取1.2kN/m，水平荷载与竖向荷载应分别考虑。

3）中小学校的上人屋面、外廊、楼梯、平台、阳台等临空部位必须设防护栏杆，栏杆顶部的水平荷载应取1.5kN/m，竖向荷载应取1.2kN/m，水平荷载与竖向荷载应分别考虑。

5. 汽车通道和消防车荷载

地下室或车库顶板上面通常布置汽车通道、消防车道及消防救援场地。《结构通规》第4.2.3条给出了小型客车和满载总重量不大于300kN的消防车楼面均布活荷载标准值（表4-11）。当板顶有覆土时，可根据覆土厚度对活荷载进行折减。

表4-11 小型客车和消防车的车库楼面均布活荷载标准值 （单位：kN/m²）

类别	单向板楼盖 （2m≤板跨 L）	双向板楼盖 （3m≤板跨短边 L<6m）	双向板楼盖 （6m<板跨短边 L）	无梁楼盖 （柱网≥6m×6m）
小型客车（≤9人）	4.0	0.5L~5.5	2.5	2.5
消防车（300kN级）	35.0	5.0L~50.0	20.0	20.0
组合值系数	0.7	0.7	0.7	0.7

【审查要点】

1）规范给出的消防车荷载是基于全车总重量300kN，前轴重力60kN，后轴为2×120kN，共有2个前轮、4个后轮，轮压作用尺寸为0.2m×0.6m。如果当地消防车与上述不符，就不能直接依据规范给出的荷载值。参照《结构措施》中第2.2.1条注释，当为550kN级消防车时，应将《结构通规》中荷载值乘以1.17后采用。

2）楼面次梁的消防车等效均布活荷载，应将楼板等效均布活荷载数值乘以 0.8 确定。

3）设置双向次梁的楼盖主梁，消防车等效均布活荷载应根据主梁所围成的"等代楼板"确定的等效均布活荷载，乘以折减系数 0.8 确定。

4）墙、柱的消防车等效均布活荷载，应先根据墙、柱所围成的"等代楼板"确定的等效均布活荷载，乘以折减系数 0.8 确定。

5）地基基础设计及结构和构件的正常使用极限状态验算时，一般工程可不考虑消防车的影响，特殊工程如消防中心等应考虑消防车的影响。

6. 偶然作用和温度作用

（1）偶然作用指在设计使用年限内不一定出现，而一旦出现其量值很大，且持续期很短的作用。分为撞击、爆炸、罕遇地震、龙卷风、火灾、极严重的侵蚀和洪水作用。《结构措施》第 2.8.3 条将消防车荷载也归为偶然作用。其中地震作用和撞击既可作为可变作用，也可作为偶然作用，取决于对结构重要性的评估。对一般结构，可以按规定的可变作用考虑。由于偶然作用是指在设计使用年限内不太可能出现的作用，因而对重要结构，除了可采用重要性系数的办法以提高安全度外，也可以通过偶然设计状况将作用按量值较大的偶然作用来考虑。对于一般结构的设计，可以采用当地的地震烈度按标准规定的可变作用来考虑，但是对于重要结构，可提高地震烈度，按偶然作用的要求来考虑。

（2）一般情况下结构伸缩缝最大间距不应超过规范的规定，当伸缩缝间距增大较多时，应考虑超长结构的水平向温度作用。计算结构或构件的温度作用效应时，应采用材料的线膨胀系数。温度作用可按照可变荷载考虑，其组合值系数、频遇值系数和准永久值系数分别取 0.6、0.5 和 0.4。对特殊工程可根据工程需要由设计人员调整分项系数。

【审查要点】

1）建筑结构设计中，主要依靠优化结构方案、增加结构冗余度、强化结构构造等措施，避免因偶然作用引起结构连续倒塌。在结构分析和构件设计中是否需要考虑偶然作用，要视结构的重要性、结构类型及复杂程度等因素，由设计人员根据经验决定。当偶然作用作为结构设计的主导作用时，核查是否进行了偶然作用的验算，验算是否符合《结构通规》4.8 节的规定。

2）①结构伸缩缝最大间距应符合《混标》第 8.1.1 条、《砌体规》第 6.5.1 条、《钢标》第 3.3.5 条的规定；②考虑住宅容易被投诉这一情况，住宅建筑一般不应超长，砌体结构不宜超长，公共建筑可适度超长但应采取相应措施；③当房屋长度超过规范规定长度的 1.5 倍时，应进行温度应力分析并应采取温度应力控制的综合措施。

7. 地下室外墙土压力

计算地下室外墙受弯及受剪承载力时，侧向土压力引起的效应为永久荷载效应，土压力的荷载分项系数取 1.3。地下室侧墙承受的土压力宜取静止土压力，当地下室基坑支护结构采用护坡桩时，地下室外墙侧向土压力系数可乘以 0.7～1.0 的折减系数。一般情况下，主动土压力系数可取 0.33，静止土压力系数可取 0.5。

【审查要点】计算地下室外墙的侧向压力，如土压力、水压力时，如其压头高度已确定，不应再乘以放大系数。计算地下室外墙时，一般室外活荷载可取 5.0kN/m² （包括可能停放消防车的室外地面）。有特殊较重荷载时，按实际情况确定。

4.2.3　抗震材料选择

抗震结构体系对结构材料（包含专用的结构设备）、施工工艺的特别要求，应在设计文件上注明。主要包括材料的最低强度等级、某些特别的施工顺序和纵向受力钢筋等强替换规定等方面。

1. 混凝土结构对材料的要求

（1）混凝土选用

1）《混通规》第 2.0.2 条，结构混凝土强度等级的选用应满足工程结构的承载力、刚度及耐久性需求。对设计工作年限为 50 年的混凝土结构，结构混凝土的强度等级应不低于表 4-12 中的规定，对设计工作年限大于 50 年的混凝土结构，结构混凝土的最低强度等级应比表 4-12 中的规定有所提高。

2）《高规》第 3.2.1 条、3.2.2 条，高层建筑混凝土结构宜采用高强高性能混凝土和高强钢筋，构件内力较大或抗震性能有较高要求时，宜采用型钢混凝土、钢管混凝土构件。各类结构用混凝土的强度等级均不应低于 C20，且不低于表 4-12 中的规定。

3）基础和桩基所采用的材料、基础和桩基构造等应满足其所处场地环境类别中的耐久性要求。各类基础采用混凝土的强度等级不应低于表 4-12 中的规定。

表 4-12　结构混凝土强度等级

类别		混凝土强度等级	类别	混凝土强度等级	类别	混凝土强度等级
普通混凝土结构构件	素混凝土	≥C20	抗震设计时，一级抗震等级框架梁、柱及其节点	≥C30	灌注桩桩身	≥C25
	钢筋混凝土	≥C25	筒体结构	≥C30	预制桩桩身	≥C30

（续）

类别		混凝土强度等级	类别	混凝土强度等级	类别	混凝土强度等级
预应力混凝土结构构件	楼板	≥C30	作为上部结构嵌固部位的地下室楼盖	≥C30	扩展基础	≥C25
	其他	≥C40	转换层楼板、转换梁、转换柱、箱形转换结构以及转换厚板	≥C30	筏形基础、桩筏基础	≥C30
钢-混凝土组合结构构件		≥C30	预应力混凝土结构	≥C30 ≥C40（宜）	《基础通规》第5.2.11条、5.2.12条、6.2.4条、6.3.5条	
承受重复荷载作用的钢筋混凝土结构构件		≥C25	型钢混凝土梁、柱	≥C30		
抗震等级不低于二级的钢筋混凝土结构构件		≥C30	现浇非预应力混凝土楼盖	≤C40		
采用500MPa及以上等级钢筋的钢筋混凝土结构构件		≥C30	抗震设计时	框架柱	≤C60（8度） ≤C70（9度）	
				剪力墙	≤C60	
《混通规》第2.0.2条			《高规》第3.2.1条、3.2.2条			

（2）钢筋的选用

《混通规》第3.2.3条，对按一级、二级、三级抗震等级设计的房屋建筑框架和斜撑构件，其纵向受力普通钢筋性能应符合下列规定：

1）抗拉强度实测值与屈服强度实测值的比值（强屈比）不应小于1.25。

2）屈服强度实测值与屈服强度标准值的比值（超屈比）不应大于1.30。

3）最大力总延伸率（均匀伸长率）实测值不应小于9%。

【审查要点】

1）钢筋混凝土结构中混凝土强度等级的选用，应综合考虑工程结构特点，首先应满足结构的承载力、刚度及耐久性需求，由设计计算确定，其次要满足规范规定的最低强度等级要求，以保证工程结构的基本安全性及耐久性能。

2）《混通规》第3.2.3条中的框架包括各类混凝土结构中的框架梁、框架柱、框支梁、框支柱及板柱-剪力墙的柱等，其抗震等级应根据国家现行标准确定；斜撑构件包括伸臂桁架的斜撑、楼梯的梯段等；需要注意的是，剪力墙及其边缘构件、筒体、楼板、基础等一般不属于第3.2.3条中规定的范围。

2. 钢结构对材料的要求

（1）普通钢结构

1）《钢标》第3.1.12条，钢结构设计文件应注明所采用的规范或标准、建筑结构设计使用年限、抗震设防烈度、钢材牌号、连接材料的型号（或钢号）和设计所需的附加保证项目。

2）《钢通规》第 3.0.2 条、6.1.2 条，钢结构承重构件所用的钢材应具有屈服强度，断后伸长率，抗拉强度和硫、磷含量的合格保证，在低温使用环境下尚应具有冲击韧性的合格保证；对焊接结构尚应具有碳或碳当量的合格保证。铸钢件和要求抗层状撕裂（Z 向）性能的钢材尚应具有断面收缩率的合格保证。焊接承重结构以及重要的非焊接承重结构所用的钢材，应具有弯曲试验的合格保证；对直接承受动力荷载或需进行疲劳验算的构件，其所用钢材尚应具有冲击韧性的合格保证。在罕遇地震作用下发生塑性变形的构件或部位的钢材除应符合第 3.0.2 条规定外，钢材的超强系数不应大于 1.35。

（2）轻型门式刚架结构，《门规》第 3.2.1 条：

1）用于承重的冷弯薄壁型钢、热轧型钢和钢板，应采用《碳素结构钢》规定的 Q235 和《低合金高强度结构钢》规定的 Q345 钢材。

2）门式刚架、吊车梁和焊接的檩条、墙梁等构件宜采用 Q235B 或 Q345A 及以上等级的钢材。非焊接的檩条和墙梁等构件可采用 Q235A 钢材。当有根据时，门式刚架、檩条和墙梁可采用其他牌号的钢材制作。

3）锚栓钢材可采用《碳素结构钢》规定的 Q235 级钢或《低合金高强度结构钢》规定的 Q345 级钢。

【审查要点】

1）应注意的是，钢结构设计总说明中应明确罕遇地震作用下可能的耗能构件（框架梁、支撑等）钢材的超强系数要求，设计人员往往遗漏此项。

2）A 级钢仅可用于结构工作温度高于 0℃ 的不需要验算疲劳的结构，且 Q235A 钢不宜用于焊接结构。

3）需验算疲劳的焊接结构用钢材应符合下列规定：①当工作温度高于 0℃ 时其质量等级不应低于 B 级；②当工作温度不高于 0℃ 但高于 −20℃ 时，Q235、Q345 钢不应低于 C 级，Q390、Q420 及 Q460 钢不应低于 D 级；③当工作温度不高于 −20℃ 时，Q235 钢和 Q345 钢不应低于 D 级，Q390 钢、Q420 钢、Q460 钢应选用 E 级，需验算疲劳的非焊接结构，其钢材质量等级要求可较上述焊接结构降低一级但不应低于 B 级。吊车起重量不小于 50t 的中级工作制吊车梁，其质量等级要求应与需要验算疲劳的构件相同。

4.2.4 结构设计基本规定

1. 抗震设防标准确定

（1）《抗震分类标》第3.0.1条，建筑抗震设防类别划分，当建筑各区段的重要性有显著不同时，可按区段划分抗震设防类别。下部区段的类别不应低于上部区段。区段指由防震缝分开的结构单元、平面内使用功能不同的部分或上下使用功能不同的部分。

（2）参照《广东结构措施》：

1）高层建筑中，同一结构单元内（考虑分缝处理后）经常使用人数超过8000人时，抗震设防类别宜划为重点设防类。

2）当高层主楼与大面积商业裙楼连成同一结构单元时，应根据建筑各区段重要性的不同划分抗震设防类别，裙楼大型商场区域（建筑面积大于17000m² 或营业面积大于7000m² 的商业建筑）应划为重点设防类，裙以上的主楼经常使用人数不超过8000人时，可划为标准设防类。

3）裙楼商场不属于大型商场但裙楼顶层有大型影院、剧场等文化娱乐功能时，该区域及对应的以下裙楼区域应划为重点设防类，其他商场区域可划为标准设防类。

【审查要点】

1）建筑区段不能简单按结构分缝来划分，应与每个结构单元是否设置独立出入口有关。对于商业建筑，当每个结构单元有单独的疏散出入口，满足本单元的疏散要求时，无论各单元的人流是否相通，可按每个结构单元的规模分别确定抗震设防类别。

2）有地下商场的建筑，当地下商场设有单独对外的疏散出入口，为满足地下商场的疏散要求时，无论地上、地下人流是否相通，地下商场和地上商场可以分为两个独立的区段。

3）对于高层建筑，当每个结构单元均有单独的疏散出入口时，可按每个结构单元的规模分别确定抗震设防类别。

（3）对于学校、医院等人员密集场所建设工程抗震设防要求，应按《地震区划图》确定地震动峰值加速度，并根据《抗震分类标》确定分类，乙类建筑抗震措施按提高一度确定。

【审查要点】按照《抗震管理条例》第十六条，学校、幼儿园、医院、养老机构、儿童福利机构、应急指挥中心、应急避难场所、广播电视等建筑，应当按照不低于重点设防类的要求采取抗震设防措施，可不再提高地震作用。需注意的是，上述条例中的"学校"

包括中小学、职业学校、大学、党校等。

2. 非结构构件抗震要求

（1）《抗震通规》第 5.1.12 条、5.1.13 条：建筑的非结构构件及附属机电设备，其自身及与结构主体的连接，应进行抗震设防；建筑主体结构中，幕墙、围护墙、隔墙、女儿墙、雨篷、商标、广告牌、顶篷支架、大型储物架等建筑非结构构件的安装部位，应采取加强措施，以承受由非结构构件传递的地震作用。

（2）《抗震通规》第 5.1.15 条：玻璃幕墙、预制墙板、附属于楼屋面的悬臂构件和大型储物架的抗震构造应符合抗震设防类别和烈度的要求。

【审查要点】非结构构件的抗震设计应由结构专业配合相关专业的设计人员完成。对于设备和管线，抗震设计内容主要指锚固和连接。对砌体填充墙，主要指其本身的构造及与主体结构的拉结和连接。

非结构构件的抗震对策，主要包括：

1）做好细部构造，让非结构构件成为抗震结构的一部分，在计算分析时，充分考虑非结构构件的质量、刚度、强度和变形能力。

2）与上述相反，在构造做法上防止非结构构件参与工作，抗震计算时只考虑其质量，不考虑其强度和刚度。

3）防止非结构构件在地震作用下发生出平面倒塌。

4）对装饰要求高的建筑选用适合的抗震结构，主体结构要具有足够的刚度，以减小主体结构的变形，避免装饰破坏。

5）加强建筑附属机电设备支架与主体结构的连接与锚固，尽量避免发生次生灾害。

3. 钢结构抗震要求

（1）《抗震通规》第 5.3.2 条：框架结构以及框架-中心支撑结构和框架-偏心支撑结构中的无支撑框架，框架梁潜在塑性铰区的上下翼缘应设置侧向支承或采取其他有效措施，防止平面外失稳破坏。当房屋高度不高于 100mm 且无支撑框架部分的计算剪力不大于结构底部总地震剪力的 25% 时，其抗震构造措施允许降低一级，但不得低于四级。框架-偏心支撑结构的消能梁段的钢材屈服强度不应大于 355MPa。

（2）《钢标》第 10.4.3 条，当工字钢梁受拉的上翼缘有楼板或刚性铺板与钢梁可靠连接时，形成塑性铰的截面应满足下列要求之一。

1）根据《钢标》式（6.2.7-3）计算的正则化长细比不大于 0.3。

2）布置间距不大于 2 倍梁高的加劲肋。

3) 受压下翼缘设置侧向支撑。

【审查要点】 构造措施是抗震设计的重要内容和不可或缺的组成部分，也是工程结构抗震能力的重要保障。钢梁上翼缘有楼板时，不会发生侧向弯扭失稳，但可能发生受压下翼缘的侧向失稳，这是一种畸变屈曲。满足《钢标》第10.4.3条第1款，畸变屈曲不再会发生，因而无须采取措施，不满足则要采取措施防止下翼缘的侧向屈曲。当钢梁的上翼缘没有通长的刚性铺板或防止侧向弯扭屈曲的构件时，在构件出现塑性铰的截面处应设置侧向支承。

4. 砌体结构抗震要求

（1）《抗震通规》第5.5.1条：

1）甲、乙类建筑不应采用底部框架-抗震墙砌体结构。乙类的多层砌体房屋应按规定层数减少1层、总高度应降低3m。

2）横墙较少的多层砌体房屋，总高度应按规定降低3m，层数相应减少1层；各层横墙很少的多层砌体房屋，还应再减少1层。

（2）《抗震通规》第5.5.10条，砌体结构楼梯间应符合下列规定：

1）不应采用悬挑式踏步或踏步竖肋插入墙体的楼梯，8度、9度时不应采用装配式楼梯段。

2）装配式楼梯段应与平台板的梁可靠连接。

3）楼梯栏板不应采用无筋砖砌体。

4）楼梯间及门厅内墙阳角处的大梁支承长度不应小于500mm，并应与圈梁连接。

5）顶层及出屋面的楼梯间，构造柱应伸到顶部，并与顶部圈梁连接，墙体应设置通长拉结钢筋网片。

6）顶层以下楼梯间墙体应在休息平台或楼层半高处设置钢筋混凝土带或配筋砖带，并与构造柱连接。

（3）《抗震通规》第5.5.11条：砌体结构房屋中的构造柱、芯柱、梁及其他各类构件的混凝土强度等级不应低于C25。对于砌体抗震墙，其施工顺序应为先砌墙后浇构造柱、框架梁柱。

【审查要点】

1）横墙较少的砌体房屋是指同一楼层内开间大于4.2m的房间占该层总面积的40%以上的砌体房屋。横墙很少的砌体房屋是指开间不大于4.2m的房间占该层总面积不到20%且开间大于4.8m的房间占该层总面积的50%以上的砌体房屋，如整幢房屋中均为开间很大的会议室或开间很大的办公等用房。

2）房屋总高度的计算：①计算的起点，无地下室时应取室外地面标高处，带有半地下室时应取地下室室内地面标高处，带有全地下室或嵌固条件好的半地下室时应允许取室外地面标高处。②计算的终点，对平屋顶，取主要屋面板板顶的标高处；对坡屋顶，取檐口的标高处；对带阁楼的坡屋面，取山尖墙的1/2高度处。

5. 大跨度屋面抗震要求

（1）《抗震通规》第5.8.7条：

1）屋面结构中钢杆件的长细比，关键受压杆件不得大于150；关键受拉杆件不得大于200。

2）支座应具有足够的强度和刚度，在荷载作用下不应先于杆件和其他节点破坏，也不应产生不可忽略的变形。

3）支座构造形式应传力可靠、连接简单，与计算假定相符。

4）对于水平可滑动的支座，应采取可靠措施保证屋面在罕遇地震下的滑移不超出支承面。

（2）在非抗震以及多遇地震工况组合时，大跨度结构的关键构件以及临近支座杆件的应力比不宜大于0.7，其他重要杆件的应力比不宜大于0.8，腹杆等次要杆件的应力比不宜大于0.9。

【审查要点】

1）构件长细比是大跨度结构的重要控制指标之一，主要与构件的稳定性有关，长细比过小可能导致结构用钢量增加。合理控制应力比对于保证结构设计的安全性和经济性非常关键。因此应根据构件与所在部位的重要性区别对待。

2）支座节点往往是地震破坏的部位，也起到将地震作用传递给下部结构的重要作用。此外，支座节点在超过设防烈度的地震作用下，应有一定的抗变形能力。但对于水平可滑动的支座节点，较难得到保证。因此建议设计人员按设防烈度计算值作为可滑动支座的位移限值（确定支承面的大小），在罕遇地震作用下采用限位措施确保支座不致滑移出支承面。

4.2.5　计算参数结果判定

1. 计算参数的选择

下面以PKPM结构设计软件为例，分析和计算参数主要包括总信息、风荷载信息、地震信息、活荷载信息、调整信息、设计信息和地下室信息等。

（1）总信息。总信息中包含的是结构分析所必需的最基本的参数，如图 4-1 所示。

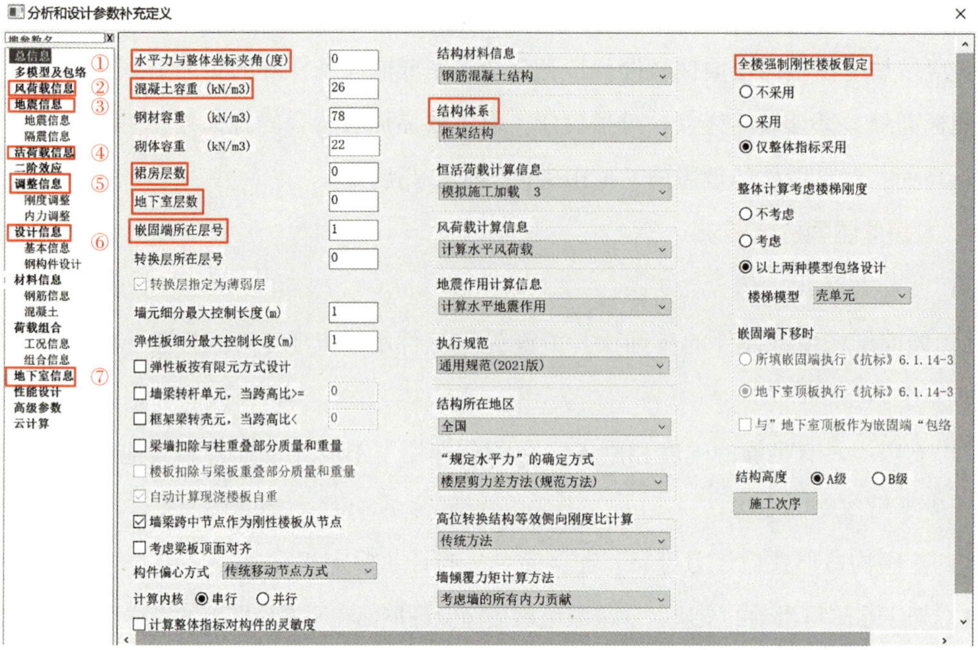

图 4-1　PKPM 分析和计算总信息

1）水平力与整体坐标夹角（度）。此参数将同时影响地震作用和风荷载的方向。因此建议最好在改变风荷载作用方向时才采用该参数。此时如果结构新的主轴方向与整体坐标系方向不一致，可将主轴方向角度作为"斜交抗侧力附加地震方向"填入，以考虑沿结构主轴方向的地震作用。如不改变风荷载方向，只需考虑其他角度的地震作用时，则无须改变"水平力与整体坐标夹角"，只增加附加地震作用方向即可。

2）裙房层数。裙房层数从结构的最底层起算（包括地下室），如地下室 3 层，地上裙房 4 层时，裙房层数应填入 7。裙房层数仅用于底部加强区高度的判断，规范对于裙房的其他相关规定，程序中未考虑。

3）地下室层数。地下室层数是指与上部结构同时进行内力分析的地下室部分的层数。地下室层数影响风荷载和地震作用计算、内力调整、底部加强区的判断等众多内容，是一项重要参数。

4）嵌固端所在层号。此处嵌固端指设计嵌固端。0 表示缺省：无地下室时为第一层，有地下室时为（地下室层数+1）。该缺省值并未判断是否满足规范要求，设计人员需自行判断并确定实际的嵌固端位置。具体详见《抗标》第 6.1.14 条和《高规》第 12.2.1 条的相关规定。

《抗标》第 6.1.14 条：地下室顶板作为上部结构的嵌固部位时，地下室顶板对应于地上框架柱的梁柱节点除应满足抗震计算要求外，尚应符合下列规定之一：①地下一层柱截面每侧纵向钢筋不应小于地上一层柱对应纵向钢筋的 1.1 倍，且地下一层柱上端和节点左右梁端实配的抗震受弯承载力之和应大于地上一层柱下端实配的抗震受弯承载力的 1.3 倍。②地下一层梁刚度较大时，柱截面每侧的纵向钢筋面积应大于地上一层对应柱每侧纵向钢筋面积的 1.1 倍；同时梁端顶面和底面的纵向钢筋面积均应比计算增大 10% 以上。

5）嵌固端下移。对于带地下室的结构，当嵌固端位于地下室顶板以下时，提供三个选项"选项 1、选项 2、包络"。当"嵌固端所在层号"小于等于"地下室层数"时，软件会自动判断出嵌固端不在地下室顶板。

6）结构形式：设置中应选择最接近的结构类型，不同的结构类型将影响以下计算内容：构件内力调整系数，风振系数，重力二阶效应及结构稳定验算公式，复杂高层结构内力调整系数，钢框架-混凝土筒体结构的剪力调整等。

【审查要点】当首层不能满足嵌固端要求时，计算嵌固部位宜下移至地下室底板。

（2）风荷载信息。建筑结构风荷载应依据《结构通规》《荷载规》和地方标准进行包络取值，计算参数如图 4-2 所示。

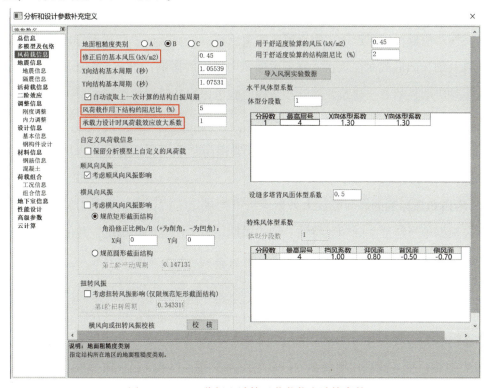

图 4-2　PKPM 分析和计算风荷载信息计算参数

1）地面粗糙度类别，分为 A、B、C、D 四类，用于计算风压高度变化系数等。

2）修正后的基本风压，按照《荷载规》给出的 50 年一遇的风压采用，对于部分风荷载敏感建筑，应考虑地点和环境的影响进行修正（设计人员应自行依据相关规范、规程对基本风压进行修正），程序以填入的修正后的风压值进行风荷载计算，不再另行修正。

3）X、Y 向结构基本周期。对比较规则的结构，其基本周期可近似估算如下：框架结构 $T=(0.08\sim0.10)n$；框剪结构（框筒结构）$T=(0.06\sim0.08)n$；剪力墙结构（筒中筒结构）$T=(0.05\sim0.06)n$，其中 n 为结构层数。

4）风荷载作用下结构的阻尼比。验算承载力时，混凝土结构及砌体结构取 0.05，有填充墙钢结构取 0.02，无填充墙钢结构取 0.01；验算舒适度时，混凝土结构取 0.02，钢结构取 0.01。

5）承载力设计时风荷载效应放大系数。《高规》第 4.2.2 条规定：对风荷载比较敏感的高层建筑，承载力设计时应按基本风压的 1.1 倍采用。对于正常使用极限状态设计，一般仍可采用基本风压值或由设计人员根据实际情况确定。

6）顺横风向风振与扭转风振。根据《荷载规》：第 8.4.1 条规定，对于高度大于 30m 且高宽比大于 1.5 的房屋，以及基本自振周期 $T1$ 大于 0.25s 的各种高耸结构，应考虑风压脉动对结构产生顺风向风振的影响；第 8.5.1 条规定，对于横风向风振作用效应明显的高层建筑以及细长圆形截面构筑物，宜考虑横风向风振的影响；第 8.5.4 条规定，对于扭转风振作用效应明显的高层建筑及高耸接结构，宜考虑扭转风振的影响。

【审查要点】

1）结构对风荷载是否敏感，以及是否需要提高基本风压，规范尚无明确规定，应由设计人员根据实际情况确定。

2）考虑风振影响的风荷载放大系数应按下列规定采用：①主要受力结构的风荷载放大系数应根据地形特征、脉动风特性、结构周期、阻尼比等因素确定，其值不应小于 1.2；②围护结构的风荷载放大系数应根据地形特征、脉动风特性和流场特征等因素确定且不应小于 $1+\dfrac{0.7}{\sqrt{\mu_z}}$，其中 μ_z 为风压高度变化系数；③当结构平面周边竖向构件与平面中部核心筒无可靠连接时，周边竖向构件应能承担全部风荷载。

（3）地震信息。地震作用计算的信息如图 4-3 所示。当抗震设防烈度为 6 度时，某些房屋虽然可不进行地震作用计算，但仍应采取抗震构造措施。

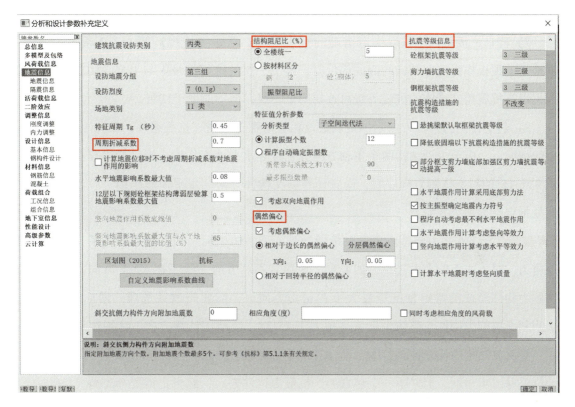

图 4-3　PKPM 分析和地震作用计算的信息

1）周期折减系数。周期折减的目的是为了充分考虑框架结构和框架-剪力墙结构的填充墙刚度对计算周期的影响。对于框架结构，若填充墙较多，周期折减系数可取 0.6~0.7，填充墙较少时可取 0.7~0.8；对于框架-剪力墙结构，可取 0.7~0.8，纯剪力墙结构的周期可不折减。

2）结构的阻尼比。影响多遇地震作用下结构阻尼比的因素很多，准确确定结构的阻尼比比较困难的。工程实践表明，一般带填充墙的高层钢结构的阻尼比为 0.02，钢筋混凝土结构的阻尼比为 0.05 左右，钢-混凝土混合结构的阻尼比为 0.04。

3）偶然偏心。计算单向地震作用时应考虑偶然偏心的影响。

4）双向地震。一般情况下在扭转位移比超过 1.2 或计算墙肢名义拉应力时应予考虑。

5）竖向地震：《抗震通规》第 4.1.2 条，抗震设防烈度 8 度的大跨度（≥24m）、长悬臂（≥2.0m）结构；抗震设防烈度 9 度的大跨度（≥18m）、长悬臂（≥1.5m）结构；抗震设防烈度 9 度的高层建筑物等，应计算竖向地震作用。

6）抗震构造措施的抗震等级。抗震设防类别为标准设防类（丙类）的建筑与"抗震等级"相同，重点设防类（乙类）建筑应按高于本地区抗震设防烈度一度的要求加强其抗震措施，按提高一度的要求确定构造抗震等级。

7）降低嵌固端以下抗震构造措施的抗震等级。根据《抗规》第6.1.3条3的规定：当地下室顶板作为上部结构的嵌固部位时，地下一层的抗震等级应与上部结构相同，地下一层以下抗震构造措施的抗震等级可逐层降低一级，但不应低于四级。

8）斜交抗侧力构件方向附加地震数及相应角度，依据《抗震通规》第4.1.2条规定，一般情况下，应至少沿结构两个主轴方向分别计算水平地震作用；当结构中存在与主轴交角大于15°的斜交抗侧力构件时，尚应计算斜交构件方向的水平地震作用。设计人员可在此处指定附加地震方向。

【审查要点】①水平力与整体坐标夹角指的是模型整体坐标系和水平力的关系，包含风和地震力。对于非矩形平面建筑，如L形，风荷载不利方向一般不在X、Y方向，或者对于抗侧力构件形成的弯矩抵抗矩最大不在正交方向时，需要修改该选项，增加计算角度。②当斜交抗侧力构件与整体坐标系夹角大于15°时，应增加计算方向。特别注意对于柱正放，梁斜放结构的补充计算。③自动计算最不利地震方向选项虽然能够计算出结构最不利地震，并输出角度，但并不一定包含斜交抗侧力构件方向，此时仍需要补充斜交抗侧力构件方向的地震力计算。

（4）活荷载信息

1）柱、墙、基础活荷载折减情况，应根据建筑功能选择折减或不折减；对塔楼外裙房部分也应按其上层数确定折减系数。

2）活荷载不利布置，宜考虑；当楼面活荷载大于4.0N/m² 时应考虑。

【审查要点】对于底部为商业，上部为住宅的结构，应判断软件处理活荷载的折减方法是否符合规范要求。

（5）调整信息

1）梁刚度放大系数。现浇楼面和装配整体式楼面的楼板作为梁的有效翼缘形成T形截面，提高了楼面梁的刚度，结构计算时应予考虑。通常现浇楼面的边框架梁可取1.5，中框架梁可取2.0。

2）连梁刚度折减。高层建筑结构地震作用效应计算时，可对剪力墙连梁刚度予以折减，折减系数不宜小于0.5。计算位移时，连梁刚度可不折减。

3）梁端负弯矩调幅系数。装配整体式框架梁端负弯矩调幅系数可取为0.7~0.8，现浇框架梁端负弯矩调幅系数可取为0.8~0.9。截面设计时，框架梁跨中截面正弯矩设计值不应小于竖向荷载作用下按简支梁计算的跨中弯矩设计值的 50%。

【审查要点】

1）对框架-剪力墙结构中一端与柱连接、一端与墙连接的梁以及剪力墙结构中的某些连梁，如果跨高比大于 5、重力作用效应比水平风力或水平地震作用效应更为明显时，应慎重考虑梁刚度的折减问题，必要时可不进行梁刚度折减，以控制正常使用阶段梁裂缝的发生和发展。

2）截面设计时，为保证框架梁跨中截面底部钢筋不至于过少，其正弯矩设计值不应小于竖向荷载作用下按简支梁计算的跨中弯矩之半。

（6）设计信息

1）钢柱计算长度系数。一般情况下按有侧移计算，当勾选自动考虑有无侧移时，程序会按《钢标》第 8.3.1 条判定钢柱有无侧移。

2）是否进行抗火设计。对于钢结构应勾选此项，程序会按照《建钢规》进行抗火设计。采用临界温度法进行防火验算。

【审查要点】钢结构应根据设计耐火极限采取相应的防火保护措施，或进行耐火验算与防火设计。钢结构构件的耐火极限经验算低于设计耐火极限时，应采取防火保护措施。

（7）地下室信息

1）土层水平抗力系数的比例系数 m。参照《桩基规》表 5.7.5 的灌注桩顶来取值，m 的取值范围一般在 2.5~100 之间。

2）回填土侧压力系数。一般可取 0.5，如对回填土有要求也可减小。

【审查要点】对于室外地面附加荷载，应考虑地面恒载和活载。活载应包括地面上可能的临时荷载。对于室外地面附加荷载分布不均的情况，取最大的附加荷载计算，程序按侧压力系数转化为侧土压力。

2. 计算结果的判定

以 PKPM2025 结构设计软件为例，计算结果指标参数主要包括质量比、结构自振周期、有效质量系数、剪重比、刚重比、底部框架柱倾覆弯矩百分比、水平力作用下层间最大位移与层高之比、地震作用下（偶然偏心）塔楼扭转参数、楼层剪力/层位移刚度比、侧向刚度比（嵌固端判断）楼层抗剪承载力与相邻上一层比值的最小值和零应力区占比等，见表 4-13。

表 4-13 计算结果指标汇总

计算结果	计算值			规范限值	判别	依据规范
质量比	1.23			≤1.50	满足	《高规》第 3.5.6 条
结构自振周期/s	T_{1x}	1.59	$T_t/T_1 =$ 0.761	≤0.90	满足	《高规》第 3.4.5 条
	T_{1y}	1.99				
	T_t	1.52				
有效质量系数	X	96.28%		≥90%	满足	《高规》第 5.1.13 条
	Y	94.74%				
地震底部剪重比	X	4.78%		≥0.016%	满足	《抗通规》第 4.2.3 条
	Y	4.62%		≥0.016%		
结构刚重比	X	8.39		≥1.40	满足	《高规》第 5.4.1 条、5.4.4 条
	Y	5.52				
底部框架柱倾覆弯矩百分比（不包括地下室）	X	21.51%				《高规》第 8.1.3 条
	Y	26.13%				
水平力作用下层间最大位移与层高之比（$\Delta u/h$）	地震力	X	1/726	≤1/800	不满足	《抗标》第 5.5.1 条、《高规》第 3.7.3 条
		Y	1/452			
	风荷载	X	1/6027			
		Y	1/3282			
地震作用下（偶然偏心）塔楼扭转参数	最大位移/平均位移	X	1.27	≤1.50	满足	《抗标》第 3.4.3 条、《高规》第 3.4.5 条
		Y	1.24			
	最大层间位移/层间平均位移	X	1.31			
		Y	1.27			
楼层剪力/层位移刚度比（框架筒结构）	与相邻上一层侧向刚度的比值	X	1.00	≥0.9	满足	《抗标》第 3.4.3 条、《高规》第 3.5.2 条
		Y	1.00			
	层高大于相邻层 1.5 倍时：与相邻上一层侧向刚度的比值	X	1.19	≥1.1	满足	
		Y	1.54			
侧向刚度比（嵌固端判断）	与地下一层侧向刚度的比值	X	1.04	≤0.50	不满足	《高规》第 5.3.7 条
		Y	1.00			
楼层抗剪承载力与相邻上一层比值的最小值	X	52%		≥80%	不满足	《高规》第 3.5.3 条
	Y	59%				
零应力区占比	0.00			≤15%	满足	《高规》第 12.1.7 条
二阶效应系数	X	0.00		钢结构要求		《钢通规》第 5.2.3 条
	Y	0.00				

（1）质量比。《高规》第 3.5.6 条，高层建筑楼层质量沿高度宜均匀分布，楼层质量不宜大于相邻下部楼层质量的 1.5 倍。

（2）结构自振周期。《高规》第 3.4.5 条，结构扭转为主的第一自振周期 T_t 与平动为主的第一自振周期 T_1 之比，A 级高度高层建筑不应大于 0.9，B 级高度高层建筑、超过 A 级高度的混合结构及复杂高层建筑不应大于 0.85。

（3）有效质量系数。《高规》第 5.1.13 条，抗震设计时，B 级高度的高层建筑结构，宜考虑平扭耦联计算结构的扭转效应，振型数不应小于 15，对多塔楼结构的振型数不应小于塔楼数的 9 倍，且计算振型数应使各振型参与质量之和不小于总质量的 90%。

（4）地震底部剪重比。也称剪力系数，是水平地震力作用下楼层剪力标准值与其上各层重力荷载代表值之和的比值。《抗通规》第 4.2.3 条规定了在不同周期下的最小地震剪力系数值。

【审查要点】

1）当底部总剪力相差较多时，结构的选型和总体布置需重新调整，不能仅采用乘以增大系数方法处理。

2）只要底部总剪力不满足要求，则以上各楼层的剪力均需要调整，不能仅调整不满足的楼层。

3）满足最小地震剪力是结构后续抗震计算的前提，只有调整到符合最小剪力要求才能进行相应的地震倾覆力矩、构件内力、位移等的计算分析。即应先调整楼层剪力，再计算内力及位移。

4）采用时程分析法时，其计算的总剪力也需符合最小地震剪力的要求。

5）最小剪重比的规定不考虑阻尼比的不同，是最低要求，各类结构，包括钢结构、隔震和消能减震结构均需遵守。

6）采用场地地震安全性评价报告的参数进行计算时，也应符合《抗通规》第 4.2.3 条的规定。

（5）结构刚重比。结构的刚度和重力荷载之比（简称刚重比）是影响重力 $P\text{-}\Delta$ 效应的主要参数。其作用主要为控制结构的稳定性，防止结构产生滑移和倾覆。如果结构的刚重比满足《高规》第 5.4.4 条 1 或 5.4.4 条 2 的规定，则在考虑结构弹性刚度折减 50% 的情况下，重力 $P\text{-}\Delta$ 效应仍可控制在 20% 之内，结构的稳定具有适宜的安全储备。

【审查要点】高层建筑结构的稳定设计主要是控制结构在风荷载或水平地震作用下，重力荷载产生的二阶效应（重力 $P\text{-}\Delta$ 效应）不致过大，以免引起结构的失稳、倒塌。若刚重比过小，则说明结构的刚度相对于重力荷载过小；若刚重比过大，则说明结构的经济技术指标较差，宜适当减少墙、柱等竖向构件的截面面积而降低侧向刚度。

（6）底部框架柱倾覆弯矩百分比。抗震设计的框架-剪力墙结构，应根据在规定的水平力作用下结构底层框架部分承受的地震倾覆力矩与结构总地震倾覆力矩的比值，确定相应的设计方法，并应符合《高规》第8.1.3条的规定。

【审查要点】

1）当框架部分承担的倾覆力矩不大于结构总倾覆力矩的10%时，意味着结构中框架承担的地震作用较小，绝大部分均由剪力墙承担，工作性能接近于纯剪力墙结构，此时结构中的剪力墙抗震等级可按剪力墙结构的规定执行；其最大适用高度仍按框架-剪力墙结构的要求执行；其中的框架部分应按框架-剪力墙结构的框架进行设计，其侧向位移控制指标按剪力墙结构采用。

2）当框架部分承受的地震倾覆力矩大于结构总地震倾覆力矩的10%但不大于50%时，属于典型的框架-剪力墙结构，按框架-剪力墙结构有关规定进行设计。

3）当框架部分承受的倾覆力矩大于结构总倾覆力矩的50%但不大于80%时，意味着结构中剪力墙的数量偏少，框架承担较大的地震作用，此时框架部分的抗震等级和轴压比宜按框架结构的规定执行，剪力墙部分的抗震等级和轴压比按框架-剪力墙结构的规定采用；其最大适用高度不宜再按框架-剪力墙结构的要求执行，但可比框架结构的要求适当提高，提高的幅度可视剪力墙承担的地震倾覆力矩来确定。

4）当框架部分承受的倾覆力矩大于结构总倾覆力矩的80%时，意味着结构中剪力墙的数量极少，此时框架部分的抗震等级和轴压比应按框架结构的规定执行，剪力墙部分的抗震等级和轴压比按框架-剪力墙结构的规定采用；其最大适用高度宜按框架结构采用。对于这种少墙结构，不建议设计人员采用，以避免剪力墙受力过大、过早破坏。当不可避免时，宜采取措施减小剪力墙的作用（如将剪力墙减薄、开竖缝、开结构洞、配置少量单排钢筋等）。

（7）水平力作用下层间最大位移与层高之比。各类结构都应进行多遇地震作用下的抗震变形验算，其楼层内最大的弹性层间位移角应符合《抗标》第5.5.1条和《高规》第3.7.3条规定。

【审查要点】

1）层间位移角 $\Delta u/h$ 的限值指最大层间位移与层高之比，第 i 层的 $\Delta u/h$ 指第 i 层和第 $i-1$ 层在楼层平面各处位移差 $\Delta u_i = u_i - u_{i-1}$ 中的最大值。由于高层建筑结构在水平力作用下几乎都会产生扭转，所以 Δu 的最大值一般在结构单元的尽端处。

2）楼层层间最大位移以楼层竖向构件最大的水平位移差计算，不扣除整体弯曲变形。

（8）地震作用下（偶然偏心）塔楼扭转参数。《高规》第 3.4.5 条规定，结构平面布置应减少扭转的影响。在考虑偶然偏心影响的规定水平地震力作用下，楼层竖向构件最大的水平位移和层间位移，A 级高度高层建筑不宜大于该楼层平均值的 1.2 倍，不应大于该楼层平均值的 1.5 倍；B 级高度高层建筑、超过 A 级高度的混合结构和复杂高层建筑不宜大于该楼层平均值的 1.2 倍，不应大于该楼层平均值的 1.4 倍。

【审查要点】国内外历次大地震震害表明，平面不规则、质量与刚度偏心和抗扭刚度太弱的结构，在地震中更易遭受到严重的破坏。规范对结构的扭转效应主要从两个方面加以限制：

1）限制结构平面布置的不规则性，避免产生过大的偏心而导致结构产生较大的扭转效应。

2）限制结构的抗扭刚度不能太弱。关键是要限制结构扭转为主的第一自振周期 T_t 与平动为主的第一自振周期 T_1 之比。

（9）相邻楼层侧向刚度比。《高规》第 3.5.2 条规定：

1）对框架结构，本楼层与其相邻上层的侧向刚度比不宜小于 0.7，与相邻上部三层刚度平均值的比值不宜小于 0.8。

2）对框架-剪力墙、板柱-剪力墙结构、剪力墙结构、框架-核心筒结构、筒中筒结构，本楼层与其相邻上层的侧向刚度比不宜小于 0.9；当本层层高大于相邻上层层高的 1.5 倍时，该比值不宜小于 1.1；对结构底部嵌固层，该比值不宜小于 1.5。

【审查要点】正常设计的高层建筑下部楼层侧向刚度宜大于上部楼层的侧向刚度，否则变形会集中于刚度小的下部楼层而形成结构软弱层，所以应对下层与相邻上层的侧向刚度比值进行限制。

（10）侧向刚度比（嵌固端判断）。《高规》第 5.3.7 条规定，高层建筑结构整体计算中，当地下室顶板作为上部结构嵌固部位时，地下一层与首层侧向刚度比不宜小于 2。

（11）楼层抗剪承载力与相邻上一层比值的最小值。楼层抗侧力结构的层间受剪承载力是指在所考虑的水平地震作用方向上，该层全部柱、剪力墙、斜撑的受剪承载力之和。《高规》第 3.5.3 条规定，A 级高度高层建筑的楼层抗侧力结构的层间受剪承载力不宜小于其相邻上一层受剪承载力的 80%，不应小于其相邻上一层受剪承载力的 65%；B 级高度高层建筑的楼层抗侧力结构的层间受剪承载力不应小于其相邻上一层受剪承载力的 75%。

（12）零应力区占比。《高规》第 12.1.7 条规定，在重力荷载与水平荷载标准值或重力荷载代表值与多遇水平地震标准值共同作用下，高宽比大于 4 的高层建筑，基础底面不宜出现零应力区；高宽比不大于 4 的高层建筑，基础底面与地基之间零应力区面积不应超过基础底面面积的 15%。质量偏心较大的裙楼与主楼可分别计算基底应力。

（13）二阶效应系数。二阶效应系数是 1.0 减去侧力工况下线弹性分析侧移与二阶分析侧移的比值。《钢通规》第 5.2.3 条规定，高层钢结构的二阶效应系数不应大于 0.2，多层钢结构不应大于 0.25。二阶效应系数大于规定值时，表示结构抗侧刚度偏小。

第5章

施工图设计审查主要内容

5.1 结构设计总说明

结构应按照设计文件施工。作为施工图设计文件重要组成部分的结构设计总说明，其重要性不言而喻。其主要内容包括设计依据、图纸说明、结构材料、施工要求等关键信息，以为后续的施工提供详细的指导和规定。具体审查内容详见表5-1。

表 5-1   结构设计总说明审查主要内容

子项	关键点	审查内容	常见问题
设计依据	规范的时效性	1. 设计依据中应列出与结构相关的所有通用规范 2. 核查规范的版本号 3. 设计总说明应采用有效版本，应采用有针对本工程的内容，不得采用各项目、各结构类型通用的说明内容，与设计项目无关的内容应删改	结构设计主要依据标准、规范及规程不全，列出的已修订规范未注明新版本号
勘察报告参数	1. 建筑场地类别 2. 水土腐蚀性 3. 天然地基岩、土及桩基工程特性指标	1. 勘察文件中工程设计所需的岩土技术参数的可靠性，勘察文件内容的完整性、适用性和可靠性 2. 设计采用的地基参数应与勘察成果相符合 3. 不允许在无"岩土工程勘察报告"的情况下进行地基基础设计，也不允许仅参照相邻建筑物的勘查报告进行地基基础设计 4. 结构设计采取的地基基础方案与勘察报告建议不同，且勘察报告无相关参数支持时，应提出补充勘察参数或修改地基基础方案的审查意见 5. 水、土对建筑材料和构件的腐蚀分强、中、弱三个等级，对地基、基础和桩的防护措施依据腐蚀等级应按《防腐蚀标》第4章相关规定执行	1. 采用未经审查合格的勘察报告。此行为违反了建设工程程序，导致勘察审查后修改的内容未落实 2. 有关地震的数据，结构设计采用时，未进行合理性判断。如场地类别的划分，勘察专业是按每个钻孔的覆盖层厚度确定的，有的结构单元甚至出现两个场地类别。场地类别应进行宏观判断，处于分界线附近的工程，按就高原则取值 3. 对于地下腐蚀性环境，未按照《防腐蚀标》第4.8.5条规定，采取相应的防腐蚀措施 4. 当有多种防护措施时，可根据腐蚀性介质的性质和作用程度、基础的重要性等因素选用其中一种即可

（续）

子项	关键点	审查内容	常见问题
勘察报告参数	抗浮水位选取	1. 抗浮设防水位由勘察报告提出，结构设计人员应对给出的数据是否可靠进行判断。若勘察报告未明确抗浮设防水位，审查人员应提出明确的审查意见。当采用早期的勘察报告作为设计依据时，审查时应提出对抗浮设防水位重新复核的意见 2. 复杂场地时，建议结构设计人员对抗浮设防水位的合理性进行判断。当结构处于地势低洼、有被淹可能性的场地，以及地势平坦、岩土透水性等级为弱透水且排水不畅的场地等情况时，应依据《抗浮标》判断抗浮设防水位 3. 当建设场地处于山坡地带且高差较大，或地下水变化幅度大、地下室使用期间区域性补给和排泄条件可能有较大改变时，可采用论证方式确定抗浮设防水位	含地下室的结构设计说明中，应明确工程的抗浮设计水位、地下室抗浮工程设计等级、地下室顶板回填土容重等。应根据施工期抗浮稳定安全验算要求，明确施工阶段的控制要求
荷载选取	变异较大恒载	《结构通规》第4.1.1条规定，对自重变异较大的材料和构件，若自重属于不利荷载，应取上限值，若自重属于有利荷载，应取下限值	常见变异较大的取值有：抗浮配重的荷载取值、轻钢结构屋面板的荷载取值、覆土容重的取值等。钢筋混凝土的容重介于 $24\sim25kN/m^3$；地下车库顶板的覆土容重介于 $15\sim20kN/m^3$。轻钢结构屋面板的面荷载介于 $0.15\sim0.3kN/m^2$
	楼面活荷载	1. 规范的楼面活荷载取值是指一般使用条件下的楼面活荷载最小取值，具体等效活荷载取值需根据实际用途和甲方要求确定 2. 《结构通规》第4.2.7条将工业建筑的楼面活荷载分为三类，其规定的取值为设计时必须遵守的最低要求。对于功能确定的工业建筑，也可根据《荷载规》附录D或专门规范取值，但其取值不应低于通用规范	1. 活荷载标准值取值偏小。如农贸市场中，活鱼及粮油储存区域的活荷载取值为 $4kN/m^2$，偏小 2. 工业建筑的楼面活荷载及其组合值系数、频遇值系数、准永久值系数取值不正确 3. 抗震设计的活荷载重力荷载代表值组合值系数取值不正确。《抗震通规》第4.1.3条规定了重力荷载代表值组合值系数的取值要求，但不包含工业建筑
材料性能指标	1. 钢材超强系数 2. 带"E"的抗震钢筋 3. 强屈比、超屈比，均匀伸长率	1. 查看选用的材料种类、规格及防护措施是否满足承载力与耐久性的要求，是否符合《结构通规》第2.1.4条、2.5.1条、2.5.2条 2. 《钢通规》第6.1.2条规定，罕遇地震作用下可能的耗能构件（框架梁、支撑等）应注明材料的超强系数要求	1. 钢结构未注明钢材超强系数要求 2. 对按一级、二级、三级抗震等级设计的房屋建筑框架和斜撑构件，其纵向受力钢筋选用不带"E"的热轧钢筋，其最大力总延伸率实测值小于9%，不满足要求

（续）

子项	关键点	审查内容	常见问题
材料性能指标	1. 钢材超强系数 2. 带"E"的抗震钢筋 3. 强屈比、超屈比，均匀伸长率	3. 抗震结构体系对结构材料（包含专用的结构设备）、施工工艺的特别要求，应在设计文件上注明 4.《混通规》第 3.2.3 条，对按一级、二级、三级抗震等级设计的房屋建筑框架和斜撑构件，其纵向受力普通钢筋性能应符合下列规定：抗拉强度实测值与屈服强度实测值的比值（强屈比）不应小于 1.25；屈服强度实测值与屈服强度标准值的比值（超屈比）不应大于 1.30；最大力总延伸率（均匀伸长）实测值不应小于 9%	1. 钢结构未注明钢材超强系数要求 2. 对按一级、二级、三级抗震等级设计的房屋建筑框架和斜撑构件，其纵向受力钢筋选用不带"E"的热轧钢筋，其最大力总延伸率实测值小于 9%，不满足要求
钢结构防火	1. 耐火等级 2. 构件耐火极限	1. 明确钢结构耐火等级，构件耐火极限及防火做法 2. 钢结构防火保护设计应根据建筑物或构筑物的用途、场所、火灾类型，选用相应类别的钢结构防火涂料	设计耐火极限大于 1.50h 的构件，宜选用非膨胀型钢结构防火涂料
沉降监测	沉降变形监测	《基础通规》第 4.4.7 条规定，下列建筑应在施工及使用期间进行沉降变形监测，直至沉降变形达到稳定为止： （1）对地基变形有控制要求的 （2）软弱地基上的 （3）处理地基上的 （4）采用新型基础形式或新型结构的 （5）地基施工可能引起地面沉降或隆起变形、周边建筑物和地下管线变形、地下水位变化及土体位移的	对填土处理地基上的建筑，设计总说明中未写出沉降观测的要求及方法
危大工程设计专项说明	危大工程重点部位和环节	在说明中，危大工程的范围应符合住建部 37 号令、31 号文（《危险性较大工程安全管理规定》）中的要求，主体工程施工图的说明中应针对本工程列出涉及的危大工程（包括深基坑），设计文件中注明涉及危大工程的重点部位和环节，并提出保障工程周边环境安全和工程施工安全的意见	缺危险性较大的分部分项工程专篇，或专篇未详细指出存在危大工程的具体部位

5.2　地基与基础设计

地基与基础设计必须遵守先勘察、后设计的程序，不应在无岩土工程勘察报告或勘察报告审查不合格的情况下进行地基与基础的设计。基础设计应综合考虑上部结构的类型、地基土质状况、地下水位情况、地基承载力以及可能的沉降量等因素，选择经济合理的基础形式，以保证支承的建筑物不致发生过量的沉降或倾斜，能满足建筑物的正常使用要求。同时，基础设计应使建筑物在地震发生时，不致由于地基震害而造成破坏或过量的沉降及倾斜。地基和基础设计审查主要内容详见表 5-2。

表 5-2　地基和基础设计审查主要内容

子项	关键点	审查内容	常见问题
肥槽回填要求	弱透水材料、回填土压实系数	1. 为防止形成水盆效应，《抗浮标》第 6.5.5 条规定，基坑肥槽回填应采用分层夯实的黏性土、灰土或浇筑预拌流态固化土、素混凝土等弱透水材料 2. 为保护地下室防水的薄弱环节，《防水通规》第 4.2.6 条规定，基底至结构底板以上 500mm 范围及结构顶板以上不小于 500mm 范围的回填层压实系数不应小于 0.94	基础回填土未注明压实系数
基础持力层	同一结构单元的基础	《抗标》第 3.3.4 条规定： （1）同一结构单元的基础不宜设置在性质截然不同的地基上 （2）同一结构单元不宜部分采用天然地基部分采用桩基，当采用不同基础类型或基础埋深显著不同时，应根据地震时两部分地基基础的沉降差异，在基础、上部结构的相关部位采取相应措施	同一结构单元采用不同的基础形式或基础持力层性质不同时，未进行地基基础变形验算，未采取控制沉降差的措施
地基基础抗震	抗液化措施、抗震不利地段	1. 《抗震通规》第 3.2.2 条，存在液化土层的地基，应根据工程的抗震设防类别、地基的液化等级，结合具体情况采取相应的抗液化措施 2. 《抗震通规》第 4.1.1 条，当工程结构处于地震断裂带两侧 10km 以内时，应计入近场效应对设计地震动参数的影响；当工程结构处于不利地段时，应考虑不利地段对水平设计地震参数的放大作用。放大系数应根据不利地段的具体情况确定，其数值不得小于 1.1，不大于 1.6	勘察报告上明确场地为抗震不利地段的，设计时未做处理
基础埋置深度	抗倾覆和抗滑移	1. 《基础通规》第 6.1.1 条规定，基础的埋置深度应满足地基承载力、变形和稳定性要求。位于岩石地基上的工程结构，其基础埋深应满足抗滑稳定性要求 2. 《基础通规》第 4.3.1 条规定，膨胀土地区建筑物的基础埋置深度不应小于 1m。膨胀土地基稳定性验算时应计取水平膨胀力的作用。膨胀土地区建筑物应采取预防胀缩变形的地基基础措施、建筑措施与结构措施 3. 当基础埋置深度不能满足规范要求时，应对基础稳定性进行计算分析，并根据计算分析结果采取相应的措施	基础应有适当的埋置深度，以保证其抗倾覆和抗滑移稳定性，否则可能导致严重后果。对设计计算结果，审查人员应复核

（续）

子项	关键点	审查内容	常见问题
基础拉梁	桩基承台	《基础规》第 8.5.23 条，承台之间的连接应符合下列要求： （1）单桩承台，应在两个互相垂直的方向上设置连系梁 （2）两桩承台，应在其短向设置连系梁。有抗震要求的柱下独立承台，宜在两个主轴方向设置连系梁 （3）连系梁顶面宜与承台位于同一标高。连系梁的宽度不应小于 250mm，梁的高度可取承台中心距的 1/10～1/15，且不小于 400mm	桩基承台未按规范要求设置基础拉梁
混凝土桩	灌注桩、预制桩	1. 《桩基规》第 4.1.2 条规定，灌注桩的混凝土强度等级不得小于 C25，主筋的混凝土保护层厚度不应小于 35mm，水下灌注桩的主筋混凝土保护层厚度不得小于 50mm 2. 《桩基规》第 4.1.5 条规定，预制桩的混凝土强度等级不宜低于 C30；预应力混凝土实心桩的混凝土强度等级不应低于 C40；预制桩纵向钢筋的混凝土保护层厚度不宜小于 30mm	采用混凝土灌注桩时，桩身混凝土强度及配筋不满足规范要求
桩基承载力	桩侧负摩擦力	《基础规》第 8.5.2 条 6，由于欠固结软土、湿陷性土和场地填土的固结，场地大面积堆载、降低地下水位等原因，引起桩周土的沉降大于桩的沉降时，应考虑桩侧负摩擦力对桩基承载力和沉降的影响	当建设场地表层及上部为欠固结高压缩性土层时，采用桩基础时未考虑负摩阻力的作用
管桩	单桩静载荷试验	《管桩标》第 5.1.4 条，设计等级为甲级、乙级的管桩基础，应在施工前采用单桩静载荷试验确定，在同一条件下的试桩数量不应少于 3 根。设计等级为丙级的管桩基础，可结合静力触探原位试验参数和工程经验参数综合确定	地基基础设计等级为甲级、乙级时，采用管桩基础，未提出试桩的要求

5.3　地下室结构设计

普通地下室（非人防）结构设计应满足承载力、防水、抗震等要求，确保长期使用安全可靠。其设计审查主要内容详见表 5-3。

表 5-3　地下室设计审查主要内容

子项	关键点	审查内容	常见问题
防水设计	抗渗等级	地下室底板、侧壁、顶板等有防水要求的部位，其混凝土强度等级、混凝土抗渗等级、板厚等应符合《防水通规》第 4.1.5 条、4.1.6 条、4.2.3 条规定	1. 防水混凝土结构厚度不应小于 250mm 2. 防水混凝土设计抗渗等级不应低于 P8

（续）

子项	关键点	审查内容	常见问题
地下室顶板荷载	消防车荷载	1. 地下室顶板设计应按实际情况考虑覆土荷载、使用荷载、施工荷载、消防车荷载等 2. 主楼以外地下室面积较大时，地下室顶板应根据建筑首层室外布置确定消防车通道范围，非消防车通道范围顶板的施工堆载如无特殊说明一般取 $10kN/m^2$（分项系数取 1.0） 3. 当地下室顶板上有覆土或其他填充物时，消防车轮压应按照覆土厚度折合成等效荷载 4. 地下室顶板有消防通道、覆土或种植等需求时，应在结构说明中注明荷载限值要求，包括最大覆土允许值、消防车荷载范围、施工荷载限值等，避免施工或使用期间超载对结构带来不利影响	地下室顶板设计时，消防车道和消防操作场地活载、临时施工荷载未考虑
地下室顶板结构选择	无梁楼盖	1. 地下室顶板采用无梁楼盖时，应进行详细的计算分析，特别是无梁楼盖柱帽边的抗剪、抗冲切验算，应采取有效构造措施提高柱帽边的抗剪、抗冲切承载能力，如设置暗梁、加强配筋等 2. 地下室楼盖宜优先选用主次梁楼盖结构	1. 地下室顶板采用无梁楼盖时，未进行详细的计算分析 2. 部分地区禁用无梁楼盖
地下室结构超长措施	伸缩缝、温度效应分析	1. 地下结构超长时，应按《混标》第 8.1.1 条规定设置伸缩缝。如有充分依据和可靠措施，伸缩缝的间距可适当增大 2. 当地下室不设伸缩缝时，应有可靠的措施减少温度和收缩应力对结构的影响，设计图纸中应要求在材料选用时优先选用水化热低、收缩率低和抗裂性高的矿渣水泥，同时施工中应加强养护以减少混凝土的收缩开裂 3. 超长地下室宜进行温度效应分析，温差的取值宜根据当地的年平均气温、最大温差并考虑保温措施进行取值	地下室结构长度超过规范规定最大间距要求时，未采取措施或措施不足
地下室挡土墙	土压力系数、土的浮容重	1. 建筑物地下室挡土墙的土压力一般情况应取静止土压力，土压力系数为 0.5。当挡墙外另设永久支护时，土压力系数可适当折减 2. 土压力计算可根据土体透水性采用水土分算。土的浮容重应按饱和重度减去水浮力，约为 $11kN/m^3$	1. 地下室外墙计算时取主动土压力系数（0.33） 2. 承载力设计时，地下室顶板的回填土重量未按土的饱和重度计算
地下室抗浮	抗浮水位、降水要求	1. 抗浮设计应根据勘察报告并结合工程所在地的历史水位变化情况确定设防水位，设防水位及水压分布应取建筑物设计工作年限内可能产生的最高水位和最大水压 2. 在地下水位之上的坡地建筑应采取有针对性的场地地面排水措施。当有完善的地面排水措施，且地下室侧壁外设有可靠的排水二道防线时，可不计水压力 3. 设计文件中应对施工期地下水的降水提出明确的水位控制要求，必要时可根据不同施工阶段提出不同的水位控制标准，并对相应各阶段的施工期抗浮稳定性进行验算 4. 当结构及附加物自重无法满足抗浮稳定性要求时，应采取相应抗浮措施	1. 抗浮水位选取错误 2. 未明确施工期停降水要求 3. 未提供抗浮计算书

5.4　建筑抗震设计

从某种意义上来说，建筑抗震设计仍然是一门"艺术"。依赖于设计人员的抗震设计理念。因此，抗震计算和抗震措施是不可分割的两个组成部分。而且概念设计要比地震计算更为重要。施工图审查应重点核查建筑工程抗震措施是否符合规范要求。其审查主要内容详见表5-4。

表 5-4　抗震设计审查主要内容

子项	关键点	审查内容	常见问题
抗震设防类别	公共建筑	《抗震分类标》第6.0.5条规定，商业建筑中，人流密集的大型多层商场抗震设防类别应划为重点设防类。当商业建筑与其他建筑合建时应分别判断，并按区段确定其抗震设防类别。其中大型商场指一个区段人流5000人，换算的建筑面积为约1.7万 m² 或营业面积7000m² 以上的商业建筑	人流密集的大型商场抗震设防类别未按照重点设防类进行设计
	工业建筑	《抗震分类标》第8.0.3条，储存高、中放射性物质或剧毒物品的仓库不应低于重点设防类，储存易燃、易爆物质等具有火灾危险性的危险品仓库应划为重点设防类	具有爆炸危险的甲、乙类车库未按照重点设防类进行抗震设计
大跨度框架	抗震等级	《抗震通规》第5.2.1条，跨度≥18m 的框架，其抗震等级应符合表5.2.1中的规定	框架结构中的大跨度框架，抗震等级按普通框架选取
单跨框架结构	甲、乙类建筑	《抗标》第6.1.5条，甲、乙类建筑以及高度大于24m 的丙类建筑，不应采用单跨框架结构；高度不大于24m 的丙类建筑不宜采用单跨框架结构	学校建筑采用单跨框架结构
非结构构件	构造措施	1.《抗震通规》第5.1.13条，建筑主体结构中，幕墙、围护墙、隔墙、女儿墙、雨篷、广告牌等建筑非结构构件的安装部位，应采取加强措施，以承受由非结构构件传递的地震作用 2.《抗震通规》第5.1.14条，人流出入口和通道处的砌体女儿墙应与主体结构锚固，防震缝处女儿墙的自由端应予以加强	设计人员忽视非结构构件的抗震设计及相应的构造措施
桩的配筋	液化土和震陷软土	《抗震通规》第3.2.3条，液化土和震陷软土中桩的配筋范围，应取桩顶至液化土层或震陷软土层底面埋深以下不小于1.0m 的范围，且其纵向钢筋应与桩顶截面相同，箍筋应进行加强	液化和震陷软土中桩的配筋范围不符合通规要求
楼梯间	抗震计算	《抗标》6.6.1条15，框架结构中的楼梯间，当楼梯构件与主体结构整体现浇时，楼梯板起到斜支撑的作用，应参与抗震计算；当楼梯板滑动支撑于平台板时，可不参与整体抗震计算	结构计算模型中未考虑现浇整体楼梯斜支撑作用

（续）

子项	关键点	审查内容	常见问题
异形柱	暗柱	《异形柱规》第6.2.15条，一级、二级抗震等级的房屋角部异形柱以及地震区楼梯间，异形柱肢端（转角处）应设暗柱。肢端（转角处）设暗柱时，暗柱沿肢高方向尺寸不应小于120mm。暗柱的附加纵向钢筋直径≥14mm，可取与纵向受力钢筋直径相同；暗柱的附加箍筋直径和间距同异形柱箍筋，附加箍筋宜设在异形柱两箍筋中间	一级、二级抗震等级的房屋角部以及地震区楼梯间异形柱未设暗柱，按照一般异形柱进行配筋
错层结构设计	抗震措施	《混通规》第4.4.13条规定： （1）错层处框架柱的混凝土强度等级不应低于C30，箍筋应全柱段加密配置，抗震等级应提高一级采用 （2）错层处平面外受力的剪力墙的承载力应适当提高，剪力墙截面厚度不应小于250mm，混凝土强度等级不应低于C30，水平和竖向分布钢筋的配筋率不应小于0.50%	错层结构属于竖向布置不规则的结构，错层部位容易形成应力集中。框架结构错层部位容易形成短柱。因此，抗震设计时错层处应采取加强措施，以提高其抗震承载力和延性
连接体结构构件	抗震措施	房屋建筑的连体结构一般是指除裙楼以外，两个或两个以上塔楼之间带有连接体的结构形式。《混通规》第4.4.14条规定： （1）连接体及与连接体相连的结构构件在连接体高度范围及其上、下层，抗震等级应提高一级采用 （2）与连接体相连的框架柱在连接体高度范围及其上、下层，箍筋应全柱段加密配置 （3）与连接体相连的剪力墙在连接体高度范围及其上、下层应设置约束边缘构件	连体结构抗扭转性能较差，容易引起较大的扭转反应，造成结构破坏。因此，连体结构的连接体及与连接体相连的结构构件薄弱部位，抗震设计时必须予以加强，以提高其抗震承载力和延性

5.5　混凝土结构设计

常用钢筋混凝土结构体系有：框架结构、剪力墙结构、框架-剪力墙结构、板柱剪力墙结构、筒体结构（包括框架核心筒结构、框筒结构、筒中筒结构、束筒结构）、巨型结构、悬挂结构等。进行多高层混凝土结构设计时，应正确确定结构的安全等级、抗震设防烈度、抗震设防类别、抗震等级。安全等级为一级的高层建筑结构应满足抗连续倒塌的概念设计要求。其审查主要内容详见表5-5。

表 5-5　混凝土结构审查主要内容

子项	关键点	审查内容	常见问题
结构的耐久性设计	设计使用年限、环境类别、保护层厚度	《耐久性标》第 3.1.2 条规定，混凝土结构的耐久性设计应包括： （1）确定结构的设计使用年限、环境类别及其作用等级 （2）采用有利于减轻环境作用的结构形式和布置 （3）规定结构材料的性能与指标 （4）确定钢筋的混凝土保护层厚度 （5）提出混凝土构件裂缝控制与防排水等构造要求 （6）针对严重环境作用采取合理的防腐蚀附加措施或多重防护措施	设计人员遗漏钢筋混凝土结构构件的耐久性设计，或设计不完善
	氯离子含量、水胶比	1. 设计使用年限 50 年以上的钢筋混凝土构件，其混凝土氯离子含量在各种环境下均不应超过 0.08% 2. 重要结构的混凝土不得使用海砂配制。一般工程由于取材条件限制不得不使用海砂时，混凝土水胶比应低于 0.45，强度等级不宜低于 C40，并适当加大保护层厚度或掺入化学阻锈剂	氯离子引起的钢筋锈蚀难以控制，后果严重，因此是关系混凝土结构耐久性的重要问题，设计说明中应明确其含量
大体积混凝土设计	温度应力、收缩、徐变	《混标》第 8.1.3 条说明，在混凝土结构设计，特别是大体积混凝土设计、超长混凝土结构设计时，应注意使用环境、温度应力、混凝土自身收缩对结构的影响，应有可靠的措施减少温度应力和收缩应力对结构的影响，避免产生裂缝，影响其正常使用	设计者应通过有效的分析或计算慎重考虑各种不利因素对结构内力和裂缝的影响，确定合理的伸缩缝间距
混凝土楼盖	振动舒适度	1.《混通规》第 4.2.3 条，房屋建筑的混凝土楼盖应满足楼盖竖向振动舒适度要求；混凝土结构高层建筑应满足 10 年重现期水平风荷载作用的振动舒适度要求 2.《高规》第 3.7.7 条规定，楼盖结构应具有适宜的舒适度。楼盖结构的竖向振动频率不宜小于 3Hz，竖向振动加速度峰值不应超过《高规》表 3.7.7 的限值	对于钢筋混凝土楼盖结构、钢-混凝土组合楼盖结构（不包括轻钢楼盖结构）应进行楼盖结构舒适度计算，设计人员往往忽略
框架结构	女儿墙	多层建筑的屋面女儿墙（包括马头墙）不宜采用砌体女儿墙。高层建筑的屋面女儿墙（包括马头墙）不应采用砌体女儿墙	砌体女儿墙的震害较普遍。确需设置时，应控制其高度，并采取防地震时倾倒的构造措施
	楼梯间	当楼梯间的框架柱既是角柱又是短柱时，应采取箍筋全高加密、体积配箍率提高等抗震加强措施	楼梯间柱由于平台梁形成短柱，箍筋未全高加密
	多梁交汇	框架结构应尽量减少梁柱节点处的梁交汇数量，必要时可以采取调整结构布置、加大柱截面、设置柱帽等措施	在节点区域钢筋布置不合理，钢筋过于密集，无法确保施工品质和结构性能

（续）

子项	关键点	审查内容	常见问题
框架结构	梁上开洞	框架梁梁上开洞的位置应尽量设置于剪力较小的梁跨中1/3区域内，开洞较大时，应验算其承载力	设备管道靠近梁支座处开洞穿过，未采取加强措施
剪力墙结构	剪力墙开角窗	B级高度的剪力墙结构不应开角窗。抗震设计时设防烈度为8度及8度以上时，A级高度的高层剪力墙结构不宜开角窗，必须设置时应采取加强的抗震措施	高层剪力墙角部开窗，未采取加强措施
	剪力墙连梁	不宜将楼面主梁支承在剪力墙连梁上，不能避免时应采取防止较大地震时连梁不发生脆性破坏的措施，如在连梁内设置型钢等。跨高比≥5且承托较大楼面梁的连梁，应按框架梁设计；一端与剪力墙顺接的梁不应按连梁输入计算	楼面梁支承在连梁上时，连梁产生扭转，一方面不能有效约束楼面梁，另一方面连梁受力十分不利，因此要尽量避免。楼板次梁等截面较小的梁支承在连梁上时，次梁端部可按铰接处理
	短肢剪力墙	《高规》第7.1.8条，抗震设计时，高层建筑结构不应全部采用短肢剪力墙；B级高度高层建筑以及抗震设防烈度为9度的A级高度高层建筑，不宜布置短肢剪力墙，不应采用具有较多短肢剪力墙的剪力墙结构。不宜采用一字型短肢剪力墙，不宜在一字型剪力墙上布置平面外与之相交的单侧楼面梁	由于短肢剪力墙抗震性能较差，地震区应用经验不多，为安全起见，在高层住宅结构中短肢剪力墙布置不宜过多，不应采用全部为短肢剪力墙的结构
框架-剪力墙结构	剪力墙要求	1. 《抗标》第6.5.1条，框架-抗震墙结构的抗震墙厚度不应小于160mm且不宜小于层高或无支长度的1/20，底部加强部位的抗震墙厚度不应小于200mm且不宜小于层高或无支长度的1/16 2. 《抗规》第6.5.2条，抗震墙的竖向和横向分布钢筋，配筋率均不应小于0.25%，钢筋直径不宜小于10mm 3. 《抗规》第6.5.3条，楼面梁与抗震墙平面外连接时，不宜支承在洞口连梁上；沿梁轴线方向宜设置与梁连接的抗震墙	抗震墙的竖向和横向分布钢筋直径小于10mm，配筋率不满足规范要求
水池结构	生活饮用水水池	《水通规》第3.1.1条1规定，建筑物内的生活饮用水水池应采用独立结构形式，不得利用建筑物本体结构作为水池的壁板、底板及顶盖。与消防用水水池并列设置时，应有各自独立的池壁	结构设计时生活水池与主体结构没有分离开

5.6　普通钢结构设计

多高层钢结构房屋结构形式有框架结构、框架-支撑结构、框架延性墙板结构、筒体结构等结构体系。钢结构建筑应根据设防分类、烈度和建筑高度采用不同的抗震等级，并应符合相应的计算和构造措施要求。多层和高层钢结构应进行合理的结构布置，应具有明确的计算简图和合理的荷载和作用的传递途径，对有抗震设防要求的建筑，应有多道抗震防线，结构构件和体系应具有良好的变形能力和消耗地震能量的能力，对可能出现的薄弱部位，应采取有效的加强措施。其审查主要内容详见表 5-6。

表 5-6　钢结构审查主要内容

子项	关键点	审查内容	常见问题
材料选用	超强系数	罕遇地震作用下发生塑性变形的构件或部位的钢材超强系数不应大于 1.35	设计说明中常常遗漏
	耐腐蚀性	《钢标》第 18.2.7 条规定，在钢结构设计文件中应注明防腐蚀方案，如采用涂（镀）层方案，须注明所要求的钢材除锈等级和所要用的涂料（或镀层）及涂（镀）层厚度，并注明使用单位在使用过程中对钢结构防腐蚀进行定期检查和维修的要求	防腐蚀方案的实施与施工条件有关，因此选择防腐蚀方案的时候应考虑施工条件，避免选择可能会造成施工困难的防腐蚀方案。一般钢结构防腐蚀设计年限不宜低于 5 年；重要结构不宜低于 15 年。另外选择防腐蚀方案的时候，应考虑维修条件，维修困难的钢结构应加强防腐蚀方案。同一结构不同部位的钢结构可采用不同的防腐蚀设计年限
	耐火极限	防火涂料的厚度应由设计确定。各类建筑构件的燃烧性能和耐火极限可按《建规》第 3.2.1 条、5.1.2 条规定取值，或根据涂料的实际热工参数对结构构件或结构进行防火验算确定	当构件耐火极限≤1.5h 时，可采用膨胀型防火涂料；当构件耐火极限>1.5h 时，宜采用厚型防火涂料。对于有外观要求的易维护的次要结构构件，当构件耐火极限大于 1.5h 但小于等于 2.5h 时，也可用薄型防火涂料
多高层结构	梁潜在塑性铰区失稳	1. 《钢通规》第 5.3.2 条规定，框架结构以及框架-中心支撑结构和框架-偏心支撑结构中的无支撑框架，框架梁潜在塑性铰区的上下翼缘应设置侧向支承或采取其他有效措施，防止平面外失稳破坏 2. 有现浇板与钢梁可靠连接时，可采用加劲肋或竖向斜撑，设水平撑时，可仅在无楼板翼缘设置 3. 钢梁刚度满足正则化长细比不大于 0.3 时，可不设以上措施	许多工程存在个别梁无法设撑又没有板的情况，例如边角部楼梯间处的框架梁，空旷大厅的层间框架梁等。这时，需进行大震弹塑性验算，若不出现塑性铰就不用采取措施

（续）

子项	关键点	审查内容	常见问题
多高层结构	二阶效应系数	《钢通规》第5.2.3条规定，高层钢结构的二阶效应系数不应大于0.2，多层钢结构不应大于0.25，高层钢结构弹性分析时应计入重力二阶效应的影响	计算书中取值错误
大跨度钢结构	雪荷载不均匀分布	《钢通规》第5.3.2条，在雪荷载较大的地区，大跨度钢结构设计时应考虑雪荷载不均匀分布产生的不利影响	大跨度钢结构的屋盖面积较大，且往往呈现高低错落的复杂造型，易导致雪荷载不均匀堆积。因积雪造成的屋盖结构局部破坏甚至是整体倒塌事故屡有发生。在设计阶段对雪荷载作用估计不足是重要原因之一。因此在设计时应予以足够重视，从构造和计算分析两方面予以保证
	抗震验算	《钢通规》第5.3.4条，抗震设防烈度为8度及以上的网架结构和抗震设防烈度为7度及以上的地区的网壳结构应进行抗震验算。对于体形复杂的大跨度钢结构，应同时考虑竖向和水平地震作用	对体形复杂的大跨度钢结构，只计算水平地震作用，未考虑竖向地震的影响
	模型选取	《钢通规》第5.3.1条，对于体形复杂的大跨度钢结构（跨度≥60m）计算时，应采用包含下部支承结构的整体模型计算	通常采用简化的独立模型进行计算。如果由于计算软件的局限，混凝土部分需要采用简化的独立模型计算，应补充钢结构与混凝土结构过渡部位构件的复核，过渡部位至少包含支承钢屋盖的大柱及其下一层框架
	网架挠度	1. 网架挠度符合《网格规》第3.5.1条要求，设计应标注网架自重下最大挠度点及最不利荷载下挠度点及大小，悬挑跨度为支承点到最大挠度点的直线距离 2.《钢验标》第11.3.1条，安装检测最大自重挠度不应大于计算点的1.15倍	设计中未注明网架自重下最大挠度点及最不利荷载下挠度点及大小
	施工要求	《钢通规》第7.1.6条，规模大、复杂网架应进行施工阶段的施工安装模拟计算，安装应与施工模拟计算一致	未进行施工阶段的施工安装模拟计算

5.7　轻型门式刚架设计

　　门式刚架轻型房屋是房屋高度不大于18m，房屋高宽比小于1，采用变截面或等截面实腹刚架，围护系统采用轻型钢屋面和轻型外墙（有时也采用非嵌砌砌体墙），设置起重量不超过20t的轻中级工作制桥式吊车或悬挂式吊车的钢结构单层房屋，其审查主要内容详见表5-7。

表 5-7　门式刚架审查主要内容

子项	关键点	审查内容	常见问题
门式刚架	高度超规	1. 门式刚架的高度应不大于 18m，单跨跨度宜为 12～48m。当有根据时，可采用更大跨度 2. 当门式刚架的高度大于 18m 时，风荷载应按照《荷载规》取值，其他仍可以参照《门规》计算	当门式刚架的高度大于 18m 时，风荷载依据《门规》计算
	吊车吨位超规	1. 《门规》适用于无桥式吊车或有起重量不大于 20t 的 A1～A5 工作级别桥式吊车或 3t 悬挂式起重机的单层钢结构房屋 2. 当吊车吨位超出 20t 时，应该按照《钢标》来进行设计与控制，如：长细比、局部稳定、挠度、柱顶位移等项控制指标	门式刚架内设有大于 20t 的吊车时，设计指标按照《门规》控制，导致结构不安全
计算荷载	屋面活载	屋面活载应按《结构通规》第 4.2.8 条，取值不小于 0.5kN/m²	厂房轻型屋面活载取 0.3kN/m²，不符合要求
	屋面恒载	恒载按屋面板、檩条、支撑、保温层自重，必要时考虑太阳能面板的荷载，一般取不小于 0.3kN/m²	屋面计算荷载取 0.15kN/m²，偏不安全
屋面材料厚度	压型钢板	屋面压型金属板厚度应由结构设计确定，《防水通规》第 3.6.2 条规定： （1）压型铝合金面层板的公称厚度不应小于 0.9mm （2）压型钢板面层板的公称厚度不应小于 0.6mm （3）压型不锈钢面层板的公称厚度不应小于 0.5mm	轻钢结构屋面压型钢板的厚度通常取 0.5mm，厚度偏小，不满足防水要求
柱间支撑	柱间支撑设置位置	《门规》第 8.2.5 条，柱间支撑的设置应根据房屋纵向柱距、受力情况和温度区段等条件确定。当无吊车时，柱间支撑间距宜取 30～45m，端部柱间支撑宜设置在房屋端部第一或第二开间。当有吊车时，吊车牛腿下部支撑宜设置在温度区段中部，当温度区段较长时，宜设置在三分点内，且支撑间距不应大于 50m。牛腿上部支撑设置原则与无吊车时的柱间支撑设置相同	无吊车时，个别纵向轴线可不设柱间支撑，但应进行荷载传递途径的复核，有吊车时有以下不利情况： （1）若不设柱间支撑，吊车梁虽可作为刚性系杆，但不可作为钢柱平面外的支点，钢柱平面外长细比加大可能超限，平面外稳定性验算超限 （2）不设柱间支撑的纵向柱列，吊车的水平荷载只能由工字型柱平面外承担，传不到支撑系统 （3）各柱列纵向刚度差异大，吊车可能会卡轨
檩条计算	强度和整体稳定性	《门规》第 9.1.5 条，当屋面能阻止檩条侧向位移和扭转时，实腹式檩条可仅做强度计算，不做整体稳定性计算。在风吸力作用下，当受压下翼缘有内衬板约束且能防止檩条截面扭转时，整体稳定性可不做计算	檩条计算书的原始数据和计算假定与实际不符。当屋面板与檩条之间采用螺钉连接时，屋面板能阻止檩条上翼缘侧向失稳，且屋面板厚度不小于 0.60mm 时，可认为"屋面板能阻止檩条上翼缘侧向失稳"。当内衬板厚度不小于 0.35mm 时，可认为"构造能保证风吸力作用下翼缘受压的稳定性"

（续）

子项	关键点	审查内容	常见问题
刚架安装	主构件	1. 《钢通规》第 5.1.4 条规定，门式刚架轻型房屋钢结构在安装过程中，应根据设计和施工要求，采取保证结构整体稳定性的措施 2. 《门规》第 14.2.6 条，主构件的安装顺序宜先从靠近山墙的有柱间支撑的两端刚架开始。在刚架安装完毕后应将其间的檩条、支撑、隔撑等全部装好。以这两座刚架为起点，向房屋另一端顺序安装	说明中未明确门式刚架在安装过程中，应采取临时稳定措施（如采用缆风绳）
	柱脚	《门规》第 14.2.4 条，柱基础二次浇筑的预留空间，当柱脚铰接时不宜大于 50mm，柱脚刚接时不宜大于 100mm	铰接柱脚二次浇筑预留空间 100mm，大于规范规定

5.8 装配式建筑设计

装配式建筑具有工业化水平高、便于冬期施工、减少施工现场湿作业量、减少材料消耗、减少工地扬尘和建筑垃圾等优点，它有利于实现提高建筑质量、提高生产效率、降低成本、实现节能减排和保护环境的目的。装配式混凝土结构仍属于混凝土结构。因此，装配式混凝土结构的设计除执行《装混规》外，尚应符合现浇混凝土相关的国家和行业标准的要求。装配式钢结构建筑是装配式建筑的重要组成部分，包括多高层钢结构建筑、门式刚架钢结构建筑、冷弯薄壁型钢结构建筑、大跨度空间钢结构建筑等。其审查主要内容详见表 5-8。

表 5-8　装配式建筑审查主要内容

子项	关键点	审查内容	常见问题
装配式混凝土结构	现浇剪力墙和柱	《装混标》第 5.1.7 条规定： （1）当设置地下室时，宜采用现浇混凝土 （2）剪力墙结构和部分框支剪力墙结构底部加强部位宜采用现浇混凝土 （3）框架结构的首层柱宜采用现浇混凝土 （4）当底部加强部位的剪力墙、框架结构的首层柱采用预制混凝土时，应采取可靠的技术措施	高层建筑首层或底部加强部位采用预制楼板和预制柱，对抗震不利，尽量避免
	现浇楼盖	《装混标》第 5.5.2 条规定： （1）结构转换层和作为上部结构嵌固部位的楼层宜采用现浇楼盖	屋面层采用现浇楼盖结构是为了保证结构的整体性，同时也增强了防水性。因此屋面避免采用预制桁架楼承板

（续）

子项	关键点	审查内容	常见问题
装配式混凝土结构	现浇楼盖	（2）屋面层和平面受力复杂的楼层宜采用现浇楼盖，当采用叠合楼盖时，楼板的后浇混凝土叠合层厚度不应小于100mm，且后浇层内应采用双向通长配筋，钢筋直径不宜小于8mm，间距不宜大于200mm	屋面层采用现浇楼盖结构是为了保证结构的整体性，同时也增强了防水性。因此屋面避免采用预制桁架楼承板
	预制楼梯	《装混规》第6.5.8条，预制楼梯与支承构件之间宜采用简支连接。采用简支连接时，应符合下列规定： （1）预制楼梯宜一端设置固定铰，另一端设置滑动铰，其转动及滑动变形能力应满足结构层间位移的要求，且预制楼梯端部在支承构件上的最小搁置长度应符合规定（7度时不小于75mm） （2）预制楼梯设置滑动铰的端部应采取防止滑落的构造措施	当采用简支的预制楼梯时，楼梯间墙宜做成小开口剪力墙
	叠合板	《装混规》第6.6.2条规定： （1）叠合板的预制板厚度不宜小于60mm，后浇混凝土叠合层厚度不应小于60mm （2）当叠合板的预制板采用空心板时，板端空腔应封堵 （3）跨度大于3m的叠合板，宜采用桁架钢筋混凝土叠合板，跨度大于6m的叠合板，宜采用预应力混凝土预制板 （4）板厚大于180mm的叠合板，宜采用混凝土空心板	叠合板后浇层最小厚度应考虑楼板整体性要求以及管线预埋、面筋铺设、施工误差等因素
装配式钢结构住宅	楼盖结构	《装钢住标》第5.2.5条，楼盖结构可采用装配整体式楼板，也可采用免支模现浇楼板。当房屋高度不超过50m且抗震设防烈度不超过7度时，可采用无现浇层的预制装配式楼板	进行楼板设计时应注意预制板的侧边拼缝不是越小越好，间隙小了嵌缝材料不足以起到连接作用，且容易开裂
	外围护系统	《装钢住标》第6.1.11条，外围护系统与主体结构的连接应满足抗风、抗震等安全要求，连接件承载力设计的安全等级应提高一级	对于外挂墙板，自重和地震作用均较大（还有放大系数），连接节点仅靠计算是不够的，还应按实际受力方向做相应的静力破坏试验，要能保证仅用一个节点就能满足承载力要求
	钢结构防护	《装钢住标》第5.5.1条，钢结构的防火材料宜选用防火板，板厚应根据耐火极限和防火板产品标准确定	建议采用防火板包裹的做法，装修方便，且现场施工环保（不宜采用防火涂料）
	设计与施工	《装钢住标》第5.4.2条，结构构件不宜采用现场人工浇筑的型钢混凝土部（构）件。当采用钢管混凝土柱时，设计时应采取保证混凝土浇筑密实的措施	现场手工浇筑型钢混凝土构件不符合装配化的要求

（续）

子项	关键点	审查内容	常见问题
装配率计算	装配率计算书	1. 计算书应和设计说明、图纸一致，应符合国家《装评标》或地方装配式评价计算规定 2. 面积、体积、长度等比例计算应精确至单一部品部件，计算过程应符合标准规定（注意不同地方区别）	提供的装配率评价计算书中，主体结构和内外隔墙应用比例错误，导致装配率计算不真实

5.9 消能减震和隔震设计

消能减震主要是指在结构中某些相对变形较大的部位设置被动耗能装置，地震时耗能装置耗散部分地震输入能量，从而减轻结构的地震反应和损伤。相比于传统抗震结构，消能减震结构中不同结构构件的功能明确，更有利于提高结构的抗震性能。对于新建建筑采用消能减震技术可以减小主体结构截面尺寸，同时提高结构抗震安全度，某些情况下可以降低造价。对于既有建筑采用消能减震技术进行抗震加固，可以简化施工，降低造价。隔震结构的设计与传统的抗震结构有明显的不同，按照《抗标》给出的水平向减震系数法设计时，将隔震结构分为上部结构、隔震层和下部结构分别设计。尽管消能减震和隔震设计前景广阔，但目前许多设计人员对消能减震的力学原理认识不够清楚，存在概念上的模糊，另外由于计算比较繁琐，减震隔震设计相关规范规程中的有关规定没有对应的软件实现功能，给设计人员增加了较多工作量。建筑结构的减震隔震设计，应根据建筑抗震设防类别、抗震设防烈度、工程空间范围、地基条件、结构材料和施工等因素，综合比较技术、经济和使用条件而确定。其审查主要内容详见表5-9。

表 5-9 减震隔震设计审查主要内容

子项	关键点	审查内容	常见问题
消能减震结构	消能器性能参数	《抗震通规》第5.1.5条规定： （1）隔震装置和消能器的性能参数应经试验确定 （2）隔震装置和消能部件的设置部位，应采取便于检查和替换的措施 （3）设计文件上应注明对隔震装置和消能器的性能要求，安装前应按规定进行抽样检测，确保性能符合要求 《减震规》第3.2.2条规定：	隔震减震部件的性能参数是涉及隔震减震效果的重要设计参数，设计说明中不能遗漏

（续）

子项	关键点	审查内容	常见问题
消能减震结构	消能器性能参数	（1）消能器应具有型式检验报告或产品合格证 （2）消能器的性能参数和数量应在设计文件中注明	隔震减震部件的性能参数是涉及隔震减震效果的重要设计参数，设计说明中不能遗漏
	抗震构造	《抗标》第 12.3.8 条规定：当消能减震结构的抗震性能明显提高时，主体结构的抗震构造要求可适当降低。降低程度可根据消能减震结构地震影响系数与不设置消能减震装置结构的地震影响系数之比确定，最大降低程度应控制在 1 度以内	审查设计图纸中的构造措施降低是否与降低系数匹配，即构造降低程度不能超过计算的降低系数
	强度等级	《减震规》第 3.5.2 条规定：钢筋混凝土构件作为消能器的支撑构件时，其混凝土强度等级≥C30	钢筋混凝土支撑构件混凝土强度等级取 C25，不符合要求
	检查要求	《减震规》第 8.7.2 条规定：消能部件应根据消能器的类型、使用期间的具体情况、消能器设计使用年限和设计文件要求等进行定期检查。黏滞消能器和黏弹性消能器在正常使用情况下一般 10 年或二次装修时应进行目测检查，在达到设计使用年限时应进行抽样检验	设计文件中未明确对消能部件进行定期检查的要求
隔震结构	隔震支座	《隔震标》第 5.1.2 条、5.1.5 条规定： （1）设计文件上应注明对支座的性能要求，支座安装前应具有符合设计要求的型式检验报告及出厂检验报告 （2）隔震支座整体设计使用年限不应低于隔震结构的设计使用年限，且不宜低于 50 年 （3）隔震层设置在有耐火要求的使用空间时，隔震支座及其连接应根据使用空间的耐火等级采取相应的防火措施，且耐火极限不应低于与其连接的竖向构件的耐火极限 （4）橡胶类支座不宜与摩擦摆等钢支座在同一隔震层中混合使用 （5）隔震装置采用摩擦摆隔震支座时，应考虑支座水平滑动时产生的竖向位移，及其对隔震层和结构产生的影响 （6）隔震装置采用弹性滑板支座时，其数量不宜超过总数量的 20%	隔震支座是影响隔震建筑工程安全性的关键部件，设计人员必须重视
	隔震层布置	《隔震标》第 4.6.1 条、4.6.2 条、5.1.3 条规定： （1）隔震层净高不宜小于 1200mm。应在适当位置设置检修孔或通道，并满足人员出入及装置更换所需要的最小尺寸	足够大的板厚才能确保隔震层中所有装置的水平变形基本一致。有的设计将隔震层顶板厚取 120mm，容易导致变形不一致

（续）

子项	关键点	审查内容	常见问题
隔震结构	隔震层布置	（2）隔震层刚度中心与质量中心宜重合，设防地震作用下的偏心率不宜大于3% （3）隔震层顶板应有足够的面内刚度，不宜开大洞，应采用现浇梁板式楼盖，板厚不应小于160mm	足够大的板厚才能确保隔震层中所有装置的水平变形基本一致。有的设计将隔震层顶板厚度取120mm，容易导致变形不一致
	计算分析	《抗震通规》第5.1.6条规定： （1）隔震设计应根据预期的竖向承载力、水平向减震和位移控制要求，选择适当的隔震装置、抗风装置以及必要的消能装置、限位装置组成结构的隔震层 （2）隔震装置应进行竖向承载力的验算，隔震支座应进行罕遇地震下水平位移的验算 （3）隔震建筑应具有足够的抗倾覆能力，高层建筑尚应进行罕遇地震下整体倾覆承载力验算	1. 核查隔震设计控制，查看水平向减震系数、隔震层位移和稳定性 2. 核查隔震下部控制，查看基础、地下室在罕遇地震下的承载力及抗液化措施
	抗震加强措施	《隔震标》第6.1.4条规定： （1）层间隔震结构位于地面以上的下部结构，其竖向投影向外延伸一跨范围内的所有竖向构件均属于关键构件。抗震设防烈度6度、7度时钢筋混凝土框架结构的抗震等级为二级、钢筋混凝土抗震墙结构的抗震等级为一级，抗震设防烈度8度、9度时钢筋混凝土框架结构的抗震等级为一级、钢筋混凝土抗震墙结构的抗震等级为一级；外延伸一跨范围以外结构的抗震等级按抗震建筑采用 （2）层间隔震结构，地下室地下一层抗震等级应与地面上一层相同，以下各层结构抗震等级可逐渐降低，但不得小于三级 （3）基底隔震结构，当隔震层设置在地下室柱或墙顶时，隔震层所在的地下室地下一层抗震等级应与隔震层上一层抗震等级相同，以下各层结构抗震等级可逐渐降低，但不得小于三级	关键构件是指构件的失效可能引起结构的连续破坏或危及生命安全的严重破坏，可由设计人员根据工程实际情况分析确定，例如，隔震层支墩、支柱及相连构件，底部加强部位的重要竖向构件、水平转换构件及与其相连竖向支承构件等。对于关键构件，要求其抗震承载力满足弹性设计要求

第6章

结构设计总说明常见问题

在施工图设计阶段，结构专业设计文件应包含图纸目录、设计说明、设计图纸和计算书。结构设计总说明是结构设计文件的重要组成部分，对结构设计的质量起着统领的作用。但在实际工程设计中，为了节约时间成本，各设计单位都有自己的一套总说明模板，有些项目直接套用模板，而不注意针对具体情况进行修改，经常出现设计说明不能很好地表达设计意图，甚至文不达意、缺项错项等，导致违反强制性条文情况时有发生，应引起设计审查人员的重视。

6.1 荷载取值计算问题

1. 民用建筑特殊房间和工业建筑楼面设计时活载组合值系数按照0.7取值，结构不安全

【原因分析】设计时大部分活载的组合值系数默认取0.7，但是对于一些特殊房间和工业建筑来说，有一部分活载组合取值系数是不一样的，比如储藏室、通风机房、电梯机房等活载组合值系数为0.9，另外还有一些车间如电子产品加工等的活载组合值系数是0.8，车间内的仓库组合值系数是1.0。

【处理措施】设计人员在结构建模过程中，不能盲目使用PKPM或YJK软件中默认的活载组合值系数0.7，应根据所设计的建筑类型和房间功能，按照实际情况输入活载组合值系数，如图6-1所示。正确选取相关参数后，应复核相关梁、板等的配筋，或进行等代换算，调整活载计算输入数值。

编号	名称	类型	属性	参与计算	非地震分项系数(不利)	非地震分项系数(有利)	非地震组合值系数	准永久值系数	频遇值系数
1	活载2(LLa)	可变荷载	活载	是	1.50	--	0.90	0.80	0.90
2	活载3(LLb)	可变荷载	活载	是	1.50	--	0.80	0.50	0.60
3	恒载(DL)	永久荷载	恒载	是	1.30	1.00	--	--	--
4	活载(LL)	可变荷载	活载	是	1.50	--	0.70	0.50	0.60
5	风荷载(WL)	可变荷载	风载	是	1.50	--	0.60	0.00	0.40
6	水平地震(EH)	地震	水平地震	是	--	--	--		

图6-1 荷载组合值系数手工调整

2. 说明中未注明的施工活载按照《荷载规》第 5.5.1 条取值偏小，应符合《结构通规》第 4.2.13 条规定，如图 6-2 所示

四. 设计荷载：

4.1 楼、屋面均布活荷载标准值见表 4.1。
表 4.1 楼面、屋面均布活荷载标准值(kN/m²)

部 位	标准值 kN/m²	部 位	标准值 kN/m²
上人/非上人屋面	2.0/0.5	活动室、健身房、乒乓球室	4.5
宿舍、包间、接待室、值班室	2.0	杂物间、主食库、副食库、工具间	6.0
办公室、自习室、培训室、教学室、研讨室	2.5	变配电室、消防控制室、食堂冷库	10.0
会议室、图书角、阅览室、一般档案室、餐厅	3.0	通风机房、空调机房、制冷机房、新风机房、多联机房	9.0
门厅、电梯前室、连廊、走廊、楼梯间、讲堂	3.5		
公共洗衣房	3.5	强电间、弱电间	3.0
浴室、男女更衣、卫生间、盥洗室、阳台	2.5	厨房、超市	4.0
实训楼（检测、加固、技能培训）	5.0		

注：1. 大型设备按实际情况考虑，大型设备应走专门运输通道。
　　2. 未特别说明的施工及检修荷载取值按《建筑结构荷载规范》(GB50009-2012)；
　　3. 屋面找坡层详见建筑做法，其容重应不大于7.5kN/m³；
　　4. 屋面板、檩条、钢筋混凝土挑檐、悬挑雨篷和预制小梁，施工或检修集中荷载标准值取1.0kN；
　　5. 楼梯、看台、阳台和上人屋面等的栏杆顶部水平荷载取1.0kN/m；
　　6. 厨房区域回填材料容重不应大于8N/m³；
　　7. 非固定隔墙荷载按 1.0~3.0KN/m² 考虑；
　　8. 施工阶段的施工荷载不允许超过上述设计荷载。否则，施工单位应采取必要的支撑措施。
　　9. 本工程结构计算已考虑屋面太阳能系统荷载，太阳能系统的支架及连接做法详见二次设计。
特别注意：1. 所有二次深化区域新增或移动位置的隔墙必须采用轻质隔墙，隔墙自重（包含墙面做法）不大
　　　　　　 于70Kg/m²；
　　　　　 2. 所有二次深化区域若需特殊降板或楼板开洞应在此处施工前告知设计单位，设计需相应调整；
　　　　　 3. 所有二次深化区域如有大型设备或特殊房间需考虑较大荷载处，需告知设计，设计相应调整；
　　　　　 4. 图中所有降板区域的建筑填充材料需采用发泡混凝土，容重不大于8N/m³；
　　　　　 5. 楼、屋面处所有设备基础，均需做成条形，必须经设计审核后施工，严禁做成实体。

图 6-2　某工程设计荷载说明

【原因分析】 地下室顶板等部位在施工时，往往需要运输、堆放大量建筑材料与施工机具，因施工超载引起建筑物楼板开裂甚至破坏时有发生。在进行首层地下室顶板设计时，《荷载规》第 5.5.1 条说明中建议施工活载一般不小于 4.0kN/m²。有些施工现场情况比较复杂，首层及裙房屋盖因施工荷载取值偏小，导致楼盖及其竖向构件承载力不足，施工期间出现构件裂缝、变形等安全事故。

【处理措施】 结构计算分析时，应充分考虑使用时工况及施工工况，并对其施工荷载进行合理取值。依据《结构通规》第 4.2.13 条规定，地下室顶板施工活荷载标准值不应小于 5.0kN/m²，当有临时堆积荷载以及有重型车辆通过时，施工组织设计中应按实际荷载验算

并采取相应措施。施工活荷载应符合下列规定：

1）施工中如采用整体顶升施工平台、附墙塔式起重机、爬升式塔式起重机等对结构构件受力有影响的施主设备或起重机械时，应根据具体情况补充计算施工荷载的影响。

2）高低层相邻的屋面、高大中庭地面，在设计低层屋面构件时应适当考虑施工堆载等临时荷载，该施工荷载应不小于 5.0kN/m²。

3）地下室顶板（含室内）需考虑施工堆放材料或作临时工场时，参照《广东高规》第 4.1.2 条规定，地下室顶板施工荷载不宜小于 10kN/m²。构件承载力验算时，施工荷载的分项系数可取 1.0。

4）施工活载仅用于施工阶段的局部结构强度验算，可不参与结构整体控制分析。施工活载的组合值系数可取 0.7。

5）设计尚应根据建筑首层平面标高确定覆土允许回填厚度及重量，并应规定不得超载及在回填土上随意挖掘，且不得在顶板上随意行驶超重车辆或堆放重物。业主或施工单位对施工荷载有特别要求时，可按其要求采用。

3. 说明及计算书中楼面活载遗漏或偏小，或未按建筑房间功能取值

【原因分析】民用建筑楼面活载按照建筑类别和不同区域功能，人员密集程度等规定了楼面最小标准值。对于功能比较复杂的建筑，设计说明中往容易忽略特殊房间的荷载取值，计算时简化楼面活载取值，导致楼面荷载取值偏小。如住宅建筑中带卫生间的卧室楼面活载统一取 2.0kN/m²（卫生间应取 2.0kN/m²），内走廊办公楼楼面活载统一取 2.5kN/m²（走廊应取 3.0kN/m²），会造成结构计算偏于不安全。

【处理措施】楼面活载取值应不小于《结构通规》表 4.2.2 条的要求。按照普通房间→特殊房间→设备用房（通风机房、电梯机房）→疏散通道（走廊、门厅和疏散楼梯）→阳台等，逐一核查荷载取值。结构计算分析时，应与建筑专业配合，充分考虑使用时荷载工况，并对其楼面荷载进行合理取值。需要注意的是《结构通规》于 2022 年 1 月 1 日开始实施，相对于《荷载规》，民用建筑楼屋面均布活载标准值主要调整见表 6-1。

表 6-1　民用建筑楼屋面均布活载标准值对比

| 类别 | 标准值/（kN/m²） | | 类别 | 标准值/（kN/m²） | |
普通房间 特殊房间	《荷载规》	《结构通规》	设备用房 疏散通道	《荷载规》	《结构通规》
办公楼、医院门诊室	2.0	2.5	通风机房、电梯机房	7.0	8.0

（续）

类别	标准值/（kN/m²）		类别	标准值/（kN/m²）	
食堂、餐厅、一般资料档案室	2.5	3.0	走廊、门厅（办公楼、餐厅、医院门诊部）	2.5	3.0
礼堂、剧场、影院	3.0	3.5	公共洗衣房	3.0	3.5
实验室、阅览室、会议室	2.0	3.0	有固定座位的看台	3.0	3.5
商店、展览厅、车站、港口、机场大厅及其旅客等候室	3.5	4.0	无固定座位的看台	3.5	4.0
书库、档案库（书架高度≤2.5m）	5.0	6.0	（贮藏室）储藏室	5.0	6.0
屋顶运动场地	4.0	4.5	地下室顶板施工活载	4.0	5.0

4. 非承重隔墙分布于楼板或次梁全跨时，板上或次梁上的墙荷载计算时未考虑或遗漏

【原因分析】设计人员在建模计算时，对一些灵活布置的非承重隔墙，为了简化楼面荷载输入，常常忽略隔墙的荷载，导致楼面荷载取值错误，计算偏于不安全。

【处理措施】当隔墙分布于楼板或次梁的跨度内局部长度时，均应按实际隔墙重量输入计算。对固定隔墙的自重应按永久荷载考虑，当建筑设计没有标明隔墙的准确位置或允许灵活布置时，非固定隔墙的自重应取不小于1/3的每延米长墙重（kN/m）作为楼面活载的附加值（kN/m²）计入，且附加值不应小于1.0kN/m²。常用隔墙自重荷载见表6-2。

表6-2　常用隔墙自重荷载

名称	自重/（kN/m³）	厚度/mm	说明
页岩多孔砖	16.0	100，200	开洞率28%
蒸压加气混凝土砌块	10.0	100，150，200，300	实心
灰渣混凝土空心隔墙板	90 厚≤1.2kN/m² 120 厚≤1.4kN/m² 150 厚≤1.6kN/m²	90，120，150	
蒸压加气混凝土板	4.25～7.25（B04，B05，B06，B07）	100，120，200，240，300	一等品
轻质条板	1.1kN/m²	90，120	增加连接材料重量
石膏空心条板	90 厚≤0.6kN/m² 120 厚≤0.75kN/m²	90，120	
玻璃纤维增强水泥轻质多孔隔墙条板	10.0	90，120	GRC 板
纸面石膏板	10.0	12，15，18，21，25	与轻钢龙骨有关
纤维增强硅酸钙板	9.0	5～12	

5. 自动扶梯梯口支承梁建模计算时荷载遗漏

【原因分析】设计人员在建模计算时，为了简化楼面荷载输入，设置自动扶梯处只是预留洞口，忽略了作用于扶梯支承梁上的荷载，计算偏于不安全。

【处理措施】自动扶梯活载应按照扶梯订货样本荷载值取用。若建模计算时建设方暂时无法提供自动扶梯样本，可按下式估算作用于扶梯支承梁上的等效均布线荷载标准值：

$$q = 10 + 5L$$

式中　q——作用于扶梯支承梁上的等效均布线荷载标准值（kN/m）；

　　　L——扶梯水平投影长度（m），包括斜段水平投影长度+两端水平段长度。

该荷载作用于扶梯梯井宽度范围内，自动扶梯样品确定后应根据产品说明书进行复核。需要提醒的是，由于变形过大会影响机械传动，支承自动扶梯的悬挑构件挠度控制应比普通悬挑构件更加严格。

6. 燃气锅炉房设计时未考虑爆炸荷载的影响，施工图中也未说明

【原因分析】爆炸荷载属于偶然作用。建筑结构设计中，主要依靠优化结构方案、增加结构冗余度、强化结构构造等措施，避免因偶然作用引起结构连续倒塌。在结构分析和构件设计中是否需要考虑偶然作用，要视结构的重要性、结构类型及复杂程度等因素，由设计人员根据经验决定。

【处理措施】锅炉房的爆炸荷载应由设备专业提供，当设备专业不能提供时，可在钢筋混凝土抗爆墙墙面附加 $15kN/m^2$ 的侧向压力进行整体计算。锅炉房的抗爆墙可采用钢筋混凝土墙，抗爆墙承载能力设计计算时的锅炉爆炸荷载应由相应设备专业书面提供并经甲方确认，当初步设计阶段或施工图设计阶段确因条件所限甲方无法提供时，为不影响设计进度可按 $15kN/m^2$ 估算，但应在设计文件中说明，并要求在施工前由甲方补充确认。抗爆墙不需要验算变形。

6.2　强条内容遗漏问题

施工图中有些规范要求必须在说明中反映，若遗漏后被审查人员按照违反强制性条文提出，则会让设计人员很被动，因此特提醒设计人员必须重视设计说明的内容。另外目前规范改版比较集中且频繁，每次出图前应对总说明中使用的规范核对一下版本。与结构相关的通用规范必须列入设计依据中。

1. 对结构定期检查、维修、维护以及危害结构安全的行为未在说明中明确

【原因分析】房屋建筑的安全取决于结构设计、施工质量和使用过程中的维护管理。设计与施工已有规范加以保证，而后期使用维护管理相对复杂。特别对于那些房屋权属经常发生变化的建筑，随着使用功能和环境的改变，导致结构上荷载增加、耐久性降低。为了防止因此而产生的安全责任问题，设计说明中应写明相关要求。

【处理措施】设计人员应在说明中按照《结构通规》第2.1.7条规定补充以下内容。结构应按设计规定的用途使用，并应定期检查结构状况，进行必要的维护和维修。严禁下列影响结构使用安全的行为：

　　1）未经技术鉴定或设计许可，擅自改变结构用途和使用环境。

　　2）损坏或者擅自变动结构体系及抗震设施。

　　3）擅自增加结构使用荷载。

　　4）损坏地基基础。

　　5）违规存放爆炸性、毒害性、放射性、腐蚀性等危险物品。

　　6）影响毗邻结构使用安全的结构改造与施工。

2. 结构部件与结构的安全等级不一致或设计工作年限不一致的，未在设计文件中明确标明

【原因分析】并非全部结构构件都必须满足相同的设计工作年限要求。如结构中某些可替换的构件，可以根据实际情况确定设计工作年限，但在设计文件中应当明确标明。同样，结构构件的安全等级也可以和结构整体不同，也应当在设计文件中明确标明。

【处理措施】建筑结构设计使用年限要求基于功能重要性、材料性能退化和经济技术因素等原则，分为临时性、易于替换、普通、标志性和特殊建筑结构等类型，旨在确保结构安全可靠。普通房屋的设计使用年限为50年，安全等级二级。对于轻钢结构，当钢梁、钢柱等主体结构的设计使用年限为50年时，彩钢屋面板、墙板因材质自身的因素，其实际能够满足正常使用的年限一般低于50年，设计文件中应明确其使用年限（如15年）。

3. 抗震结构体系对结构材料（包含专用的结构设备）、施工工艺的特别要求，未在设计文件上注明

【原因分析】设计人员应在结构设计总说明中特别注明的内容，包括材料的最低强度等级、某些特别的施工顺序和纵向受力钢筋等强替换规定。对于材料自身应具有的性能，只要明确要求符合相关产品标准即可。

【处理措施】设计文件中必须注明的抗震相关材料、施工以及附属设施的特别要求。结构

材料、施工质量以及附属机电设备的抗震措施等均会对工程抗震防灾能力构成重要影响，为保证工程实现预期设防目标，需要在设计文件中明确上述特别要求。

1）材料最低强度等级要求。《混通规》第 2.0.2 条，结构混凝土强度等级的选用应满足工程结构的承载力、刚度及耐久性需求。对设计工作年限为 50 年的混凝土结构，结构混凝土的强度等级尚应符合下列规定，对设计工作年限大于 50 年的混凝土结构，结构混凝土的最低强度等级应比下列规定提高：①素混凝土结构构件的混凝土强度等级 ≥ C20；钢筋混凝土结构构件的混凝土强度等级 ≥ C25；预应力混凝土楼板结构的混凝土强度等级 ≥ C30，其他预应力混凝土结构构件的混凝土强度等级 ≥ C40；钢-混凝土组合结构构件的混凝土强度等级 ≥ C30。②承受重复荷载作用的钢筋混凝土结构构件，混凝土强度等级 ≥ C30。③抗震等级不低于二级的钢筋混凝土结构构件，混凝土强度等级 ≥ C30。④采用 500MPa 及以上等级钢筋的钢筋混凝土结构构件，混凝土强度等级 ≥ C30。

2）抗震钢筋的要求。《混通规》第 3.2.3 条规定，对按一级、二级、三级抗震等级设计的房屋建筑框架和斜撑构件，其纵向受力普通钢筋性能应符合下列规定：①抗拉强度实测值与屈服强度实测值的比值不应小于 1.25。②屈服强度实测值与屈服强度标准值的比值不应大于 1.30。③最大力总延伸率实测值不应小于 9%。符合以上条件要求的钢筋通常为带 "E" 的热轧钢筋，如 HRB400E 和 HRB500E 等。

3）钢筋代换要求。在建筑工程中，钢筋是不可或缺的重要材料。然而由于市场供应等原因，有时无法采购到合适的钢筋。因此，钢筋代换是解决无法采购到设计要求的钢筋型号问题的有效办法。钢筋代换除应满足等强代换的原则外，尚应综合考虑不同钢筋牌号的性能差异对裂缝宽度验算、最小配筋率、抗震构造要求等的影响，并应满足钢筋间距、保护层厚度、锚固长度、搭接接头面积百分率及搭接长度等的要求。《混通规》第 2.0.11 条关于钢筋代换规定：当施工中进行混凝土结构构件的钢筋、预应力筋代换时，应符合设计规定的构件承载能力、正常使用、配筋构造及耐久性能要求，并应取得设计变更文件。

4）钢结构对钢材的要求。《钢通规》第 3.0.2 条规定，钢结构承重构件所用的钢材应具有屈服强度，断后伸长率，抗拉强度和硫、磷含量的合格保证，在低温使用环境下尚应具有冲击韧性的合格保证；对焊接结构尚应具有碳或碳当量的合格保证。铸钢件和要求抗层状撕裂（Z 向）性能的钢材尚应具有断面收缩率的合格保证。焊接承重结构以及重要的非焊接承重结构所用的钢材，应具有弯曲试验的合格保证；对直接承受动力荷载或需进行疲劳验算的构件，其所用钢材尚应具有冲击韧性的合格保证。第 6.1.2 条规定，在罕遇地震作用下发生塑性变形的构件或部位的钢材，超强系数不应大于 1.35。

5）砌体材料性能要求。《砌体通规》第 3.2.8 条规定，填充墙的块材最低强度等级，应符合下列规定：①内墙空心砖、轻骨料混凝土砌块、混凝土空心砌块应为 MU3.5，外墙应为 MU5；②内墙蒸压加气混凝土砌块应为 A2.5，外墙应为 A3.5。

6）砌筑砂浆强度等级要求。《砌体通规》第 3.3.1 条规定，砌筑砂浆的最低强度等级应符合下列规定：①设计工作年限≥25 年的烧结普通砖和烧结多孔砖砌体应为 M5，设计工作年限<25 年的烧结普通砖和烧结多孔砖砌体应为 M2.5；②蒸压加气凝土砌块砌体应为 Ma5，蒸压灰砂普通砖和蒸压粉煤灰普通砖砌体应为 Ms5；③混凝土普通砖、混凝土多孔砖砌体应为 Mb5；④混凝土砌块、煤矸石混凝土砌块砌体应为 Mb7.5；⑤配筋砌块砌体应为 Mb10；⑥毛料石、毛石砌体应为 M5。

4. 地基基础设计时未提出施工及验收要求、工程监测要求

【原因分析】基础工程的施工状态与设计工况可能存在一定的差异，设计文件往往不能全面而准确地反映实际工程的各种变化，所以在设计说明中强调施工及验收要求，进行实际工程监测就显得十分必要。施工期间开展工程监测，能为工程施工安全、周边环境安全与工程施工顺利进行提供强有力的技术支撑。

【处理措施】基础工程施工应根据设计要求或工程施工安全的需要，对涉及施工安全、周边环境安全，以及可能对人身财产安全造成危害的对象或被保护对象进行工程监测。

5. 设计文件上未注明对隔震装置和消能减震部件的性能要求

【原因分析】隔震装置和消能器的性能参数应经试验确定，设计文件上应注明对隔震装置和消能器的性能要求，安装前应按规定进行抽样检测，确保性能满足要求。

【处理措施】《抗标》第 12.3.6 条规定，消能器的性能检验，应符合下列规定：

1）对黏滞流体消能器，由第三方进行抽样检验，其数量为同一工程同一类型同一规格数量的 20%，但不少于 2 个，检测合格率为 100%，检测后的消能器可用于主体结构；对其他类型消能器，抽检数量为同一类型同一规格数量的 3%，当同一类型同一规格的消能器数量较少时，可以在同一类型消能器中抽检总数量的 3%，但不应少于 2 个，检测合格率为 100%，检测后的消能器不能用于主体结构。

2）对速度相关型消能器，在消能器设计位移和设计速度幅值下，以结构基本频率往复循环 30 圈后，消能器的主要设计指标误差和衰减量不应超过 15%；对位移相关型消能器，在消能器设计位移幅值下往复循环 30 圈后，消能器的主要设计指标误差和衰减量不应超过 15%，且不应有明显的低周疲劳现象。

6. 建筑室内混凝土水池未在说明中写明应在结构施工完成后进行功能性满水试验

【原因分析】混凝土结构蓄水类工程防水的关键是提高防水混凝土的质量，因此在结构施工完毕后、防水层施工前必须按设计要求做满水试验，以提前发现混凝土结构的漏水隐患，并及时进行处理，之后方可进行外设防水层施工。满水试验时混凝土结构应达到设计强度要求。

【处理措施】混凝土结构蓄水类工程完工后，应进行水池满池蓄水试验，蓄水时间不应少于24h。对于室内消防及生活水池，工程防水类别一般为甲类，应确保水池不应有渗水，结构背水面无湿渍。

7. 钢结构未在说明中明确构件耐火极限及应采取的防火保护措施

【原因分析】无防火保护钢构件的耐火时间一般为0.25~0.50h，达不到大部分建筑构件的设计耐火极限，需要进行防火保护。防火保护应根据工程实际，选用合理的防火保护方法、材料和构造措施，如采用防火涂料和防火板等。防火保护层的厚度应通过构件耐火验算确定，保证构件的耐火极限达到规定的设计耐火极限。

【处理措施】钢结构构件的设计耐火极限的确定是防火设计的重要内容。不同结构构件或节点的耐火极限应根据其在结构中发挥的不同作用按其重要性分别确定，柱间支撑的设计耐火极限应与柱相同，楼盖支撑的设计耐火极限应与梁相同，屋盖支撑和系杆的设计耐火极限应与屋顶承重构件相同。节点的耐火极限应与被连接构件中耐火极限要求最高值相同。

8. 对特殊地基和桩基工程，在说明中未明确应在施工期间及使用期间进行沉降变形监测

【原因分析】为了保证建筑工程及其周边环境在施工期间和使用期间的安全，了解其变形特征，同时针对特殊地基工程施工可能产生挤土、振动，引起地下水位变化和土体位移等情况，并为工程设计提供资料，要求建筑工程施工及使用期间应进行地基变形监测。

【处理措施】对于需要进行地基变形监测的工程类型，建设单位应根据岩土工程勘察报告建议和设计要求组织开展工程监测，且其监测内容与监测技术要求均应符合设计要求。

1)《基础通规》第4.4.7条规定，下列建筑应在施工期间及使用期间进行沉降变形监测，直至沉降变形达到稳定为止：①对地基变形有控制要求的；②软弱地基上的；③处理地基上的；④采用新型基础形式或新型结构的；⑤地基施工可能引起地面沉降或隆起变形、周边建（构）筑物和地下管线变形、地下水位发生变化及土体发生位移的。

2)《基础通规》第5.4.2条规定，下列桩基工程应在施工期间及使用期间进行沉降监

测，直至沉降达到稳定标准为止：①对桩基沉降有控制要求的桩基；②非嵌岩桩和非深厚坚硬持力层的桩基；③结构体形复杂、荷载分布不均匀或桩端平面下存在软弱土层的桩基；④施工过程中可能引起地面沉降、隆起、位移、周边建筑物和地下管线变形、地下水位变化及土体位移的桩基。

9. 说明中未写明基坑底部区域回填层的压实系数要求

【原因分析】基坑回填质量对地下工程防水工程质量有较大影响。如处理不当极可能造成侧墙防水层被破坏，增加渗漏风险。当回填层的渗透系数大于周边相邻土层时，基坑底部易形成积水，而底板与侧墙交接处是防水的薄弱环节，因此设计人员应对基坑底部区域回填层的压实系数提出要求。

【处理措施】基底至结构底板以上 500mm 范围及结构顶板以上不小于 500mm 范围的回填层压实系数不应小于 0.94。基坑底部区域指基坑底部至结构底板上表面以上 500mm，或基坑底部至结构底板纵向水平施工缝以上 500mm 的范围。顶板防水层以上采用渗透系数小的回填层有利于阻挡降水对地下工程防水的影响，同时对回填层作一定厚度的密实性要求，有助于对防水层的保护。承台、地下室外墙与基坑侧壁之间肥槽较窄时，可采用素混凝土或搅拌流动性水泥土回填，肥槽较宽时可采用 2：8 灰土、级配砂石以及压实性较好的素土分层夯实回填，其压实系数不小于 0.94。

6.3 施工质量安全问题

《安全管理条例》第十三条明确规定，设计单位应当按照法律、法规和工程建设强制性标准进行设计，防止因设计不合理导致生产安全事故的发生。设计单位应当考虑施工安全操作和防护的需要，对涉及施工安全的重点部位和环节在设计文件中注明，并对防范生产安全事故提出指导意见。

1. 对于结构单元长度超过规范限值较多，且无法设置结构伸缩缝的混凝土框架结构，未在说明中明确加强措施

【原因分析】建筑物的长度不是裂缝控制的唯一影响因素，在长度影响因素不利的情况下，从材料、设计和施工等方面共同采取措施，控制和改善其他影响因素，是超长结构裂缝控制的主要手段。例如，对施工或使用中对外露部分加强保温措施，可防止、改善或一定程度上控制超长结构的裂缝开展。

【处理措施】在设计文件中，应注明各类材料的质量要求、混凝土总收缩应变限值、后浇

带浇筑后剩余收缩应变限值、混凝土弹性模量限值、补偿收缩混凝土的限制膨胀率和限制干缩率、混凝土入模温度、后浇带浇筑时间等要求。设计说明中应对超长结构的浇筑、养护施工也应提出专门要求：

1）施工现场质量管理应有专门的施工技术标准、健全的质量管理体系、施工质量控制和质量检验制度。

2）施工单位组织制定的施工技术方案中，混凝土配合比应满足设计要求并应经业主、监理、设计同意后方可实施。

2. 说明中未明确门式刚架安装过程中，应采取保证结构整体稳定性的有关措施

【原因分析】门式刚架轻型房屋钢结构在安装过程中，应及时安装屋面水平支撑和柱间支撑。采取措施对于保证施工阶段结构稳定非常重要，临时稳定缆风绳就是临时措施之一。要求每一施工步完成时，结构均具有临时稳定的特性。安装过程中形成的临时空间结构稳定体系应能承受结构自重、风荷载、雪荷载、施工荷载以及吊装过程冲击荷载的作用。

【处理措施】对门式刚架主构件的安装要求有：

1）安装顺序宜先从靠近山墙的有柱间支撑的两端刚架开始。在刚架安装完毕后应将其间的檩条、支撑、隔撑等全部装好，并检查其垂直度。以这两榀刚架为起点，向房屋另一端顺序安装。

2）刚架安装宜先立柱子，将在地面组装好的斜梁吊装就位，并与柱连接。

3）钢结构安装在形成空间刚度单元并校正完毕后，应及时对柱底板和基础顶面的空隙采用细石混凝土进行二次浇筑。

4）对跨度大、侧向刚度小的构件，在安装前要确定构件重心，应选择合理的吊点位置和吊具，对重要的构件和细长构件应进行吊装前的稳定性验算，并根据验算结果进行临时加固，构件安装过程中宜采取必要的牵拉、支撑、临时连接等措施。

5）在安装过程中，应减少高空安装工作量，避免盲目冒险吊装。

6）对大型构件的吊点应进行安装验算，使各部位产生的内力小于构件的承载力，不至于使其产生永久变形。

3. 对一些特殊工程的混凝土施工质量的控制要求，未在设计文件中予以明确

【原因分析】混凝土质量与施工环境及养护措施是否到位密切相关，结构设计时对特殊情况下的混凝土应重点说明。

【处理措施】特殊工程或特殊环境下的混凝土工程，应特别注意对混凝土施工质量的控制要求，必要时应在设计说明中予以明确：

1）位于西北地区干旱大风环境下的工程应写明施工时特别注意对混凝土的养护。

2）坡屋面结构施工，应特别注意混凝土的施工质量，必要时采取双面支模或适当降低混凝土的计算强度等级（如计算的混凝土强度等级比设计要求的降低一级等）、适当加强配筋并加大贯通钢筋等措施。

3）大跨度或大悬挑混凝土构件应按规定起拱，依据《混规》第3.4.3条确定悬挑构件的构件类型和挠度限值时，其计算跨度按实际悬臂长度的2倍取用。

4）大体积混凝土施工时，设计中应采取减少大体积混凝土外部约束的技术措施。大体积混凝土的结构配筋除应满足结构承载力和构造要求外，还应结合大体积混凝土的施工方法配置控制温度和收缩的构造钢筋。设计中应根据工程情况提出温度场和应变的相关测试要求。

4. 设计文件中未注明涉及危大工程的重点部位和环节

【原因分析】危大工程是指建筑工程在施工过程中存在的、可能导致作业人员群死群伤或造成重大不良社会影响的分部分项工程。

【处理措施】设计人员应结合项目施工图设计中可能存在涉及超过一定规模、危险性较大的分部分项工程情况，依据《危大工程管理规定》（建设部令第37号）第六条规定，在设计文件中注明涉及危大工程的重点部位和环节，提出保障工程周边环境安全和工程施工安全的意见，必要时进行专项设计，提供安全技术措施设计文件，并要求施工单位针对危险性较大的分部分项工程，单独编制安全技术措施文件。危大工程专篇内容详见本书第2章2.6节内容。

第7章

基础与地下室设计常见问题

地基基础工程设计前应进行工程勘察，提供的勘察成果应满足地基基础设计要求。而基础设计应根据上部结构类型、勘察报告和拟建场地环境条件及施工条件，选择合理的基础方案。因地基基础工程面对的是复杂地质条件和多样性的天然土石材料，不同于上部结构工程面对钢筋和混凝土等材料时能做到相对严密、完善和成熟，地基基础工程充满着条件的不确定性、参数的不确定性和信息的不完善性。对于复杂地基，需要工程师根据具体情况，在综合分析的基础上做出判断，提出地基处理意见。对基础计算应原理正确、概念清楚，计算参数的选取应符合实际工况，设计与计算成果应真实可靠、分析判断正确。地基基础工程发生的许多重大事故，究其原因大多是概念不清所致。基础是整个结构的根基，它承担着上部结构传来的荷载，并将其均匀地传递到地基中。基础如果破坏，上部结构设计得不论如何牢固，也是空中楼阁，应引起设计审查人员的高度重视。

7.1　勘察报告相关问题

1. 说明中未写明建设工程项目依据的勘察报告名称及编号，持力层描述不详

【原因分析】这类工程往往是由于建设方相关人员不懂得先勘察、后设计的原则，或是想节省勘察费，在未进行勘察工作的情况下直接委托设计院设计图纸。设计人员则是为承揽项目或赶工期，在建设方的授意下，明知未做勘察的情况下，随意降低承载力，保守设计，最终给建设方造成浪费。如某工程基础说明中写着"本工程无工程勘察报告，参照周边地基情况，地基承载力特征值取 200kPa"，当后期勘察报告完成后，场地显示持力层为强风化花岗岩，承载力特征值为 500kPa，勘察与设计严重脱节，基础图又无法调整，其造成的浪费可想而知。

【处理措施】《勘察设计管理条例》第四条、五条规定，从事建设工程勘察设计活动，应当坚持先勘察、后设计、再施工的原则。建设工程勘察设计单位必须依法进行建设工程勘察设计，严格执行工程建设强制性标准，并对建设工程勘察、设计的质量负责。《质量管理条例》第六十三条规定，有下列行为之一的责令改正，处 10 万元以上 30 万元以下的罚

款：勘察单位未按照工程建设强制性标准进行勘察的；设计单位未根据勘察成果文件进行工程设计的。另外，如果报审的工程勘察报告内容无法涵盖所有单体工程，设计人员应要求业主进行补勘，对内容不全的勘察报告审查不予通过。

【工程案例】 湖北某智能装备制造产业园项目，总建筑面积 20497.4m²，主要由钢结构厂房、办公楼和门卫室等建筑组成。该项目进行了 46 个勘察钻孔后，未对门卫室 2 进行补孔勘探，只对门卫室 2 地基基础形式参照 ZK42 反映的地质情况进行了补充修改就出具勘察文件。

该勘察文件上传到湖北省施工图联合审查系统进行图审，施工图审查合格。《湖北质量安全建议书》调查认定该项目存在以下问题：岩土工程勘察违反了《勘察通规》第 3.2.2 条，门卫室 2 在最外侧剖面 9—9 以外，勘探点未覆盖不能控制门卫室 2 的地基范围，同时未向某勘察基础工程有限公司指正勘探点未覆盖门卫室 2 的地基范围的情况。以上问题涉嫌违反了《勘察设计管理条例》第二十五条。因门卫室未勘察，最终处罚结果是：勘察单位合计被罚 11.1 万元，图审单位合计被罚 3.3 万元。同时对于工程图审单位及个人履行职责不到位的违法行为在全市进行通报。重罚不应是目的，防患于未然，在建设项目开工之前，严格遵守先勘察后设计，审查时力求避免所有的遗漏和隐患才是正道。

2. 设计单位未采纳勘察报告中的建议，对报告中地质条件可能造成的工程风险也未采取处理措施

【原因分析】 岩土工程勘察报告是对勘察结果的一次全面、精确的总结，是工程地基设计以及工程施工过程中的重要依据，但有些勘察报告内容的表述方式缺乏规范性，对工程设计和施工过程中要面对的地质信息没有准确的描述，也缺乏相关性和建设性的建议措施，对工程设计的整体帮助性作用不大。因此，有些设计人员单凭个人经验进行基础设计。

【处理措施】 设计单位要严格按照有关规范标准进行设计。对地基方案，应尊重勘察报告的建议。勘察报告对地基方案的建议是综合判断的结果，很有参考价值，若结构专业不采纳，应与勘察专业协商。并应在基础设计说明中阐述理由和替代方案的可行性。审查机构对不符合要求的勘察报告应提出进行补勘或退回重新修改报告内容。

【案例分析】 嵊州市艇湖公园 8 号景观桥局部垮塌事故。

2021 年 8 月 11 日，嵊州市艇湖公园内 8 号景观桥发生局部垮塌。《嵊州市 8 号桥调查报告》中事故调查组认定，艇湖城市公园内的 8 号景观桥发生局部垮塌，是桥梁扩大基础在河水的冲刷作用下，3 号墩地基（持力层）被掏空以及 2 号和 4 号墩地基（持力层）局部被掏空导致基础沉陷，造成上部混凝土拱圈断裂而引发的桥梁垮塌，是一起违反建设工程技术标准而造成的一般工程质量责任事故。调查组认定事故直接原因如下：①设计单位水文分析判断有误。设计单位未按规范考虑冲刷对桥基的影响，未足够重视桥梁勘察报告中预防冲刷的建议。②设计单位应用地勘报告错误。反向采用太白桥工程地质，导致 3 号墩扩大基础底支承在粉质黏土与砂砾卵石交界面，基底进入持力层深度不足；设计图纸未对基坑回填提出技术要求，导致扩大基础抗冲刷能力降低。③基坑施工回填方法不当。在扩大基础的施工中，未对地基的承载力进行复测；基坑回填时，未按规范进行压实度检测，基坑回填质量无法保障。

3. 勘察报告未提供抗浮水位或提供的抗浮水位很低，设计未判断其合理性而进行设计，导致地下工程上浮

【原因分析】勘察单位出具的勘察报告未提供抗浮水位（勘察期间没有水），或为了节约造价，故意降低抗浮水位。设计时若按照勘察报告抗浮水位设计，很容易出现抗浮风险。原因很简单，地表或其他因素短时补水情况下很容易接近甚至超过最低抗浮水位标高。

【处理措施】选取地下室抗浮水位时，除了应考虑当地的历史最高洪水位之外，还应考虑室外地表高差，特别是市政道路的高差等。首先需设计人员对勘察报告进行认真研读和分析，查看报告是否明确了抗浮设计水位，若没有，设计人员需及时发函给地勘单位，并提示其潜在风险。临近江河且建筑场地土层具有透水性时，需考虑设计基准期内江河最高洪水位的影响，勘察完后，若因新增地下室或扩大其地下室边界，设计人员需要求勘察单位及时进行补充勘察，并提供相关报告作为设计依据。建筑场地为坡地或可能产生明显水头差的场地时，需仔细分析勘察报告是否根据场地地势设置阶梯抗浮设计水位。对于雨水丰富的地区，应注意因地面标高发生变化后，需对原勘察报告抗浮水位进行修正，同时需考虑地表水聚集效应引起的地下室抗浮设计水位的提高。

4. 设计中未仔细阅读工程勘察报告中地质条件可能造成的工程风险，盲目进行设计

【原因分析】设计人员对工程勘察报告缺乏全面把握、准确判断的能力。对报告中给出的地质条件可能造成的工程风险未采取任何措施。还有些设计人员对勘察报告中工程地质剖面根本不看，只看结论和建议，导致基础无法坐落于选用的持力层上。

【处理措施】详细了解和正确使用岩土勘察报告，是做好结构设计的关键环节之一。设计首先应对勘察报告进行研读，主要包括：

1）了解场地地质情况，对照勘探点平面图、查看地质剖面图和钻孔柱状图。

2）仔细研读报告给出的结论和建议。判断所提的岩土设计参数是否有遗漏、缺项。

如抗浮水位、近场效应对设计地震动参数的影响、地下水土腐蚀性评价、场地液化判别、桩侧极限摩阻力标准值及桩端极限阻力标准值。

3）最后确定选用的持力层及基础类型是否合适。

7.2 地基处理相关问题

1. 按水泥土搅拌桩复合地基设计的地基承载力特征值取值偏大

【原因分析】搅拌桩复合地基竖向承载力特征值应通过现场单桩和多桩复合地基静载试验综合确定。当无试验资料时，设计人员凭借经验预估一个值进行基础计算，其经验值往往偏大。

【处理措施】水泥土搅拌桩适用于处理正常固结的淤泥与淤泥质土、素填土、软塑或可塑的黏性土、稍密或中密的粉土、松散至稍密状态的砂土等地基。不适用于含孤石、障碍物较多且不易清除的杂填土、欠固结的软土、硬塑及坚硬的黏性土、密实的砂类土，以及地下水渗流影响成桩质量的土层。搅拌桩复合地基竖向承载力特征值与面积置换率、单桩竖向承载力特征值、桩的截面面积和桩间土天然地基承载力特征值等因素有关。当无可靠试验资料时，可参照表 7-1 中给出的数据作为水泥土搅拌桩复合地基承载力取值的参考。需要注意的是，水泥土搅拌桩不宜处理泥炭土、有机质土、pH 酸碱度小于 4 的酸性土、塑性指数大于 22 的黏土及腐蚀性土。当需使用时，必须通过现场和室内试验确定其适用性。

表 7-1 水泥土搅拌桩复合地基承载力参考表

土的类型	单桩承载力 R_a/kN	复合地基承载力 f_{spk}/kPa	说明
淤泥	40~70	50~80	主要参数：面积置换率 0.15~0.25，水泥掺入量 12%~18%，龄期 28d 以上，两桩或四桩平板载荷试验，桩径 $\phi500$，桩长 6.0~12.0m。各地宜结合当地实际进行统计使用
淤泥质土	50~100	70~120	
粉质黏土、粉土、砂土	100~220	120~250	

2. 采用粉质黏土换填垫层，压实系数 0.94，设计时承载力特征值按照 180kPa 计算偏于不安全

【原因分析】换填处理后的地基，由于较难选取有代表性的计算参数，通过计算准确确定地基承载力比较困难，因此规范要求通过现场原位试验确定。经换填垫层处理的地基承载力大小与换填材料和压实系数有很大关系。同一种换填材料垫层，压实系数小，承载力特

征值低，反之承载力特征值高。采用重型击实试验时，对粉质黏土、灰土、粉煤灰及其他材料压实标准应为压实系数 $\lambda_c \geq 0.94$，粉质黏土承载力特征值不宜大于 130kPa。

【处理措施】换填垫层的承载力宜通过现场载荷试验确定，载荷试验的承压板直径或边长不应少于垫层厚度的 1/3，且不应少于 0.7m。对设计等级为三级的建筑物及不太重要的小型、轻型或对沉降要求不严格的工程当无试验资料时，换填垫层的承载力可按表 7-2 选用。对于垫层下存在软弱下卧层的建筑，还应进行下卧层承载力的验算。

表 7-2　各种垫层的承载力及压实标准

施工方法	换填材料类别	压实系数 λ_c	承载力特征值的经验值/kPa	说明
碾压、挤密或夯实	碎石、卵石	≥0.97	200~350	采用轻型击实试验时，压实系数 λ_c 宜取高值，采用重型击实试验时，λ_c 可取低值
	砂夹石（其中碎石、卵石占全重的 30%~50%）		200~300	
	土夹石（其中碎石、卵石占全重的 30%~50%）		150~250	
	中砂、粗砂、砾砂、石屑、角砾、圆砾		150~250	
	粉质黏土		130~200	
	水泥土、灰土	≥0.95	200~250	
	粉煤灰		120~150	
	矿渣		200~300	

3. 采用强夯法处理素填土地基，设计强夯处理范围为基础外轮廓线之内，偏于不安全

【原因分析】强夯法又名动力固结法或动力压密法。强夯法具有加固效果显著、适用土类广、设备简单、施工方便、节约材料和施工费用低等优点。强夯法用于处理碎石土、砂土、低饱和度的粉土和黏性土、素填土和杂填土等地基，均能取得较好的效果。但由于基础的应力扩散作用，强夯处理范围应大于建筑物基础范围，具体放大范围可根据设计处理深度和建筑物结构类型及重要性等因素确定。

【处理措施】强夯处理范围应大于建筑物基础范围，每边超出基础外缘的宽度宜为基底下设计处理深度的 1/2~2/3，且不宜小于 3m；对可液化地基，基础外缘外的处理宽度不应小于 5m。

4. 液化土层的低承台桩基验算，仅考虑了地震工况下液化，非地震工况下未考虑液化，桩身的强度和承载力不满足要求

【原因分析】液化土中孔隙水压力的消散往往需要较长的时间。地震时土中孔压不会排泄消散，液化土的喷水冒砂常常发生在震后几小时甚至 1~2d，其间常有沿桩与基础四周排水现象，这说明此时桩身摩阻力已大减，从而出现竖向承载力不足和缓慢的沉降，所以要考虑震陷对非地震工况的影响。

【处理措施】 存在液化土层的低承台桩基抗震验算，应符合《抗标》第 4.4.2 条、4.4.3 条规定。且应按静力荷载组合校核桩身的强度与承载力。液化土和震陷软土中桩的配筋范围，应取桩顶至液化土层或震陷软土层底面埋深以下不小于 1.0m 的范围，且其纵向钢筋应与桩顶截面相同，箍筋应进行加强。

5. 复合地基的抗震承载力验算时，其地基承载力抗震调整系数参照天然地基取值不合适

【原因分析】《抗标》第 4.2.2 条条文说明，在天然地基抗震验算中，对地基土承载力特征值调整系数的规定，主要参考国内外资料和相关规范的规定，考虑了地基土在有限次循环动力作用下强度一般较静强度提高和在地震作用下结构可靠度容许有一定程度降低这两个因素。天然地基抗震承载力提高有两个原因：一是动荷载下地基承载力比静荷载下高；二是地震属于小概率事件，地基的抗震验算安全度可适当减低。而规范对复合地基抗震承载力调整系数未做出规定，因此，对复合地基调整抗震承载力没有依据。

【处理措施】 因为规范没有明确规定，而且对复合地基的破坏机理研究也不充分，所以具体工程中是否考虑调整系数以及调整系数如何取值，需根据当地的具体情况区别对待。另外如果复合地基工程符合《抗标》第 4.2.1 条相关规定，是否进行地震作用下的承载力验算，也需要设计人员根据实际情况具体把握。

6. 深层搅拌桩复合地基在基础和复合地基间设置的砂石垫层要求压实系数不小于 0.94

【原因分析】 压实系数为填土的实际干密度与最大干密度之比，而夯填度为夯实后的厚度与虚铺厚度的比值。两者概念不同，说明时不能混淆。

【处理措施】 为了更好地实现增强体与土的共同作用，通常在复合地基与基础之间设置褥垫层。褥垫层作用：

1）保证桩、土共同承担荷载。

2）调节褥垫层厚度，可以调节桩、土竖向荷载的分担比例。通常，褥垫层越厚，桩分担的荷载百分比越小，土分担的荷载百分比越多。

3）减少基础底面的应力集中。

4）桩间土发挥的同时，会增大桩的侧阻，一定程度提高桩的承载力。不同的复合地基类型对应的褥垫层要求略有差别。《地处规》第 7.3.1 条规定，水泥土搅拌复合地基宜在基础和桩之间设置褥垫层，厚度可取 200～300mm。褥垫层材料可选用中砂、粗砂、级配砂石等，最大粒径不宜大于 20mm。褥垫层的夯填度不应大于 0.9。

7.3　地基基础设计问题

1. 有高差的场地，建筑物基础埋置深度不满足要求

【工程实例】某商业综合体，主楼建筑高度 66.2m，商业街区高度 24.2m，综合楼与商业街区之间设置伸缩缝，综合楼采用桩基，商业街区采用桩基和独立基础，该地块东高西低，高差 6.65m。为了减少大量的开挖与土方的回填，减少建筑地下室层数，建筑采用顺着坡地台阶式进行布局，商业街区基础底标高为 -1.90m，主楼桩基承台底标高为 -3.10m，如图 7-1 所示。

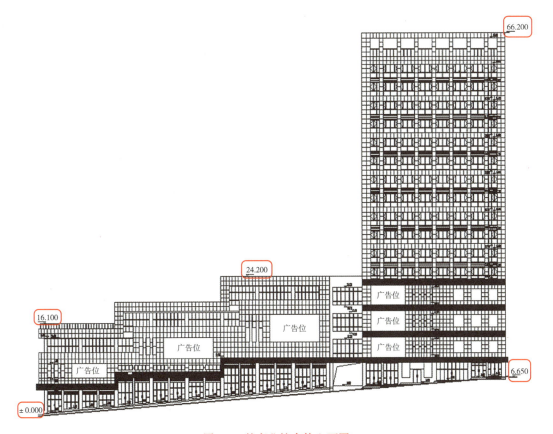

图 7-1　某商业综合体立面图

【原因分析】地基基础设计中的埋深有两种：第一种是进行地基承载力修正用的计算埋深；第二种是为确保建筑物稳定（抗滑移和抗倾覆）用的基础埋深。地震作用下结构的动力响

应与基础埋深关系比较大，特别是软土地基，所以基础应有一定的埋深。确定基础埋深时，应综合考虑场地高差、建筑物高度、体型、高宽比、地基土质、地基基础形式、抗震设防烈度等因素，基础埋深可以从室外地坪算至基础底面。对结构设计来说，高层建筑四周地面高度不平整，有一定高差，对建筑抗扭是不利的，对确定基础埋深增加了一定难度。如果基础埋置太深，会造成土方的大量开挖，因而地下室混凝土和钢筋的用量增加，不利于整个建筑的造价控制，如果基础埋置太浅，往往满足不了上部结构的抗倾覆稳定性和变形要求。如何减少结构的抗扭，合理确定基础的埋置深度，前期结构与建筑专业密切配合至关重要。

【处理措施】考虑高层建筑地震作用下结构的动力效应与基础埋置深度关系较大，软弱土层时更为明显，因此高层建筑基础应有一定的有效埋置深度，天然地基或复合地基可取房屋高度的1/15，桩基础可取房屋高度的1/18。本实例商业街区部分基础埋深满足要求，高层综合楼部分基础埋深应从室外+0.000标高处起算宜不小于3.7m。主楼部分基础埋深不满足要求，应进行调整。基础埋深的起算面不仅应选取嵌固面的最低标高处，同时还应计算高侧的土压力作用对地基整体稳定性的影响。因为高层建筑的受力状态相当于一根嵌固在地面的巨型混凝土或钢柱，假设巨型柱脚基坑某一方向有缺口，当荷载超过允许值时，巨型柱首先就会向该方向倾倒，高层建筑也是如此。

2. 场区地表水对混凝土结构具弱腐蚀性，在干湿交替的情况下具强腐蚀性，垫层采用150mm厚C20混凝土

【工程实例】某办公楼，基础采用预应力混凝土管桩，依据勘察报告提供的地下水情况，场区地表水对混凝土结构具弱腐蚀性，对钢筋混凝土结构中的钢筋在长期浸水的情况下具弱腐蚀性，在干湿交替的情况下具强腐蚀性；场地土对混凝土结构具微腐蚀性，对钢筋混凝土结构中的钢筋具中等腐蚀性，如图7-2所示。

【原因分析】因地表水与地下水存在渗透补给关系，故对建筑材料的腐蚀防护应按地表水的腐蚀性等级进行设计，即：对混凝土结构具弱腐蚀性，对钢筋混凝土结构中的钢筋在长期浸水的情况下具弱腐蚀性，在干湿交替的情况下具强腐蚀性。地下水、地表水、场地土对建筑材料腐蚀的防护，应符合《防腐蚀标》第4.8.5条的规定。

【处理措施】当污染土、地下水和生产过程中泄漏的介质共同作用时，应按腐蚀性等级高的确定。垫层材料应采用具有相应防腐蚀性能的100mm厚聚合物水泥混凝土。

【条文延伸】《防腐蚀标》第4.8.5条，基础应设垫层。基础与垫层的防护要求应符合表7-3的规定。

5.2 基础形式：

采用预应力高强混凝土管桩，主楼采用承台基础，消防水池采用筏板基础。

5.3 地下水情况：

抗浮水位：场区地下水类型主要第四系孔隙水及基岩裂隙水。抗浮设计水位绝对标高为4.5m，水头高度浮托力取10kPa。

腐蚀性：因地表水与地下水存在渗透补给关系，故对建筑材料的腐蚀防护应按地表水的腐蚀性等级进 行设计，即：对混凝土结构具弱腐蚀性，对钢筋混凝土结构中的钢筋在长期浸水的情况下具弱腐 蚀性，在干湿交替的情况下具强腐蚀性。

场地土对混凝土结构具中等腐蚀性，对钢筋混凝土结构中的钢筋具中等腐蚀性。

6. 材料选用及要求：

6.1 所用材料中水泥、粗细骨料、钢筋及钢材均应有试验报告并应符合有关质量验收标准方可使用。水泥宜采用普通硅酸盐水泥，同一构件不得采用两种不同成分的水泥。在混凝土浇灌时，应保证其浇捣质量，不允许有孔洞、蜂窝、麻面、夹渣、疏松及漏筋等现象。

6.2 本工程混凝土应采用预拌混凝土，钢筋混凝土结构所选用的材料及施工程序均须考虑强度和耐久性两个方面的需求。本工程砌筑砂浆和抹灰砂浆采用预拌砂浆，预拌砂浆的生产和施工应符合《预拌砂浆应用技术规程》JGJ/T223及国家其他现行有关强制性标准和规范的规定。

6.3 混凝土强度等级：

6.3.1 基础及挡土墙部分：基础垫层为150mm厚C20素混凝土；基础、筏板及挡墙为C40。

6.3.2 框架柱部分：地下为C40，地上为C30。

图 7-2　某办公楼结构地下水情况说明

表 7-3　基础与垫层的防护要求

腐蚀性等级	垫层材料	基础的表面防护	说明
强	耐腐蚀材料	1. 环氧沥青或聚氨酯沥青涂层，厚度≥500μm 2. 聚合物水泥砂浆，厚度≥10mm 3. 树脂玻璃鳞片涂层，厚度≥300μm 4. 环氧沥青或聚氨酯沥青贴玻璃布，厚度≥1mm	1. 表中有多种防护措施时，可根据腐蚀性介质的性质和作用程度、基础的重要性等因素选用其中一种 　2. 埋入土中的混凝土结构或砌体结构，其表面应按本表进行防护。砌体结构表面应先用1：2水泥砂浆抹面找平 　3. 垫层材料可采用具有相应防腐蚀性能且强度等级≥C20 的混凝土（厚 150mm）、聚合物水泥混凝土（厚 100mm）等
中	耐腐蚀材料	1. 沥青冷底子油两遍，沥青胶泥涂层，厚度≥500μm 2. 聚合物水泥砂浆，厚度≥5mm 3. 环氧沥青或聚氨酯沥青涂层，厚度≥300μm	
弱	C20 混凝土	1. 沥青冷底子油两遍，沥青胶泥涂层，厚度≥300um 2. 聚合物水泥浆两遍	

3. 桩上承台采用 C30 混凝土，柱采用 C40 混凝土，桩上承台的局部受压承载力不满足要求

【原因分析】局部受压在工程中比较常见。当基础混凝土的强度等级低于柱的强度等级时，必须进行基础局压计算，柱与基础的接触面是基础顶面中间的一部分。由于"套箍"的作用，该部分混凝土强度得到提高，计算局部受压时，混凝土强度提高系数就体现了这一概念。考虑到基础部分混凝土体积大，用量多，允许采用较低强度等级的混凝土，以减少水泥用量，节省投资。但是基础混凝土强度等级可以比上部结构降低多少，最终要通过基础

顶面局压计算来确定。随着高强混凝土在工程中的广泛应用，基础局压计算已愈来愈引起设计人员的重视。

【处理措施】为了避免承台发生局部受压破坏，当承台混凝土强度等级低于柱或桩的混凝土强度等级时，应按现行《混标》第6.6.1条的规定验算柱下或桩顶承台的局部受压承载力。当局压承载力不满足强度要求时，一种方法是适当提高基础混凝土的强度等级，另一种方法是调整混凝土局部受压时的强度提高系数。究竟选择哪种处理措施，则需设计人员经过比较后确定。

4. 预应力高强混凝土管桩选用时未考虑液化土层及场地腐蚀性

【原因分析】近年来，预应力高强混凝土管桩（简称PHC管桩）在高层建筑及软土地基中得到了较广泛的应用，特别是在沿海地区的住宅小区开发中，凡采用桩基础的，绝大多数都选用这种桩型。但由于预应力管桩为钢筋混凝土空心成品管桩，其延性、抵抗水平及弯曲荷载的能力较差，地震发生时在砂土液化地方PHC管桩出现了一定程度的破坏。PHC管桩的震害实例揭示，液化层界面是出现桩身大弯矩与剪力的最危险部位，软土与液化土因震动引起的承载力与侧摩阻力下降可导致桩的过度下沉。另一方面，由于预应力管桩施工过程中一般采用钢端板焊接接桩，在干湿交替条件或长期浸水腐蚀环境下，预应力管桩必须有可靠的措施解决桩身顶部一定范围和钢端板焊接接头的防腐蚀问题，以保证管桩的耐久性和使用安全。

【处理措施】采用预应力高强混凝土管桩基础时，应重点从PHC管桩防腐蚀和抗震承载力两个方面入手。

1）防腐蚀措施有以下几点：①预应力高强混凝土管桩应采用AB级及以上型号且最小壁厚应≥95mm。②直径为300mm的管桩仅适用于弱腐蚀场地环境，对于中等及强腐蚀场地，应选用AB型或B型、C型管桩，并应根据不同的腐蚀性等级采用相应的防腐措施。③PHC管桩混凝土最低强度等级C80，抗渗等级≥P12，钢筋最小保护层厚度35mm。④管桩桩身混凝土材料可根据防腐蚀要求，采用抗硫酸盐硅酸盐水泥，也可在普通水泥中掺入抗硫酸盐的外加剂、掺入矿物掺合料、钢筋阻锈剂。桩身涂刷防腐蚀涂层的长度，应大于污染土层的厚度。⑤管桩基础应减少接桩数量，接头宜位于非污染土层中，可采用焊接或机械接桩。位于污染土层中的桩接头，接桩钢零件应涂刷防腐蚀耐磨涂层或增加钢零件厚度，其腐蚀裕量不小于2mm，也可采用热收缩聚乙烯套膜保护。⑥腐蚀环境下的管桩或当桩端位于遇水易软化的风化岩层时，可根据穿过的土层性质、打（压）桩力的大小以及挤土程度选择平底形、平底十字形或锥形闭口型桩尖。桩尖宜采用钢板制作，钢板厚度不宜小于 16mm，且应满足沉桩过程对桩尖的刚度和强度要求。

　　2）抗震措施有以下几点：①用于抗震设防烈度 8 度及以上地区时，与承台连接的首节管桩不应选用 A 型桩，宜选用混合配筋管桩或 AB 型、B 型、C 型的预应力高强混凝土管桩。②对液化土中的桩基抗震设计，应对液化土的桩周摩阻力及桩水平抗力进行折减，并采取构造措施降低液化土中桩身破坏的危险。③通过增加螺旋箍筋、填实空芯、加强桩头与承台的连接等是目前较有效的抗震设防措施。

　　5. 地下车库采用平板式筏基，筏板厚度 400mm，柱下冲切验算不满足要求

【原因分析】车库顶板上通常有较厚的覆土，并设有消防车道和救援场地，柱荷载较大，等厚度筏板的受冲切承载力往往不能满足要求。

【处理措施】《基础规》第 8.4.7 条，平板式筏基柱下冲切验算时，板的最小厚度不应小于 500mm。当受冲切承载力不能满足要求时，可在筏板上面增设柱墩或在筏板下局部增加板厚并增设抗冲切钢筋等措施满足受冲切承载能力的要求，如图 7-3 所示。

7.4　地下结构设计问题

　　1. 地下室抗浮防水底板厚 350mm，最小配筋率按 0.15% 控制

【工程实例】某地下车库，采用上柱墩+防水底板，基础范围设置 350mm 厚防水底板，采用 C30 混凝土，板内配置 Φ12@200 双层双向钢筋网，配筋率 0.16%。

【原因分析】地下车库设置防水底板分为两种情况：一是底板总重量小于地下浮力，则底板承受向上的水浮力。抗浮板承担水浮力，其受力模式不同于卧置于地基上的板。且配筋不像厚筏板那样大多由最小配筋率控制配筋，而是由内力控制。二是底板总重量大于地下水浮力，相当于卧置于地基上的钢筋混凝土厚板，其配筋量多由最小配筋率控制。根据实际受力情况，最小配筋率可适当降低，《混通规》第 4.4.6 条规定了最小配筋率不应小于 0.15%。

【处理措施】受到水浮力的混凝土防水底板，计算为构造钢筋时，最小配筋率应满足《混通规》第 4.4.6 条规定的受弯构件最小配筋率的要求，取 0.2% 和 $0.45f_t/f_y$ 中的较大值。上述工程防水底板配筋调整为 Φ14@200 双层双向钢筋网后，实配钢筋配筋率 $\rho = 0.22\% >$ max $\left(0.2\%,\ 0.45f_t/f_y = \dfrac{0.45 \times 1.57}{360} \times 100\% = 0.196\%\right)$，满足规范要求。

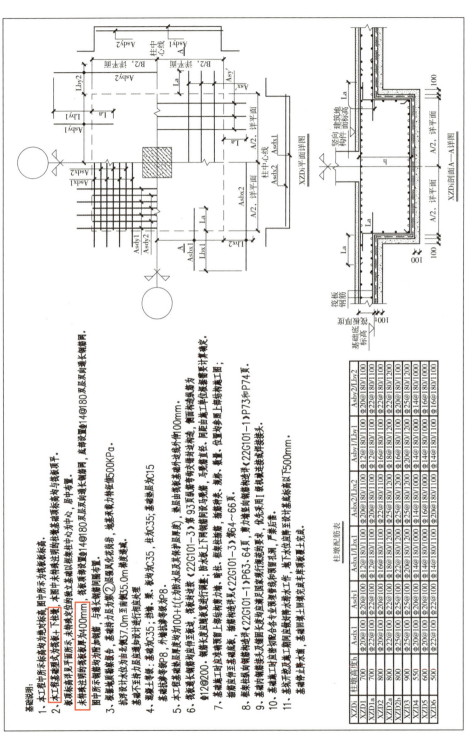

图17-3 某工程基础采用筏板加下柱墩形式

2. 地下室外墙嵌固端的基础底板未按外墙底部弯矩核算承载力

【工程实例】某住宅地下车库挡土墙厚 300mm，地下室基础防水板厚 350mm。经计算，墙底外侧最大弯矩 165.5kN·m，配Φ14@200 通长钢筋和Φ20@200 附加钢筋，计算配筋面积 2160.5mm²，实际配筋面积 2340.5mm²。基础防水板配置Φ14@150 双层双向钢筋，板底配筋面积 1024mm²，如图 7-4 所示。

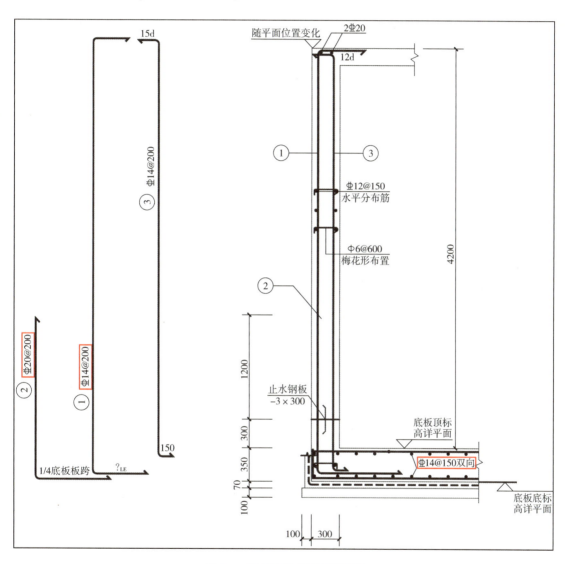

图 7-4 某车库挡土墙配筋详图

【原因分析】墙与基础连接处底板按照构造配筋，未考虑起嵌固作用的底板受弯承载力应与外墙平衡。当基础底板不满足对外墙底部固定的要求时，应根据外墙与底板的相对刚度的实际情况进行处理（如按照铰接补充验算等）。

【**处理措施**】 调整基础底板配筋，增设附加钢筋Φ16@150，修改后的某基础底板配筋为Φ14@150+Φ16@150，配筋面积2366mm²，满足受弯承载力和裂缝控制要求，如图7-5所示。另外，设计人员需注意挡土墙底部与基础底板相交处的构造做法问题。一般情况下，挡土墙外侧竖向受力钢筋与基础底板受力钢筋应满足弯矩平衡的要求，且应满足搭接长度的要求；内侧竖向钢筋在基础底板中应满足锚固要求。当基础底板抗弯刚度不小于挡土墙抗弯刚度的3倍且抗弯承载力不小于挡土墙时，挡土墙竖向受力钢筋可直接锚入基础底板内。但当挡土墙与基础底板边部平齐或基础外伸长度较小时，挡土墙外侧竖向受力钢筋与基础底板受力钢筋仍应满足搭接长度的要求。

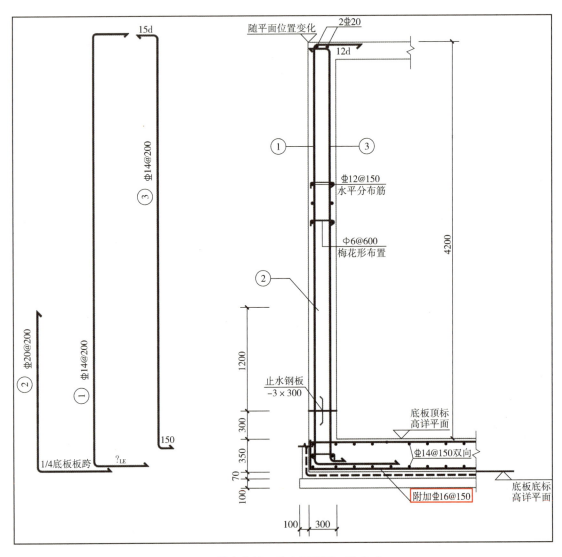

图 7-5 某车库挡土墙配筋详图（修改后）

3. 抗浮锚杆未进行群锚效应稳定性验算，选用的锚杆极限抗拔承载力偏大，地下室抗浮不安全

【工程实例】某建筑内设有地下消防水泵房和消防水池，由于地下水位常年埋深较浅，需要增设抗浮措施。经分析比较，采用全长粘结型非预应力锚杆作为永久性抗浮措施。地下结构底板厚500mm，锚杆布置间距2.5m×2.5m，锚固体直径为 $D=180$mm，锚杆进入强风化花岗闪长岩深度5.0m，施工锚杆锚筋 3 $\underline{\Phi}$ 25+1 $\underline{\Phi}$ 25，结构底板以下浆体与岩层间极限粘结强度标准值为 250kPa。锚杆抗拔承载力特征值取 282kN 进行抗浮计算，如图 7-6 所示。

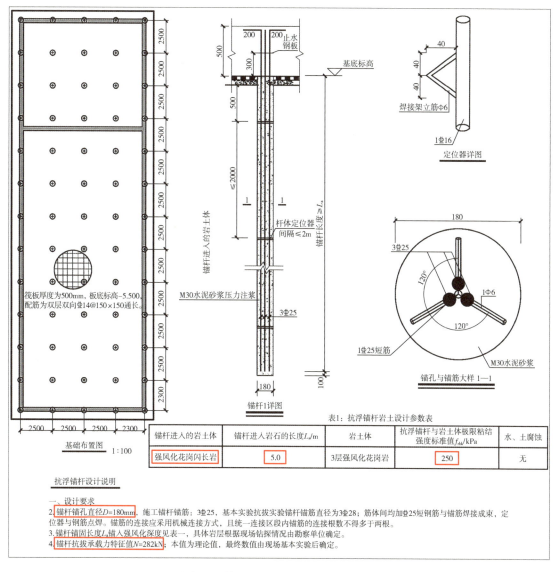

表1：抗浮锚杆岩土设计参数表

锚杆进入的岩土体	锚杆进入岩石的长度L_a/m	岩土体	抗浮锚杆与岩土体极限粘结强度标准值f_{rbk}/kPa	水、土腐蚀
强风化花岗闪长岩	5.0	3层强风化花岗岩	250	无

抗浮锚杆设计说明

一、设计要求

2. 锚杆锚孔直径D=180mm，施工锚杆锚筋：3$\underline{\Phi}$25，基本实验抗拔实验锚杆锚筋直径为3$\underline{\Phi}$28；筋体间均加$\underline{\Phi}$25短钢筋与锚筋焊接成束，定位器与钢筋点焊。锚筋的连接应采用机械连接方式，且统一连接区段内锚筋的连接根数不得多于两根。

3. 锚杆锚固长度L_a锚入强风化深度见表一，具体岩层根据现场钻探情况由勘察单位确定。

4. 锚杆抗拔承载力特征值N=282kN；本值为理论值，最终数值由现场基本实验后确定。

图 7-6　某工程消防水池抗浮锚杆设计

【原因分析】设计人员认为抗浮锚杆布置间距大于1.5m，只考虑群锚呈非整体破坏时岩石锚杆极限抗拔承载力计算即可，无须进行群锚效应验算。依据《抗浮标》第7.5.3条2规定，锚杆间距不应小于锚固体直径的8倍且不小于1.5m，其条文说明解释为："本条文中采用1.5m作为可不考虑群锚效应的限值，当抗浮锚杆布置间距小于1.50m或8D$^{\ominus}$时，由于群锚效应作用单根锚杆承载力相应有所折减，折减程度应根据群锚效应经试验确定。当采用特殊类型锚杆时，其锚杆合理布置间距也应由专门研究或经试验确定"。该规定是指抗浮锚杆布置间距不小于1.5m和8D时，群锚效应引起的单根锚杆承载力可不折减，而不是指可不进行群锚整体破坏验算。

【处理措施】按照《抗浮标》第7.5.5条第3款式（7.5.5-3）、式（7.5.5-4）和式（7.5.5-5）计算群锚呈整体破坏时锚杆极限抗拔承载力标准值。根据工程条件，破坏体内岩土体平均浮重度标准值取11kN/m³，对强风化花岗岩，锚杆端部岩石层的内摩擦角按55°考虑，锥体破裂面岩石体平均极限抗拉强度标准值$f_{tk}=0$，$R_{nd}=W_w+R_{mc}=285+0=285$（kN）。抗浮锚杆抗拔承载力特征值$N_{ka}=143$kN。其值远小于非整体破坏下的抗拔承载力，依据《抗浮标》要求，锚杆承载力应取两者中的较小值，按照$N_{ka}=143$kN进行计算。该工程按照282kN进行抗浮锚杆计算，偏于不安全。

4. 地下室外墙水平向按构造配筋，转角无柱处未采取加强措施，造成墙角出现裂缝

【原因分析】地下室外墙厚度一般最小取250mm（防水要求），层高考虑通风管道、消防喷淋系统等设备安装空间，一般控制在3.6~4.2m之间，柱距为7.8~8.1m。通常一个计算单元外墙长度与墙高度之比约为2，接近双向板。实际工程中，地下室侧壁建模计算时，通常顶部为铰接，底部为刚接，按竖向单向板计算。未考虑外墙沿水平方向在转角处存在面外支撑，相当于转角处在水平向提供了一个面外支座，容易在此产生裂缝。

【处理措施】建议外墙转角处增设水平受力筋，必要时对此处进行补充计算并采取补强措施。一般情况下，框架在地下室与外墙重合的柱不作为外墙的有效侧向支撑，但应注意该框架柱对外墙外侧水平钢筋的支座作用，必要时也应设置外侧附加水平筋，防止地下室外墙在柱边位置开裂，如图7-7所示。

$\ominus$　D为锚杆锚孔直径。

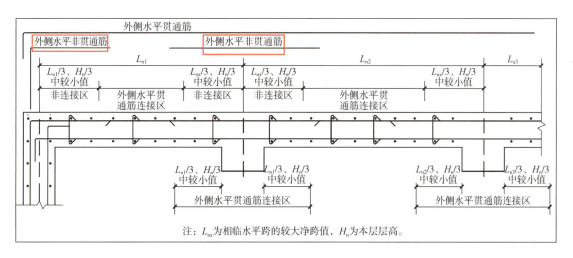

注：L_{nx}为相临水平跨的较大净跨值，H_n为本层层高。

图 7-7　地下室外墙水平钢筋构造

第8章

混凝土结构设计常见问题

8.1 框架结构设计问题

1. 框架梁悬挑端纵向受拉钢筋配筋率大于 2% 时，箍筋加密区最小直径未提高一个等级

【工程实例】某面粉车间，采用框架-剪力墙结构，地上 7 层，结构高度 40.70m。抗震设防烈度 8 度，设计基本地震加速度值 0.20g，设计地震分组第二组，建筑场地类别Ⅱ类。框架抗震等级二级，剪力墙抗震等级一级。Ⓐ-Ⓑ轴线悬挑梁跨度 2.35m，⑫和⑭轴线处悬挑梁截面为 300×600，悬挑端纵向受拉钢筋为 8⏀25，箍筋⏀8@100（2），配筋率 2.3%，如图 8-1 所示。

【原因分析】悬挑梁配筋时，有些设计人员认为悬挑梁是非抗震构件，不参与抗震。因此，悬挑梁箍筋无须加大，但考虑到悬挑梁的安全可靠性，常常将箍筋全长加密。悬挑梁是否作为抗震构件考虑，规范虽未明确具体要求，但《抗震通规》第 4.1.2 条 3 规定：抗震设防烈度不低于 8 度的大跨度、长悬臂结构和抗震设防烈度 9 度的高层建筑物应计算竖向地震作用。其中抗震设防烈度 8 度的大跨度指不小于 24m、长悬臂指不小于 2m。该工程抗震设防烈度 8 度，悬挑梁长大于 2m。因此，应考虑竖向地震作用，按照抗震等级二级要求配置纵向钢筋和箍筋。

【处理措施】对上述框架悬挑梁，配筋时一定要重新复核其纵向受拉钢筋配筋率，如果梁端实际纵向受拉钢筋配筋率大于 2%，应按《高规》第 6.3.2 条 4 规定，箍筋在原最小直径基础上增大 2mm。原箍筋⏀8@100（2）调整为⏀10@100（2）。另外建议复核梁纵向受拉钢筋配筋率时，仅考虑有效截面面积，根据 $\rho = A_s / b h_0$ 复核其最大配筋率。

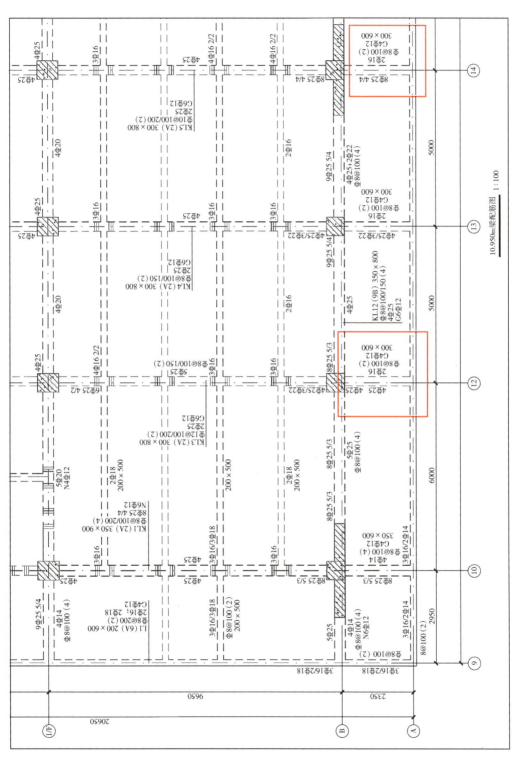

图8-1 某面粉车间10.95m标高梁局部配筋图

2. 梁柱中心线之间的偏心距大于 1/4，计算考虑了梁柱偏心的不利影响。但未采取任何构造措施

【原因分析】框架梁柱中心线不重合，地震下可能导致核心区受剪面积不足，对柱子产生不利的扭转效应，同时会引起梁柱节点有效宽度减小，承载力下降，导致框架梁柱节点受力恶化，严重时会造成框架破坏。因此，《高规》第 6.1.7 条和《抗标》第 6.1.5 条都要求框架梁、柱中心线宜重合或偏心矩不大于柱截面在该方向宽度的 1/4。上述情况在设计中经常见到，特别是框架结构的周边框架。结构设计中要尽量减少梁柱节点偏心距大于 1/4 的情况。但这个规定设计中经常被忽视或做得不到位。

【处理措施】当梁、柱中心线不能重合时，在计算中应考虑偏心对梁柱节点核心区受力和构造的不利影响，以及梁荷载对柱子的影响。规范的这个规定有三方面含义：一是结构建模计算时，就要输入偏心距，出现核心区受剪承载力超限的情况，可以加大梁、柱断面尺寸。避免对内力和位移的计算结果产生影响。二是并非偏心距小于 1/4 时就可忽略不计，这时仍需要在模型中正确反映并计入其影响。三是不论计算结果是否出现核心区受剪承载力等超限情况，都应采取构造措施。常规是采取水平加腋梁的抗震加强措施。如果超限不多，可以提高框架节点核心区配箍率，柱顶梁高范围内柱箍筋加密到 50mm。计算和加强措施缺一不可，互相不可替代。实际工程中可根据具体情况选择以下一种处理方法：①采取楼板外伸、框架梁移到柱中的办法；②采用加梁宽的方法，使梁、柱中心线之间的偏心矩不大于柱截面在该方向宽度的 1/4；③如梁柱偏心距大于 1/4 柱宽时，宜采用《高规》第 6.1.7 条推荐的采用梁水平加腋的办法。

【问题延伸】对于抗震区的框架结构，梁柱节点核心区抗剪超限是计算时经常遇到的问题。通常的做法是，为了满足核心区抗剪要求，采取加大梁柱截面或提高混凝土强度等级等措施。这种方法虽然能解决柱节点核心区的抗剪超限，但付出的代价是降低了建筑的使用效果，同时增加了结构材料的用量。梁柱节点核心区抗剪超限判定及调整方法方面对于 PKPM 软件和 YJK 软件略有差异。PKPM 按照《混标》第 11.6.3 条进行框架梁柱节点核心区受剪承载力验算，PKPM 对约束影响系数取值判断时根据各侧梁宽和柱宽的关系分别决定正交梁对节点的约束影响系数，当截面不满足抗剪要求时，给出超限信息（柱下面标出红色 JDY 代表节点域减压比超限），如图 8-2 所示。此时应加大截面或提高混凝土强度等级。本案例通过提高柱的混凝土强度等级，由原先的 C30 调整为 C35，梁柱节点核心区抗剪承载力满足要求，计算结果如图 8-3 所示。

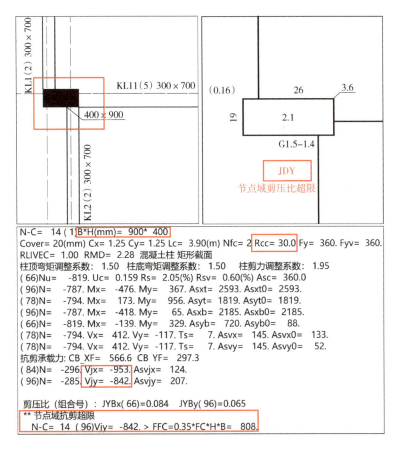

图 8-2 PKPM 计算梁柱节点核心区抗剪承载力

```
-----------------------------------------------------------
N-C=  14 ( 1) B*H(mm)= 900* 400
Cover= 20(mm) Cx= 1.25 Cy= 1.25 Lc=  3.90(m) Nfc= 2 Rcc= 35.0 Fy= 360. Fyv= 360.
RLIVEC= 1.00 RMD= 2.28 混凝土柱 矩形截面
柱顶弯矩调整系数: 1.00  柱底弯矩调整系数: 1.00   柱剪力调整系数: 1.30
( 66)Nu=  -821. Uc= 0.137 Rs= 1.04(%) Rsv= 0.60(%) Asc= 360.0
(129)N=  -447. Mx=  318. My=  270. Asxt= 1699. Asxt0= 1699.
( 78)N=  -797. Mx=  120. My=  651. Asyt=  899. Asyt0=  899.
(129)N=  -447. Mx=  298. My=  118. Asxb= 1561. Asxb0= 1561.
(  1)N=  -936. Mx=    7. My=  139. Asyb=  720. Asyb0=    0.
( 78)N=  -797. Vx=  279. Vy=  -81. Ts=   7. Asvx= 145. Asvx0=   31.
( 78)N=  -797. Vx=  279. Vy=  -81. Ts=   7. Asvy= 145. Asvy0=    9.
抗剪承载力: CB_XF=  353.1 CB_YF=  217.2
( 84)N=  -297. Vjx=  -962. Asvjx= 124.
( 96)N=  -285. Vjy=  -857. Asvjy= 201.

剪压比 (组合号) : JYBx( 66)=0.049   JYBy( 96)=0.038
-----------------------------------------------------------
```

图 8-3 PKPM 计算梁柱节点核心区抗剪承载力（调整后）

　　同样案例，用 YJK 软件计算梁柱节点核心区抗剪承载力，节点核心区截面不满足抗剪要求，计算结果如图 8-4 所示。YJK 软件通过选择地震工况按全楼弹性板 6 计算可大量减少柱节点核心区抗剪超限。从《混标》第 11.6.3 条式（11.6.3）可知，当梁柱材料、截面尺寸一定时，若想使框架梁柱节点核心区抗剪满足要求，唯一的方法是减小节点核心区剪力设计值，而节点核心区剪力设计值与节点处框架梁端地震作用弯矩值成正比。所以通过降低地震作用下节点处梁端的弯矩设计值，也可以解决框架节点核心区抗剪超限问题。勾选此参数后，如图 8-5 所示，除了地震作用内力计算外，其他计算内容均按照当前设置的楼板模型计算。对地震内力计算，软件另外取用全楼所有楼板设置为弹性板 6 的模型，并考虑了弹性板与梁协调时梁向下相对偏移的影响（即参数"弹性板与梁协调时考虑梁向下相对偏移）。通过此方法调整后，计算结果满足要求，如图 8-6 所示。

```
-----------------------------------------------------------------
N-C=3  (I=2000004, J=1000004)(1) B*H(mm)=900*400
Cover= 20(mm) Cx=1.25 Cy=1.25 Lcx=3.90(m) Lcy=3.90(m) Nfc=2 Nfc_gz=2 Rcc=30.0 Fy=360 Fyv=360
砼柱 C30 矩形
livec=1.000
ηmu=1.500  ηvu=1.950  ηmd=1.500  ηvd=1.950
X: λc=2.274
Y: λc=5.455
( 28)Nu=   -840.7  Uc= 0.16  Rs= 1.97(%)  Rsv= 0.60(%)  Asc=  360
( 30)N=   -805.6 Mx=   -504.2 My=    191.0 Asxt=    2775 Asxt0=    2775
( 28)N=   -817.4 Mx=   -208.7 My=    842.0 Asyt=    1487 Asyt0=    1487
( 30)N=   -805.6 Mx=    451.9 My=   -28.9 Asxb=    2406 Asxb0=    2406
( 31)N=   -430.1 Mx=   -81.4 My=   -222.8 Asyb=    831 Asyb0=    155
( 28)N=   -817.4 Vx=   -373.7 Vy=   -131.4 Ts=   -6.0 Asvx=  143 Asvx0=   43
( 28)N=   -817.4 Vx=   -373.7 Vy=   -131.4 Ts=   -6.0 Asvy=  143 Asvy0=  132
节点核心区设计结果:
( 28) N=   -293.5  Vjx=  -1012.7  Asvjx=    126 Asvjxcal=    126
( 29) N=   -220.2  Vjy=   827.7  Asvjy=    202 Asvjycal=    202
**(组合号:29) 节点核心区截面不满足抗剪要求  Vjy=827.7>1/γre*0.30*1.00*βc*fc*bj*hj=809.3《砼规范》11.6.3
抗剪承载力: CB_XF=   493.01  CB_YF=   315.60
-----------------------------------------------------------------
```

图 8-4 YJK 计算梁柱节点核心区抗剪承载力

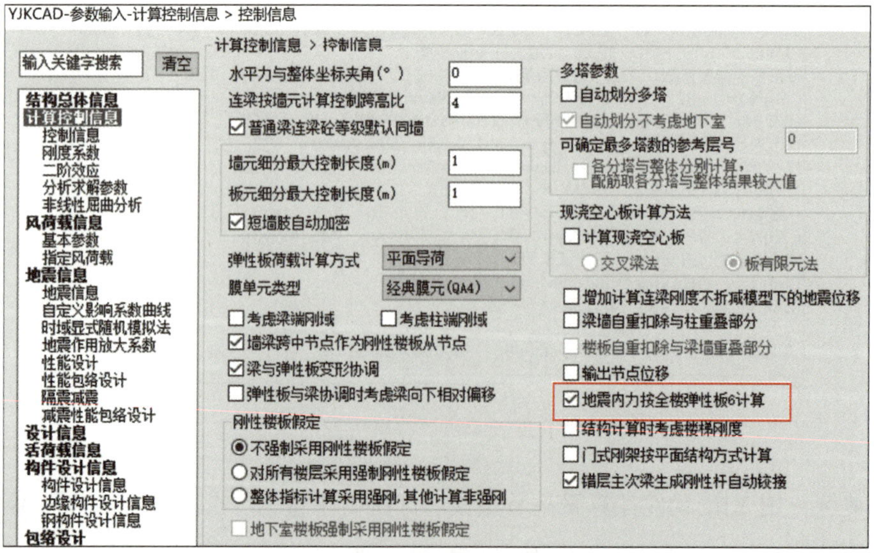

图 8-5 YJK 参数输入菜单

```
--------------------------------------------------------
N-C=3 (I=2000004, J=1000004)(1)B*H(mm)=900*400
Cover= 20(mm) Cx=1.25 Cy=1.25 Lcx=3.90(m) Lcy=3.90(m) Nfc=2 Nfc_gz=2 Rcc=30.0 Fy=360 Fyv=360
砼柱 C30 矩形
livec=1.000
ηmu=1.500  ηvu=1.950  ηmd=1.500  ηvd=1.950
X: λc=2.274
Y: λc=5.455
( 28)Nu=   -856.6  Uc= 0.17  Rs= 1.73(%)  Rsv= 0.62(%)  Asc=  360
( 29)N=   -801.3 Mx=   420.4 My=   342.1 Asxt=   2188 Asxt0=   2188
( 28)N=   -837.6 Mx=   158.0 My=   909.5 Asyt=   1654 Asyt0=   1654
( 29)N=   -801.3 Mx=  -397.0 My=  -181.7 Asxb=   2023 Asxb0=   2023
( 28)N=   -837.6 Mx=  -158.2 My=  -406.4 Asyb=    831 Asyb0=    282
( 28)N=   -837.6 Vx=  -426.9 Vy=   105.4 Ts=   -5.2 Asvx=    143 Asvx0=     55
( 28)N=   -837.6 Vx=  -426.9 Vy=   105.4 Ts=   -5.2 Asvy=    160 Asvy0=    160
节点核心区设计结果:
( 28) N=   -295.6  Vjx=   -878.6  Asvjx=   120 Asvjxcal=     74
( 29) N=   -282.4  Vjy=    635.3  Asvjy=   127 Asvjycal=    127
抗剪承载力: CB_XF=   532.21  CB_YF=   262.45
--------------------------------------------------------
```

图 8-6　YJK 计算梁柱节点核心区抗剪承载力（调整后）

由此可见，当存在柱节点核心区抗剪超限时，"地震内力按全楼弹性板 6 计算"是解决高烈度区框架结构节点核心区抗剪超限问题的一个有效方法。

3. 框架柱短边和异形柱肢端一侧纵向钢筋配筋率小于 0.2%

【工程实例一】某高层住宅楼，地上 7 层，地下 2 层，结构高度 29.00m，框架-剪力墙结构，框架抗震等级三级，剪力墙四级，柱混凝土强度等级为 C30，采用 400MPa 级纵向受力钢筋。KZ5 截面为 300×600，配置 10 ⊕ 12 钢筋，柱短向一侧配筋率 0.19%，总配筋率为 0.63%。KZ6 截面为 350×700，配置 12 ⊕ 14 钢筋，柱短向一侧配筋率 0.19%，总配筋率为 0.75%。墙柱局部平面布置如图 8-7 所示。

【原因分析】框架柱纵向配筋沿柱周边均匀配置，按照《混标》第 4.4.9 条的规定，三级抗震等级的中柱，柱全部纵向受力钢筋最小配筋率为 0.6%，但当柱采用 400MPa 级纵向受力钢筋时，最小配筋率应为 0.65%，另外规范对柱短向一侧的纵向钢筋配筋率也有最小要求，设计人员往往忽略了以上两点。

【处理措施】调整 KZ5 和 KZ6 纵向受力钢筋直径。KZ5 由原先的 10 ⊕ 12 调整为 10 ⊕ 14，柱短向一侧配筋率 0.26%>0.2%，总配筋率为 0.86%>0.65%；KZ6 由原先的 12 ⊕ 14 调整为 4 ⊕ 16（角筋）+8 ⊕ 14，柱短向一侧配筋率 0.23%>0.2%，总配筋率为 0.83%>0.65%，满足要求，如图 8-8 所示。

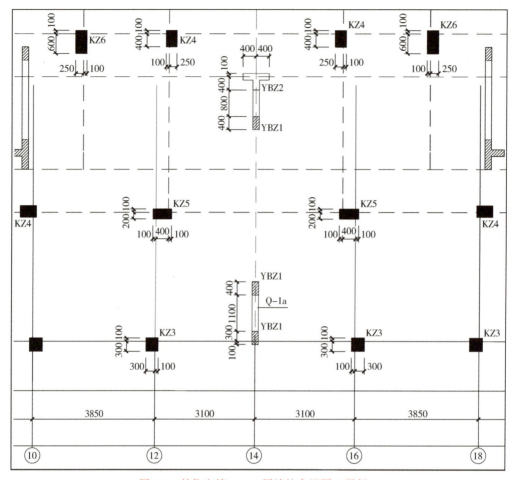

图 8-7　某住宅楼一、二层墙柱布置图（局部）

KZ5	KZ6	KZ5（修改后）	KZ6（修改后）
5.890~17.890	5.890~17.890	5.890~17.890	5.890~17.890
10Φ12	12Φ14	10Φ14	4Φ16（角筋）+8Φ14
Φ8@100/200	Φ8@100/200	Φ8@100/200	Φ8@100/200

图 8-8　KZ5、KZ6 修改前后配筋图

【工程实例二】某多层别墅，地上 4 层，地下 1 层，结构高度 12.10m，异形柱框架-剪力墙结构，框架抗震等级三级，剪力墙四级。柱混凝土强度等级为 C30，柱采用 400MPa 级纵向受力钢筋。KZ6（T 形截面）为 1000×600×200，配置 18Φ16 钢筋，T 形对称轴上凸出

的肢端配筋率为 0.34%，T 形非对称轴上的肢端配筋率 0.2%，纵向受力钢筋总配筋率为 0.72%。KZ7（T 形截面）为 1000×600×200×300，配置 20 ⏀ 18 钢筋，T 形对称轴上凸出的肢端配筋率为 0.42%，T 形非对称轴上的肢端配筋率为 0.17%，纵向受力钢筋总配筋率为 0.71%。柱局部平面布置如图 8-9 所示。

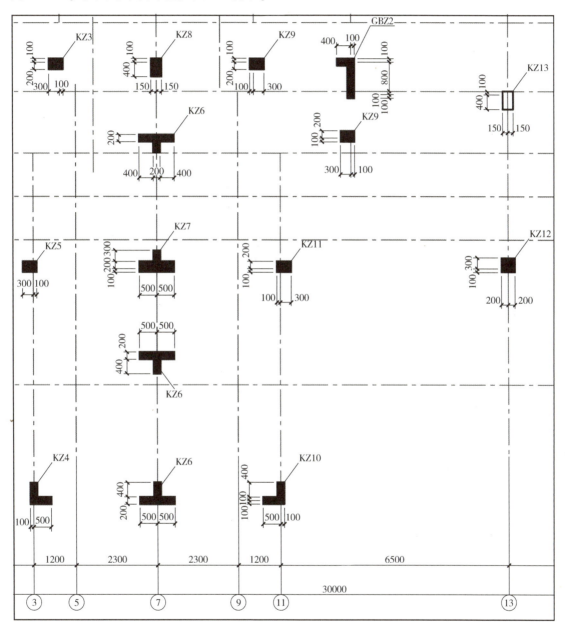

图 8-9　某别墅一、二层柱布置图（局部）

【原因分析】异形柱纵向配筋沿柱周边均匀配置，按照《异形柱规》第 6.2.5 条的规定，三级抗震等级的中柱、边柱，柱全部纵向受力钢筋最小配筋率为 0.8%，但当柱采用

400MPa 级纵向受力钢筋时，最小配筋率应为 0.85%，设计人员在计算总配筋率时，错误地把异形柱内纵向构造钢筋面积也包括在内，如本实例 KZ6 中总钢筋数为 18 Φ 16，实际纵向受力钢筋只有 10 Φ 16，KZ7 中总钢筋数为 20 Φ 18，实际纵向受力钢筋只有 10 Φ 18，导致总配筋率计算有误。另外设计人员往往忽略了规范对异形柱肢端的纵向钢筋配筋率也有最小要求这一规定。

【处理措施】调整 KZ6 和 KZ7 纵向受力钢筋直径。KZ6 由原先的 18 Φ 16 调整为 10 Φ 18（受力筋）+8 Φ 14（构造筋），T 形对称轴上凸出的肢端配筋率为 0.42%>0.4%，T 形非对称轴上的肢端配筋率为 0.25%>0.2%，总配筋率为 0.91%>0.85%；KZ7 由原先的 20 Φ 18 调整为 10 Φ 20（受力筋）+10 Φ 14（构造筋），T 形对称轴上凸出的肢端配筋率为 0.52%>0.4%，T 形非对称轴上的肢端配筋率为 0.21%>0.2%，总配筋率为 0.91%>0.85%，满足要求，如图 8-10 所示。为了避免设计和审查人员对不同抗震等级的框架柱和异形柱构造要求混淆，现归纳表 8-1 供查阅。

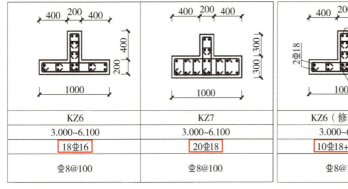
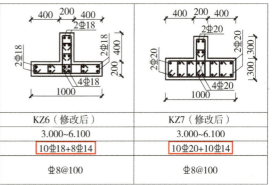

图 8-10　KZ6、KZ7 修改前后配筋图

表 8-1　不同抗震等级的框架柱和异形柱构造要求

抗震等级			一级	二级	三级	四级	备注
轴压比	框架柱		0.65 (0.60)	0.75 (0.70)	0.85 (0.80)	0.90 (0.80)	1. 混凝土≤C60 2. 括号内数值用于 λ≤2
	异形柱	L形、Z形	—	0.50 (0.55)	0.60 (0.65)	0.70 (0.75)	1. λ≤2 时，表中数值减小 0.05 2. 纵向受力钢筋采用 500MPa 级钢筋时，减小 0.05 3. 括号内数值用于肢端设暗柱的情况
		T 形	—	0.55 (0.65)	0.65 (0.70)	0.75 (0.80)	
		十字形	—	0.60 (0.70)	0.70 (0.75)	0.80 (0.85)	

（续）

抗震等级		一级	二级	三级	四级	备注
箍筋直径/mm	框架柱	10	8	8	6 （柱根 8）	
	异形柱	10	8	8	6 （柱根 8）	
加密区箍筋最大间距 /mm	框架柱	6d, 100	8d, 100	8d, 150 （柱根 100）	8d, 150 （柱根 100）	1. d 为钢筋的直径（mm） 2. 柱根指柱底部嵌固部位的加密区 3. 取表中较小值
	异形柱	5d, 100	6d, 100	7d, 120 （柱根 100）	7d, 150 （柱根 100）	
最小纵筋直径/mm	框架柱	18	14	14	14	箍筋加密区间距 100mm 时对应的最小纵筋直径
	异形柱	20	18	16	16	
最小配筋率（%）	框架柱	1.05 （1.15）	0.85 （0.95）	0.75 （0.85）	0.65 （0.75）	1. 括号内数值用于角柱 2. 当混凝土强度>C60 时，表中数值增加 0.10 3. 只适用于柱采用 400MPa 钢筋
	异形柱	1.05 （1.25）	0.95 （1.05）	0.85 （0.95）	0.85 （0.85）	
加密区箍筋肢距 /mm	框架柱	200	250	250	300	
	异形柱	200	200	200	250	
非加密区最大间距 /mm	框架柱	不应大于加密区箍筋间距的 2 倍，且一级、二级不应大于 10d，三级、四级不应大于 15d				1. d 为纵向受力钢筋直径 2. 取表中较小值
	异形柱	10d	10d	15d, 250	15d, 250	
每一侧或肢端最小配筋率（%）	框架柱	0.2				框架柱、L 形、Z 形按全截面面积计算，其他按所在肢截面面积计算
	异形柱	1. 0.2（L 形、Z 形、十字形、T 形非对称轴上） 2. 0.4（T 形对称轴凸出肢端）				
箍筋全高加密	框架柱	①短柱；②框支柱；③一二级角柱；④错层柱且抗震等级提高一级；⑤塔楼与裙房相连的外围柱在裙房屋面上、下层；⑥梯柱				剪力墙底部加强部位边框柱和带边框剪力墙上的洞口紧邻边框柱宜全高加密
	异形柱	①短柱；②角柱；③Z 形柱				

4. 框架结构楼梯间角部异形柱肢端未按要求设置暗柱

【工程实例】某多层联排住宅，地上 3 层，地下 2 层，结构高度 13.20m，异形柱框架-剪力墙结构，框架抗震等级四级，剪力墙三级，柱混凝土强度等级为 C30，采用 400MPa 级纵向受力钢筋。楼梯间四角设有异形柱 KZ4 和短肢剪力墙 YBZ1，如图 8-11 所示。KZ4 截面尺寸 500×500×200，配置 8 Φ16+4 Φ14 钢筋。

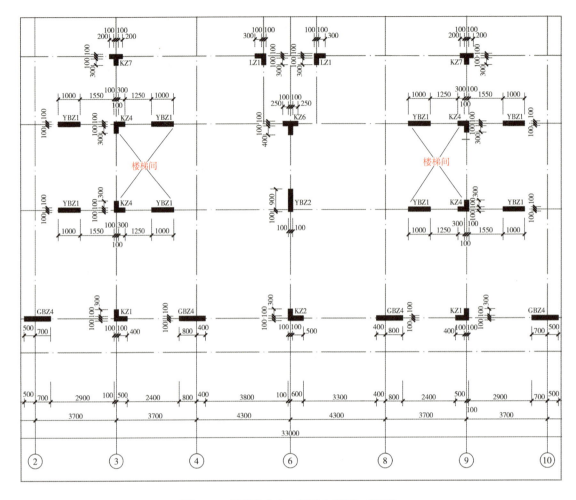

图 8-11　某联排住宅二层柱布置图（局部）

【原因分析】楼梯间抗震时受力复杂，且作为紧急情况下重要的逃生通道，结构设计时应将楼梯间按安全岛进行设计。因此，应加强关键构件的结构布置。楼梯间、电梯井宜根据建筑布置及受力的需要，合理地布置剪力墙、一般框架柱或肢端设暗柱的异形柱。

【处理措施】根据《异形柱规》第 6.2.15 条规定，地震区楼梯间，异形柱肢端（转角处）应设暗柱。肢端（转角处）设暗柱时，暗柱沿肢高方向尺寸 a 不应小于 120mm。暗柱的附加纵向钢筋直径不应小于 14mm，可取与纵向受力钢筋直径相同，暗柱的附加箍筋直径和间距同异形柱箍筋，附加箍筋宜设在异形柱两箍筋中间。修改 KZ4 配筋，在肢端设置 200×120 暗柱，在转角处设置 200×200 的暗柱，暗柱内配置 4⌀16 纵向受力钢筋，附加⌀8@95/190 箍筋，设置在常规两箍筋中间，修改前后异形柱 KZ4 配筋如图 8-12 所示。

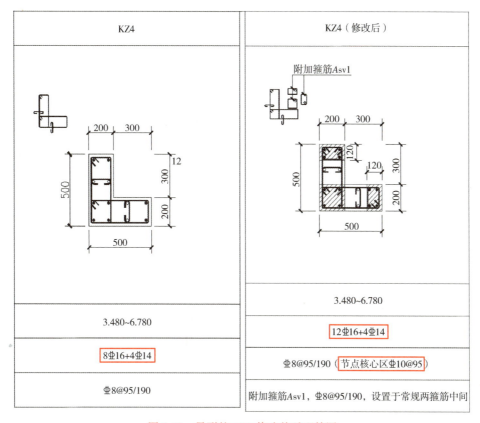

KZ4	KZ4（修改后）
	附加箍筋Asv1
3.480~6.780	3.480~6.780
	12⚎16+4⚎14
8⚎16+4⚎14	⚎8@95/190 （节点核心区⚎10@95）
⚎8@95/190	附加箍筋Asv1，⚎8@95/190，设置于常规两箍筋中间

图 8-12　异形柱 KZ4 修改前后配筋图

5. 框架结构抗震设计时，梁端受拉钢筋的配筋率大于 2.5%，受压钢筋的配筋率小于受拉钢筋的 1/2

【工程实例】某高层综合楼，底部设置转换层，框架抗震等级为三级，转换梁柱抗震等级为二级。转换梁 KZL49 截面尺寸 600×900，梁端上部配置 23 ⚎ 28 受拉钢筋，梁下部配置 11 ⚎ 25 钢筋，如图 8-13 所示。

【原因分析】框架结构受弯构件的延性随其配筋率的提高而降低，但当配置不少于受拉钢筋 50% 的受压钢筋时，其延性可以与低配筋率的构件相当。在抗震设计中，为保证梁端的延性，要求框架梁梁端的纵向受压及受拉钢筋的比例不小于 1/2。因为梁端有箍筋加密区，箍筋间距较密，对于充分发挥受压钢筋的作用，是很好的保证。该实例中，KZL49 支座上部配置 23 ⚎ 28 受拉钢筋，配筋面积为 14168mm^2，梁端受拉钢筋配筋率 2.6%>2.5%，梁下部配置 11 ⚎ 25 受压钢筋，配筋面积为 5400mm^2，少于梁端受拉钢筋面积的一半。设计人员出施工图时，往往调整了上部钢筋，而忽略了对梁下部钢筋的调整。

【处理措施】根据《高规》第 6.3.3 条规定，抗震设计时，梁端纵向受拉钢筋的配筋率不

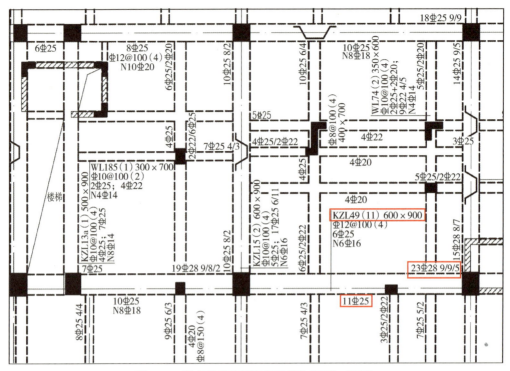

图 8-13 某高层综合楼转换层梁布置图（局部）

宜大于 2.5%，不应大于 2.75%；当梁端受拉钢筋配筋率大于 2.5% 时，受压钢筋的配筋率不应小于受拉钢筋的一半。调整梁下部钢筋数量，由原来配置 11Φ25 钢筋修改为 15Φ25，配筋面积为 7364mm²，满足规范要求。框架梁在不同抗震等级下构造要求详见表 8-2。

表 8-2 框架梁不同抗震等级构造要求

抗震等级	一级	二级	三级	四级
梁端底面和顶面钢筋面积比最小值	0.5	0.3	0.3	—
箍筋最小直径	10	8	8	6
箍筋加密区间距 100 时对应的最小纵筋直径	18	16	14	14
顶面、底面通长配筋（取大值）	2Φ14，1/4 支座	2Φ14，1/4 支座	2Φ12	2Φ12
2 肢箍可用最大梁宽	≤250	≤300	≤300	≤350

6. 框架柱箍筋采用间距 200mm 的井字箍，未考虑混凝土浇筑的工艺需求

【原因分析】在柱箍筋的设计中，不少设计人员倾向于选择井字箍。由于《抗标》第 6.3.9 条对箍筋肢距要求中有一个柱箍筋肢距不大于 200mm 的规定，不少设计人员在出施工图时，将箍筋肢距一律按均匀分布且不大于 200mm，如图 8-14 所示。但现实中这样将使浇筑混凝土非常困难。因为现浇混凝土框架柱施工时，混凝土不允许从高处直接落下，常常采用导管将混凝土直接送达柱底部，然后随混凝土的浇筑将导管逐渐上提，直至浇筑完毕。因此，在设计箍筋时，如果箍筋肢距全部不大于 200mm，将导致无法使用导管。

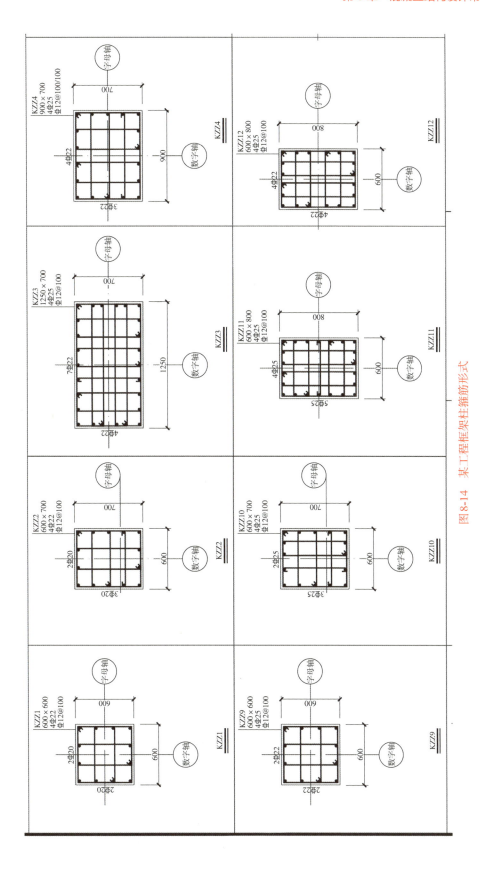

图 8-14　某工程框架柱箍筋形式

【处理措施】 按照《高规》第6.4.11条文说明，一般在柱中心位置留出不少于300mm×300mm的空间，以便于混凝土施工。对于截面很大或长矩形柱，例如1.2m×2.4m等，尚需考虑留出2个插导管的位置。同时参照《混凝土结构措施》第4.1.10条给出的箍筋做法，在选择柱子箍筋形式时，建议按照图8-15b所示的方式进行配箍，这样既便于施工，对柱纵筋的拉结，也符合规范要求。

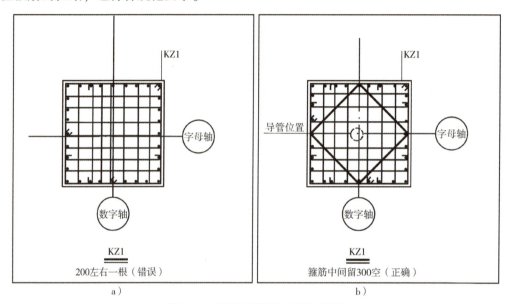

图 8-15　框架柱箍筋中心留空示意

7. 多向梁交汇于同一柱，钢筋相互重叠，导致混凝土无法浇捣密实，节点刚度和强度不足

【原因分析】 在某些特殊位置，框架结构梁柱布置无法避免多方向梁交汇于同一柱节点，例如图8-16所示，地下车库与主楼相接处，车库周边柱需要承担主楼不同方向梁和车库顶板布置的梁共同作用。还有一些不规则平面布置，也容易形成多道框架梁沿不同角度同时与框架柱相交的情况。多梁交汇容易引起施工中的一系列问题，不但造成施工难度加大，同时易导致混凝土无法达到理想的密实度，产生诸如蜂窝、孔洞等质量缺陷，对节点的整体强度造成不利影响，也使得抗震设计中"强节点弱杆件"成为一句空话。设计人员只考虑画图简单省事，对上述问题往往不重视，设计文件中未强调施工要求，也未采取任何加强措施，容易造成安全隐患。

【处理措施】 参照《佛山设计问题汇编》，宜避免超过3个方向框架梁交于一点，无法避免时应加强构造措施，确保梁柱节点强度与延性能满足抗震要求，建议具体措施如下：

1）梁中心线夹角>150°时，梁纵筋弯折贯通。

2）与柱相交梁过多时，可以通过加次梁方式，错开梁柱节点。

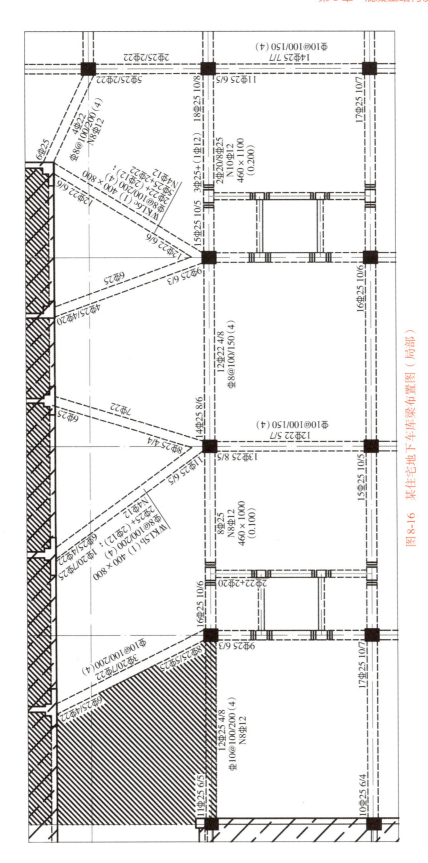

图8-16　某住宅地下车库梁布置图（局部）

3）超过 3 个方向梁与柱相交时，可在节点设置矩形柱帽。梁筋加密区长度从柱帽边起算，柱帽满足刚性节点要求，高度不小于最大梁高+100mm，双向配筋，满足柱节点核心区配箍率要求，如图 8-17 所示。也可在柱头位置设置环梁，增加梁柱节点区域，保证梁纵筋锚固长度满足规范要求。

4）需考虑保护层增大的不利影响，核算各梁配筋。

5）强化节点核心区的箍筋配置，按照《混标》第 11.6.8 条规定，针对一级、二级、三级抗震等级的框架节点核心区，其配箍特征值 λ_v 分别应不低于 0.12、0.10 和 0.08，同时，箍筋的体积配筋率也应分别达到 0.6%、0.5% 和 0.4%，以确保节点具有足够的抗剪能力和延展性。

6）在多梁交汇的节点处，通过错位布置钢筋的方法，可以有效减少钢筋间的相互干扰，并确保每根钢筋的锚固长度和传力路径均满足设计要求。在框架节点的核心区域，采用井字形或拉筋复合箍的设计，来强化节点区域的约束效应，进而提升其抗剪强度。通过这些改进措施，能够显著增强梁柱节点的整体强度、刚度以及延展性，从而提升整体结构的抗震能力，确保建筑的安全与耐久。

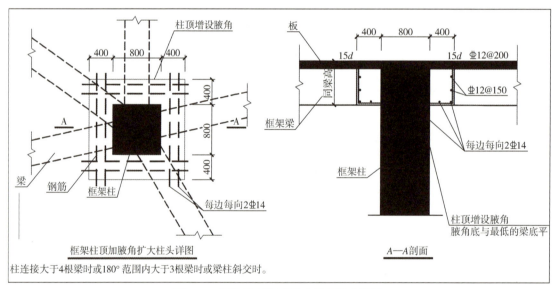

图 8-17　框架柱顶加腋扩大柱头做法详图

8.2　剪力墙结构设计问题

1. 剪力墙墙肢与其平面外方向的楼面梁刚接时，未采取加强措施

【工程实例】某高层住宅楼，地下 2 层，地上 26 层，结构高度 75.75m，采用钢筋混凝土

剪力墙结构，剪力墙抗震等级三级。其中 KL9 和 KL14 一端与柱连接，另一端与面外剪力墙刚接，-0.100 标高局部框架梁布置如图 8-18 所示。

【原因分析】 剪力墙的特点是平面内刚度及承载力大，而平面外刚度及承载力都相对很小。当剪力墙与平面外方向的梁连接时，会造成墙肢平面外弯矩，而一般情况下并不验算墙的平面外的刚度及承载力。在许多情况下，剪力墙平面外受力问题未引起结构设计人员的足够重视，没有采取相应措施。本实例中 KL9 和 KL14 直接与剪力墙面外刚接，未采取任何措施，可能导致剪力墙产生竖向裂缝。

【处理措施】

1）采取"抗"的措施。《高规》第 7.1.6 条所列措施，都是当剪力墙墙肢与其平面外方向的楼面梁连接时，增大墙肢抵抗平面外弯矩能力的措施。要根据框架梁端弯矩大小以及墙肢厚度等具体情况选用，并要进行剪力墙平面外承载力验算，措施如下：①设置沿楼面梁轴线方向与梁相连的剪力墙，且墙的厚度不宜小于梁的截面宽度。用以抵抗该墙肢平面外弯矩；②当不能设置与梁轴线方向相连的剪力墙时，宜在墙与梁相交处设置扶壁柱。设置扶壁柱时，其截面宽度不应小于梁宽，其截面高度可计入墙厚；③当不能设置扶壁柱时，应在墙与梁相交处设置暗柱，暗柱的截面高度可取墙的厚度，暗柱的截面宽度可取梁宽加 2 倍墙厚；④必要时，剪力墙内可设置型钢。

2）采取"放"的措施。除了加强剪力墙平面外的抗弯刚度和承载力以外，还可采取减小梁端弯矩的措施。例如，做成变截面梁，将梁端部截面减小，可减小端弯矩；又如楼面梁可设计为铰接或半刚接，或通过调幅减小梁端弯矩（此时应相应加大梁跨中弯矩）。通过调幅降低端部弯矩后，梁达到其设计弯矩后先开裂，墙便不会开裂，但这种方法应在梁出现裂缝不会引起其他不利影响的情况下采用。如果计算时假定大梁与墙相交的结点为铰接，则无法避免梁端裂缝。另外，是否能假定为铰接与墙梁截面相对刚度有关。

总之以上两种措施各有利弊，设计人员应根据具体工程灵活处理。此外，《高规》第 7.1.6 条 5 提出楼面梁与剪力墙连接时，梁内纵向钢筋伸入剪力墙或扶壁柱，伸入长度应符合钢筋锚固要求。钢筋锚固段的水平投影长度，非抗震设计时不宜小于 $0.4l_{ab}$，抗震设计时不宜小于 $0.4l_{abE}$。这条规定无论是梁与墙平面在那个方向连接，无论是大梁还是小梁，无论采取了那种措施，设计时都应遵守。本工程实例采用框架梁下设暗柱的方法，暗柱截面尺寸为 250mm（取剪力墙厚度）×700mm（取梁宽加 2 倍墙厚），配置 10 Φ 14 受力钢筋，配筋率 0.88%>0.65%（抗震等级三级），箍筋为 Φ 8@100，全高加密，修改后施工图符合规范要求，如图 8-19 所示。

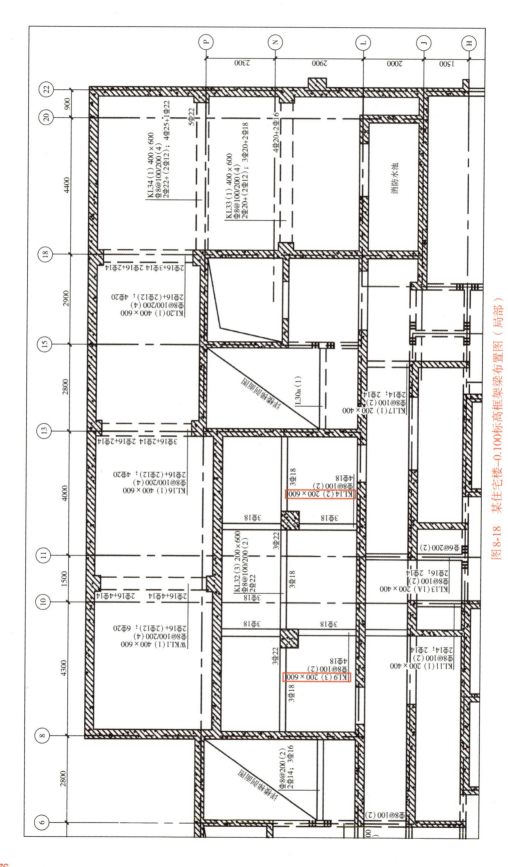

图8-18 某住宅楼−0.100标高框架梁布置图（局部）

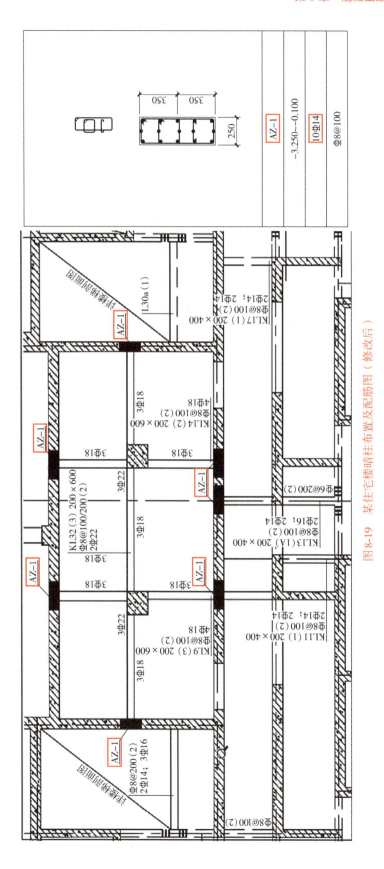

图8-19　某住宅楼暗柱布置及配筋图（修改后）

2. 剪力墙非加强区构造边缘构件全部采用"拉筋+墙体水平分布筋"代替箍筋

【原因分析】剪力墙设置边缘构件是为了加强墙体结构的整体性，边缘构件配置箍筋的目的是为了约束混凝土，提高延性。对延性要求比较高的剪力墙，在可能出现塑性铰的部位应设置约束边缘构件，其他部位可设置构造边缘构件。剪力墙构造边缘构件按构造要求设置，非底部加强部位可以采用拉筋代替箍筋，但转角处宜采用箍筋。如某高层住宅楼，设计为了给甲方节省成本，对剪力墙配筋进行了优化，部分构造边缘构件箍筋采用拉筋和剪力墙水平钢筋替代，如图 8-20 所示。

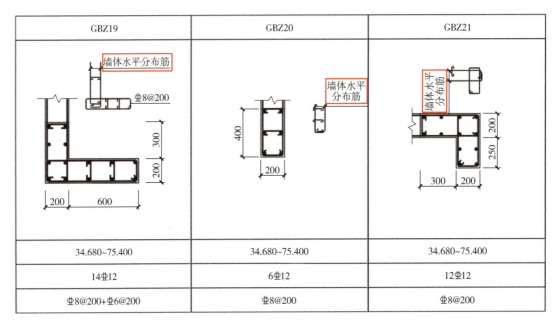

图 8-20　某高层住宅剪力墙构造边缘构件配筋图

【处理措施】设置剪力墙边缘构件是提高剪力墙延性的重要措施（特别是在高烈度区），因此不宜全部采用剪力墙水平钢筋和拉筋，参照国标图集 22G101-1 做法，用于非底部加强部位的构造边缘构件，当构造边缘构件内箍筋、拉筋位置（标高）与剪力墙墙体水平分布筋相同时，计入的墙水平分布钢筋不应大于边缘构件箍筋总体积（含箍筋、拉筋以及符合构造要求的水平分布钢筋）的 50%。此构造做法应由设计人员根据工程实际情况指定后使用。采用"拉筋+墙体水平分布筋"代替箍筋时，应采用组合封闭箍筋，且应符合以下构造要求：

1）水平分布钢筋不小于箍筋的直径（水平筋与箍筋非同层时仍设置封闭箍筋）。

2）当采用构造边缘构件范围内 U 形钢筋与水平分布钢筋搭接的方式时，宜选用错开搭接的做法，即同排水平分布钢筋的搭接接头之间以及上、下相邻水平分布钢筋的搭接接头之间，沿水平方向的净间距不宜小于 500mm，搭接长度不应小于 $1.2l_{aE}$。

3）采用水平分布钢筋伸入构造边缘构件范围的方式时，在墙的端部竖向钢筋外侧 90° 水平弯折，然后延伸到对边并在端部做 135° 弯钩，且弯折后平直段长度为 10d 和 75mm 的较大值（d 为水平分布钢筋直径）并钩住其竖向钢筋。

4）内、外排水平分布钢筋间设置足够的拉筋形成复合箍，可以有效地约束住混凝土，拉筋宜同时勾住边缘构件竖向钢筋和箍筋（水平筋）。

5）施工中构造边缘构件的箍筋和拉筋形式不应随意改变，应由设计人员在设计文件中明确。

6）转角墙（L 形墙）处构造边缘构件宜采用箍筋。该工程实例按照 50% 比例计入符合构造要求的墙水平分布钢筋，水平筋与箍筋非同层时仍设置封闭箍筋，如图 8-21 所示，并在施工图中明确说明具体构造要求。

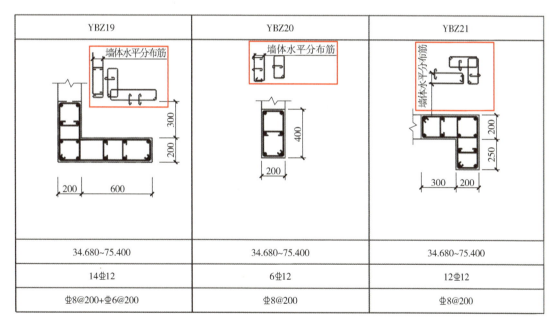

图 8-21 某高层住宅剪力墙构造边缘构件配筋图（修改后）

3. 跨高比小于 2.5 的连梁，梁两侧腰筋的面积配筋率小于 0.3%

【工程实例】某高层剪力墙结构，连梁 LL4 截面 200mm×700mm，净跨 1400mm，跨高比 2.0<2.5，连梁 LL5 截面 200mm×550mm，净跨 850mm，跨高比 1.55<2.5，LL6 截面 200mm×600mm，净跨 1400mm，跨高比 2.33<2.5，连梁高度范围剪力墙配置 $\Phi 8@200$ 水

平分布钢筋，如图 8-22 所示。

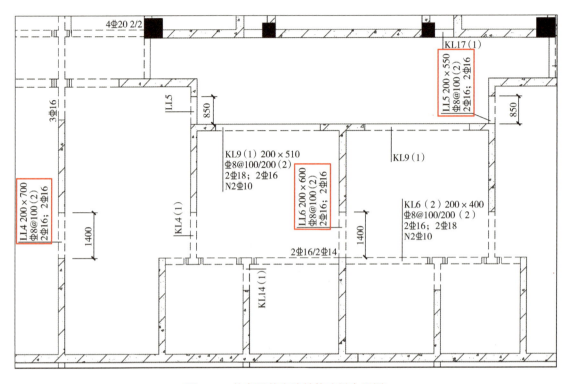

图 8-22　某高层剪力墙结构连梁布置图

【原因分析】一般连梁的跨高比都比较小，容易出现剪切斜裂缝，为了防止斜裂缝出现后的脆性破坏，除了采取减小其名义剪应力、增加箍筋的配置外，规范还规定了一些特殊的构造要求，例如钢筋锚固、箍筋加密、增设腰筋等。根据《高规》第 7.2.27 条 4 规定，连梁高度范围内的墙肢水平分布钢筋应在连梁内拉通作为连梁的腰筋。连梁截面高度大于 700mm 时，其两侧面腰筋的直径不应小于 8mm，间距不应大于 200mm；跨高比不大于 2.5 的连梁，其两侧腰筋的总面积配筋率不应小于 0.3%。设计人员容易忽略此要求，导致连梁腰筋配筋不足。

【处理措施】对跨高比小于 2.5 的连梁，应注意复核剪力墙水平分布筋面积配筋率是否不小于 0.3%，当不满足时，应单独配置相应连梁腰筋。本工程实例中，连梁 LL4 配筋率 0.29%，连梁 LL5 配筋率为 0.27%，连梁 LL6 配筋率为 0.34%>3%。LL4 和 LL5 配筋率小于 3%，不满足规范要求，增设 2Φ10 腰筋，配筋率变为 0.40% 和 0.42%，调整后满足要求。

4. 高层剪力墙结构在外墙角部开设角窗，未加强其抗震措施

【工程实例】某高层住宅楼，地下 2 层，地上 17 层，建筑高度 55.7m，采用剪力墙结构，抗震等级三级，在外墙角①-Ⓐ轴线间设置了转角窗，如图 8-23 所示。

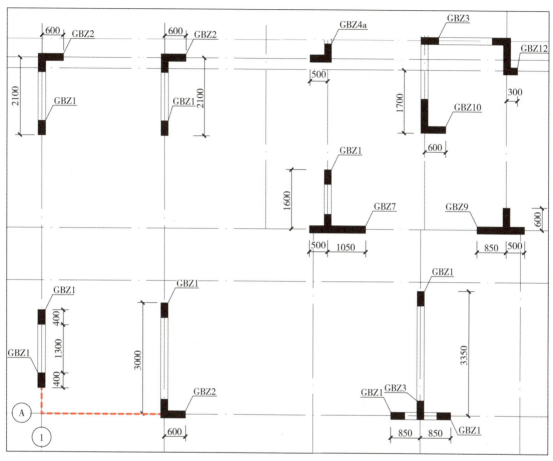

图 8-23　某高层剪力墙结构边缘构件布置图

【原因分析】建筑的角部是保证结构整体性的重要部位，在地震作用下，建筑发生平动、扭转和弯曲变形，位于建筑角部的结构构件受力较为复杂，其安全性又直接影响建筑整体的抗倒塌能力。但近几年在住宅建筑中，为了追求最佳视野，建筑师常常在建筑的四角开转角窗，这种做法无形中削弱了结构的整体性。如本工程实例中的高层住宅，在角部①-Ⓐ轴线处开转角窗，导致角部无法设置剪力墙或柱，设计人员对转角窗两侧的剪力墙也未采取加强措施，按照一般的构造边缘构件进行配筋，转角窗处仅设置悬挑梁相连接，破坏了墙体结构的连续性和封闭性，使地震作用无法直接传递，对结构抗震不利，应避免设置。

【处理措施】参照《混凝土结构措施》第 5.1.13 条，抗震设防烈度为 9 度的剪力墙结构和

B 级高度的高层剪力墙结构不应在外墙开设角窗。抗震设防烈度为 7 度和 8 度时，高层剪力墙结构不宜在外墙角部开设角窗，必须设置时应加强其抗震措施如下：

1）抗震计算时应考虑扭转耦联影响。

2）角窗两侧墙肢厚度不宜小于 250mm。

3）宜提高角窗两侧墙肢的抗震等级，并按提高后的抗震等级满足轴压比限值的要求配置。

4）角窗两侧的墙肢应沿全高设置约束边缘构件。

5）转角窗房间的楼板不小于 150mm 厚，双层双向配筋且配筋率不小于 0.25%，并设置 600mm 宽的暗梁。

6）加强角窗窗台挑梁的配筋与构造。

本工程修改后的边缘构件及暗梁布置如图 8-24 所示，构造边缘构件修改后配筋如图 8-25 所示。

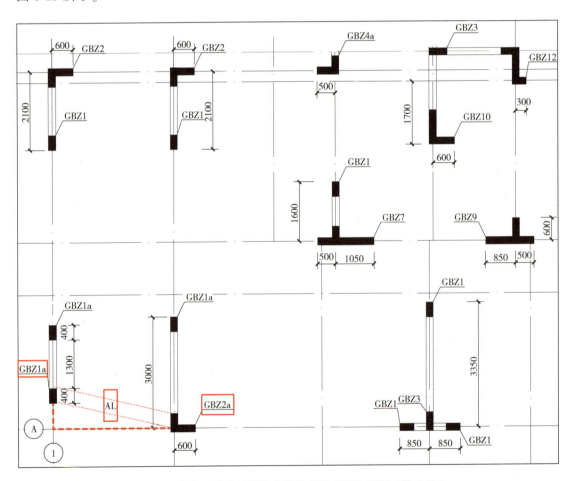

图 8-24　某高层剪力墙结构边缘构件及暗梁布置图（修改后）

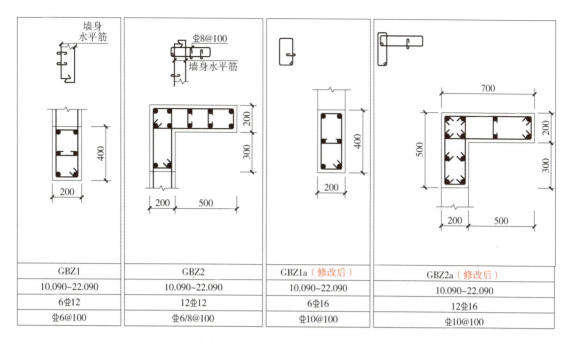

图 8-25 某高层剪力墙结构边缘构件配筋图（修改后）

8.3 框架-剪力墙结构设计问题

1. 框架-剪力墙结构中，边框柱配筋不符合框架柱构造配筋的规定

【工程实例】某高层住宅楼，地下 2 层，地上 26 层，主体高度 55.8m，采用框架-剪力墙结构，剪力墙抗震等级二级，框架抗震等级三级，其中在四个角部及电梯井周边布置有剪力墙，边框柱 GJZ-1 配置 14 ⊉18 纵向受力钢筋，⊉10@100 箍筋，墙柱布置如图 8-26 所示。

【原因分析】剪力墙的边框柱一般与框剪结构中的框架柱相对应，在框架轴线上宜设置与框架柱匹配的边框柱，通常沿框架轴线都会布置截面较高且宽度大于墙厚的框架梁，在剪力墙端部设置边框柱用于框架梁的端支承。多数情况下，框架轴线上一般具备设置边框的条件，此外，框剪结构中剪力墙的数量较剪力墙结构少，且分散在建筑的四周或集中布置于中心区域，因此比剪力墙结构中的墙体更重要，有必要加强其整体性。《高规》第 8.2.2 条规定，边框柱截面宜与该榀框架其他柱的截面相同，边框柱应符合框架柱构造配筋规定。剪力墙底部加强部位边框柱的箍筋宜沿全高加密，当带边框剪力墙上的洞口紧邻边框柱时，边框柱的箍筋宜沿全高加密。本工程实例中，边框柱按照剪力墙边缘构件配置构造钢筋，地震作用下发生剪切破坏，同时，抗震墙会给柱端施加很大的压力，使柱端剪坏，这对抗地震倒塌是非常不利的。

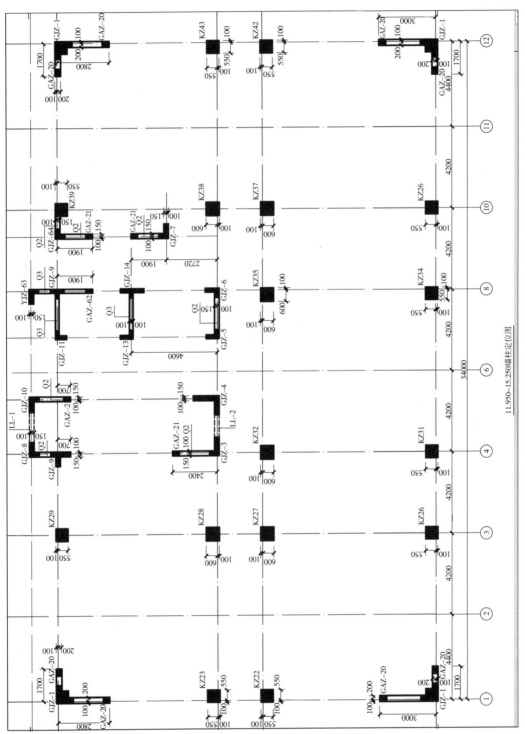

图8-26 某高层住宅楼框剪结构墙柱布置图

11.950~15.250墙柱定位图

【**处理措施**】对边框柱 GJZ-1 按照框架柱要求配置钢筋，该实例中框架抗震等级三级，柱纵向受力钢筋最小配筋率为 0.85%（角柱），原边框柱配置 14 Φ 18 纵向受力钢筋，不满足框架柱最小配筋率要求，现修改为 14 Φ 20，箍筋不变，配筋率为 1.0%＞0.85%，满足规范要求，如图 8-27 所示。

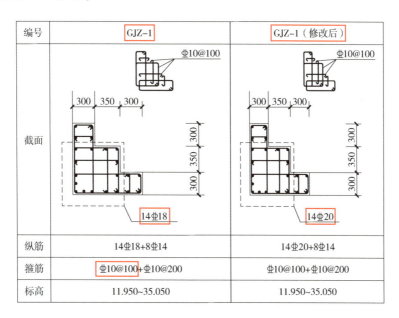

图 8-27　某框剪结构边框柱配筋图

2. 剪力墙端柱配筋不符合框架柱构造配筋的规定

【**工程实例**】某高层住宅楼，地下 2 层，地上 11 层，主体高度 36.1m，采用框架-剪力墙结构，剪力墙抗震等级二级，框架抗震等级三级，布置带端柱的剪力墙 GBZ12，截面 500×500，配置 12 Φ 14 纵向受力钢筋，Φ 8@ 100 箍筋，墙柱布置如图 8-28 所示。

【**原因分析**】参考朱炳寅编著的《建筑结构设计问答与分析》一书中答复，边缘构件的端柱是剪力墙的一部分，只不过形状像柱，但是墙不是柱，设置端柱的目的在于对剪力墙提供约束作用，并有利于剪力墙的平面外稳定。其配筋也是满足剪力墙边缘构件配筋，在一般情况下，不需要满足框架柱的截面和配筋要求。但需要注意的是，《抗标》第 6.4.5 条注对于端柱的说明：

1）构造边缘构件当端柱承受集中荷载时，其纵向钢筋、箍筋直径和间距应满足柱的相应要求。

2）约束边缘构件当端柱有集中荷载时，配筋构造尚应满足与墙相同抗震等级框架柱的要求。对于有端柱的剪力墙，当端柱有很大的集中荷载（通常为上部有框架柱向下传力），此时的端柱受力特性与框架柱很接近，本工程实例中，端柱按照剪力墙构造边缘构件配置构造钢筋，从而导致剪力墙的设计结果偏于不安全。

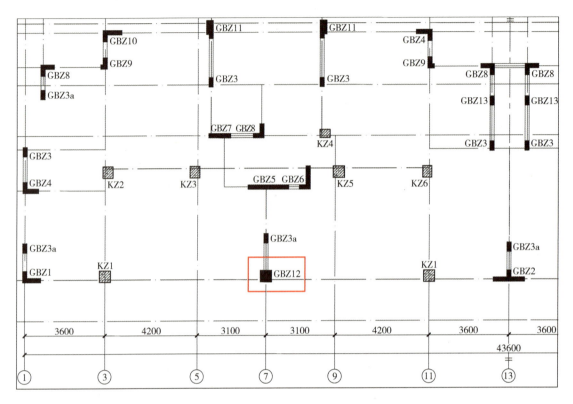

图 8-28　某框剪结构墙柱布置图

【处理措施】 剪力墙的端柱应为剪力墙的一部分，其设计计算应将柱和墙作为整体计算。作为剪力墙边缘构件时，端柱的截面和配筋一般不要求按照框架柱来计算，仅当端柱承受集中荷载时，才需要同时满足框架柱的要求。端柱的抗震等级应同剪力墙，尤其注意框剪结构中，墙体的抗震等级一般较高，需手动修改端柱的抗震等级。对于带端柱的剪力墙，当采用柱、墙分离的计算模型时，设计人员一定要复核设计结果。该工程实例中剪力墙抗震等级二级，框架抗震等级三级，原剪力墙构造边缘构件（端柱）GBZ12 配置 12 Φ 14 纵向钢筋，配筋面积 $1847\text{mm}^2 > 0.006A_c = 1500\text{mm}^2$，按照柱计算配筋率 $0.74\% < 0.75\%$（二级边柱），配筋率不满足框架柱最小配筋率要求，修改为 12 Φ 16，箍筋不变，调整后配筋率为 0.97%，满足规范要求，如图 8-29 所示。

截面	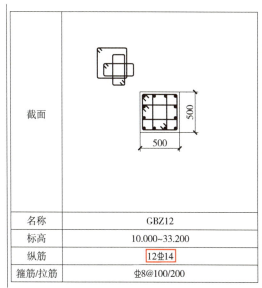	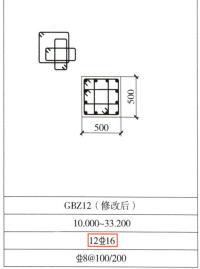
名称	GBZ12	GBZ12（修改后）
标高	10.000~33.200	10.000~33.200
纵筋	12Φ14	12Φ16
箍筋/拉筋	Φ8@100/200	Φ8@100/200

图 8-29　某框剪结构端柱配筋图（修改前后）

第9章

钢结构设计常见问题

9.1 普通钢结构设计问题

1. 钢结构框架梁布置时，主梁与次梁之间夹角偏小

【工程实例】某钢框架结构幼儿园，地上 3 层，主体高度 13.2m，抗震等级三级，其中 A、B、C 三个节点处杆件之间最小夹角为 14°，如图 9-1 所示。

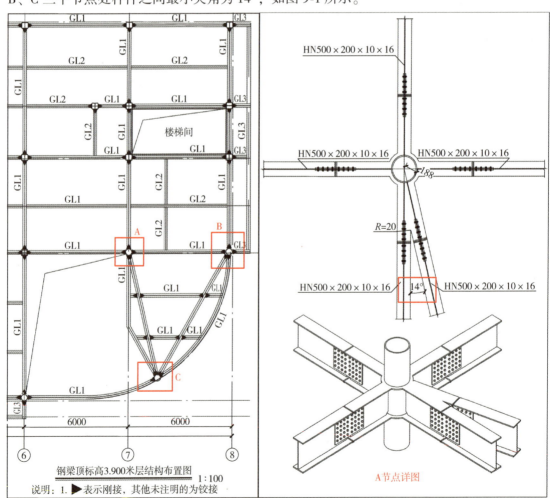

图 9-1　某钢框架结构幼儿园梁柱布置图（局部）

【原因分析】由于建筑造型要求，结构布置梁柱时往往迁就于建筑专业，钢梁之间夹角偏小。如本工程实例，钢框架梁相交的夹角最小 17°，次梁与主梁夹角过小，对于节点板设置、螺栓排布及安装距离均存在不利影响，造成施工难度加大，质量不易保证。

【处理措施】与建筑专业协商，调整次梁布置方向，夹角宜大于 30°且小于 60°。

2. 带地下室的钢框架建筑，框架柱及柱间支撑未延伸至地下一层，柱脚锚固与地下室柱顶

【工程实例】某粮食加工车间，地下 1 层，地上 5 层，主体高度 31.70m，采用钢框架-支撑结构，柱间支撑连续布置于②—③和Ⓑ—Ⓒ轴线之间，如图 9-2 所示。嵌固端为地下室顶板（180mm 厚，配置⌀ 10@ 150 双层双向钢筋），地上钢框架柱为箱形截面，采用外包式柱脚，柱脚底板锚固于地下室柱顶面，外包高度按照不小于长边尺寸的 2.5 倍构造要求取 1100mm。

【原因分析】多高层钢结构根据工程情况可设置或不设置地下室。当设置地下室时，房屋一般较高，钢框架柱应至少延伸至地下一层底板，以保证地上钢框架柱内力直接、可靠地传给地下室基础。柱间支撑一般沿竖向连续布置，可使层间刚度变化较均匀，支撑也应随柱顺延到地下一层，不可因建筑专业的要求而在地下室改变位置。

【处理措施】依据《高钢规》第 3.4.2 条规定，钢框架柱应至少延伸至计算嵌固端以下一层，并且宜采用钢骨混凝土柱，以下可采用钢筋混凝土柱。修改后钢柱脚做法如图 9-3b 形式所示。依据《抗规》第 8.1.9 条规定，设置地下室时，框架-支撑结构中竖向连续布置的支撑应延伸至基础。柱间支撑向地下延伸时也可用钢板混凝土剪力墙替代，保证传力直接、均匀，以免应力突变。支撑在地下室是否改为混凝土抗震墙形式，与是否设置钢骨混凝土结构层有关，设置钢骨混凝土结构层时采用混凝土墙较协调，具体由设计人员确定。该工程实例中地下部分对应柱间支撑位置设置了 300mm 厚剪力墙代替柱间支撑，因此支撑无须向下延伸。

【条文延伸】如果高层钢框架建筑，地下室层数大于 1 层，地下二层以下是否需要继续延伸，需要根据工程情况进行分析。一般情况下，地下一层钢骨混凝土结构（钢结构外包混凝土）由于尺寸增大，刚度、强度明显提升，能有效作为上部结构的嵌固端。此时地下二层用纯混凝土结构能满足承载力要求，则不需要继续下插。但是，如果地下一层层高不满足最小外包式柱脚外包高度要求时，则需要继续向下延伸。对于高烈度区高度较高或高宽比较大的钢框架结构，地震作用下其边、角部柱，墙体底部可能产生较大拉力，这对地下室相关竖向构件抗拉性能会提出更高要求。此时建议复核中震情况下地下室墙、柱的受拉承载力，如果不满足要求，建议钢结构适当增加下插层数，或延伸至基础。

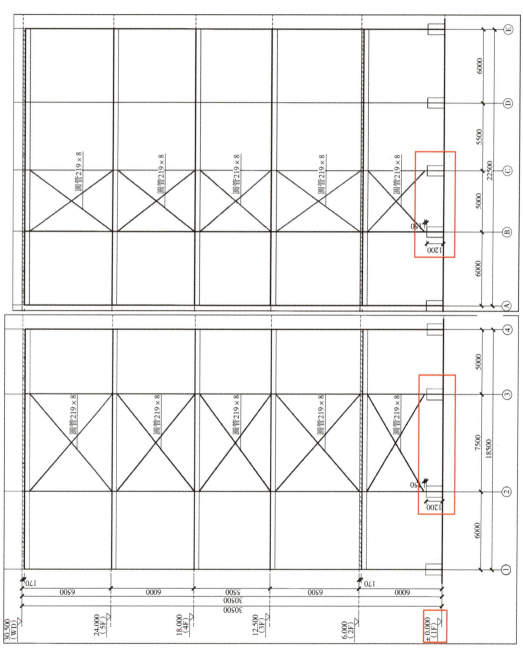

图9-2 某粮食加工车间柱间支撑布置图

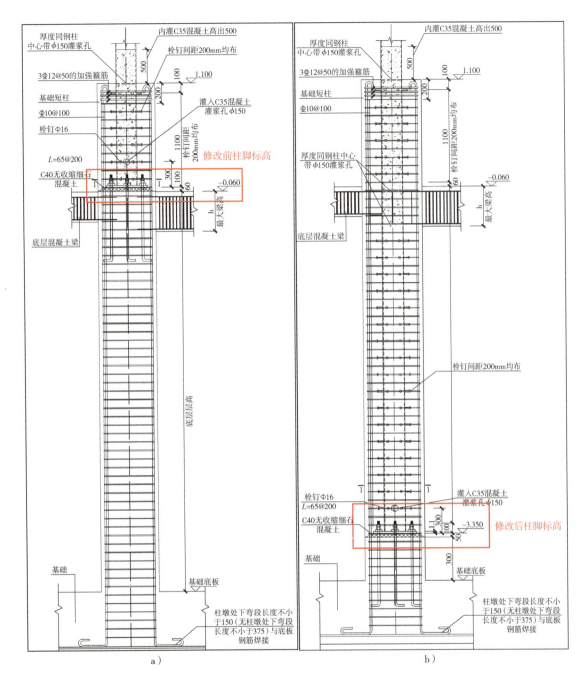

图 9-3　某粮食加工车间钢柱脚详图（修改前后）

3. 雨篷悬挑钢梁在主体钢框架边梁处按铰接连接，布置不合理

【工程实例】某幼儿园建筑，采用钢框架结构，楼梯间入口处设置钢结构雨篷，雨篷从主体框架柱向外悬挑钢梁，钢梁长度 1800mm，截面为 H200×100×6×8，雨篷钢梁与框架柱通过 2M20 螺栓连接，如图 9-4 所示。

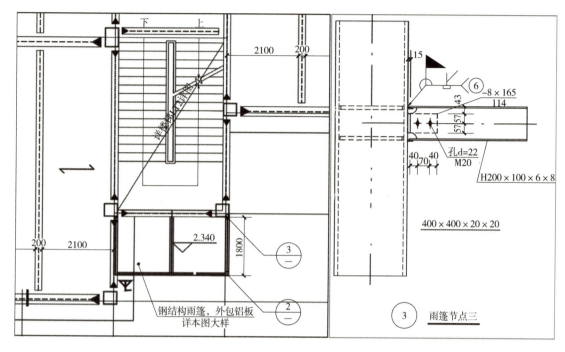

图 9-4　某幼儿园钢结构雨篷布置图

【原因分析】在钢结构中，梁与柱的连接方式至关重要，它直接影响着整个结构的稳定性和承载能力。这种连接通常采用三种形式：柔性连接（亦称为铰接）、半刚性连接以及刚性连接。在工程实践中，判断一个节点究竟属于哪一种连接方式的关键在于其转动刚度。刚性连接被假定为梁柱间具有足够的刚度，使得两者间无相对转动，并能共同承受弯矩。这种连接方式保证了结构的稳定性和承载能力。梁柱的半刚性连接方式采用在梁端焊上端板，并通过高强螺栓进行连接，或者利用连于翼缘的上、下角钢和高强螺栓进行连接。其设计要求严格，旨在确保力的有效传递和结构的稳定性。另一方面，铰支连接则被简化为仅传递垂直剪力而不传递弯矩的结构连接方式。在这种连接中，主梁和柱之间可以自由转动，不受任何约束。刚接能够同时传递弯矩和剪力，而铰接则仅能传递剪力，这种差异在构造上体现为：对于 H 型钢，刚接需要上下翼缘和腹板都有连接构造，而铰接则只需腹板有连接即可。本工程实例中悬挑梁与框架柱仅通过腹板连接，属于典型的铰接连接。

【处理措施】雨篷悬挑梁与钢框架柱应采用刚性连接。对悬挑较短、荷载较小的钢梁可采用全焊接连接节点，对荷载较大的悬挑梁通常采用栓焊混合连接节点，修改后的连接节点做法如图 9-5 所示（根据荷载大小任选其一）。

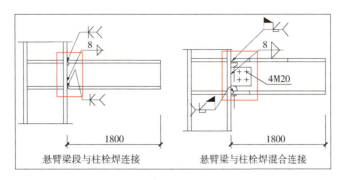

图 9-5　悬挑梁与柱连接详图

4. 斜梁与两端柱非正交相连，通过悬臂短梁连接，无法保证刚接

【工程实例】某小学教学楼，地上 2 层，主体高度 7.8m，钢框架结构，抗震等级三级，其中①—⑧、②—④二个节点处钢梁 GL2 与柱 GZ2 斜交相连，梁柱布置及节点大样如图 9-6 所示。

【原因分析】在钢结构中，节点设计至关重要。它不仅影响结构的整体稳定性，还对结构的承载能力和使用寿命产生直接影响。因此，在进行钢结构节点布置时，必须充分考虑节点设计的合理性。斜梁与两端柱非正交相连时，连接构造比较复杂，而且斜梁由于荷载和跨度均较大，因此梁端需承受较大的弯矩和剪力。钢结构构件的连接，应遵循"强连接弱构件"的概念设计原则，保证结构在大震时不倒。本工程实例中斜梁与柱间接连接，梁柱中心线不重合，传力不直接，导致梁柱严重偏心。

【处理措施】调整斜梁布置角度，确保与柱刚性连接，如图 9-7 所示。

5. 钢柱脚锚栓至混凝土边缘的距离偏小，不满足规范的要求

【工程实例】某幼儿园建筑，地上 3 层，主体高度 11.4m，钢框架结构，抗震等级三级，采用 HW350×350×12×9 宽翼缘工形钢柱，基础短柱截面为 700mm×900mm，钢柱脚采用 8M30 地脚螺栓，柱脚底板为 490mm×720mm×32mm，柱脚节点大样如图 9-8 所示。

【原因分析】预埋件中锚筋的布置不能太密集，否则影响锚固受力的效果。同时为了预埋件的承载受力，还必须保证锚筋的锚固长度以及位置。《混标》第 9.7.4 条要求，锚栓至混凝土边缘的距离不应小于 $6d$ 和 70mm。本工程实例中，锚栓至混凝土边缘的距离为 165mm<$6d$=180mm，不满足规范要求。

【处理措施】调整混凝土短柱截面为 750mm×1000mm，锚栓至混凝土边缘的距离为 190mm，满足规范要求。

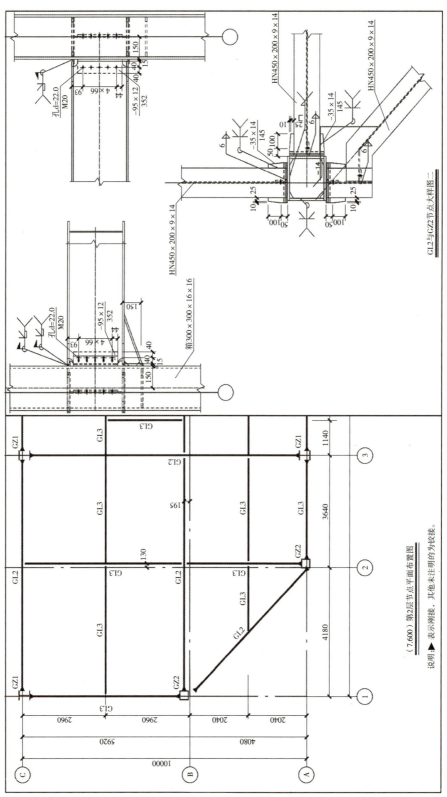

图9-6 某小学教学楼梁柱布置图（局部）

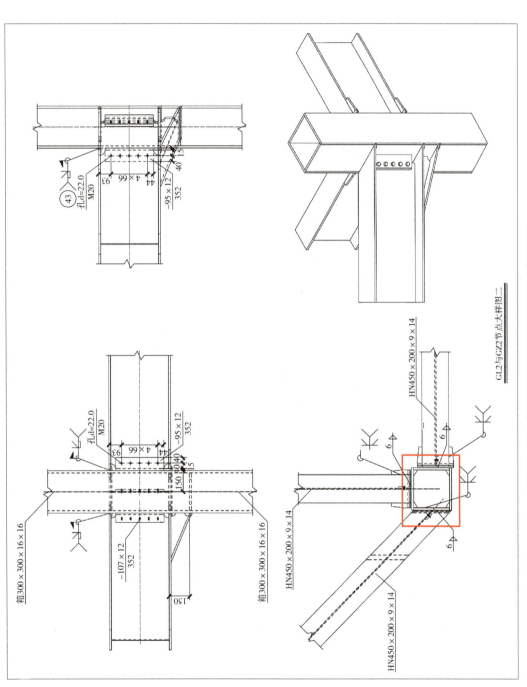

图9-7　某小学教学楼梁柱连接节点详图（修改后）

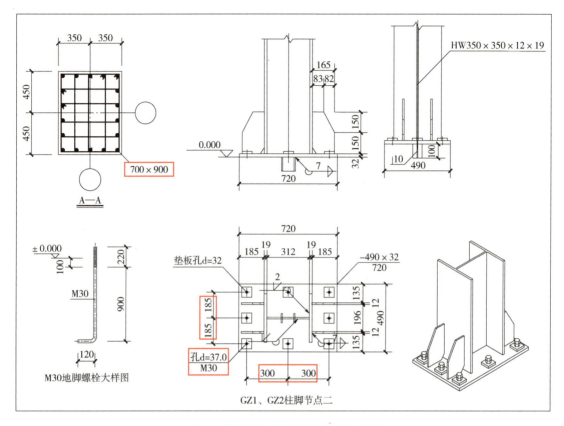

图 9-8　某幼儿园建筑钢柱脚节点大样

9.2　轻型门式刚架设计问题

1. 门式刚架构造做法不符合规范要求，引发工程质量事故

【原因分析】轻型钢结构虽应用已较为普遍，但采用轻型钢结构时，如对设计、施工问题不够重视，往往容易发生工程质量事故。产生事故的原因，有的是钢材不合要求；有的是主要结构未经计算或构造不当，有的是缺少必要的支撑系统。下面将近几年审查中遇到的发生频次较高的问题汇总如下：

1）设计选材时未严格按结构使用条件和规范规定提出各项性能保证要求，以保证结构良好的承载性能。对无证书的钢材必须经试验证明其力学性能和化学成分符合相应标准所列钢号的要求时，才能酌情使用。

2）柱间支撑与屋盖横向支撑未设置在同一开间，无法形成完整的空间稳定体系。吊车跨内侧柱列未设置吊车柱间支撑，只在靠外侧柱列设置。当车间横向刚架多跨连续，且总宽度大于 60m 时，在内柱列未设置柱间支撑。对设有带驾驶室且起重量大于 15t 桥式吊车的跨间，未在屋盖边缘设置纵向支撑。

3）当圆钢支撑直接与梁柱腹板连接，设置垫块或垫板厚度<10mm。十字交叉圆钢支撑未配置花篮螺栓或可张紧装置。支撑与主体构件间的夹角超出 30°~60° 范围。

4）隅撑与刚架斜梁、檩条相连时，隅撑应采用直径不小于 M14 的单个螺栓连接，但设计中常有采用 M12 的螺栓。

5）刚架柱脚基础二次浇筑的预留空间，当柱脚铰接时大于 50mm。

【处理措施】门式实腹刚架，一般在横梁与柱交接处以及跨中屋脊处设置安装拼接节点，在柱脚基础处设置锚固节点。这些部位的弯矩和剪力较大，设计时要特别注意，力求节点构造与结构的计算简图一致，并有足够的强度、刚度和一定的转动能力；同时，要使制造、运输和安装方便。

2. 门式刚架高度、跨度及吊车吨位超规范规定时，未采取加强措施

【原因分析】《门规》的适用范围为刚架高度不超过 18m，高宽比小于 1，单跨跨度为 12~48m，具有轻型屋盖和轻型外墙、无桥式吊车或有起重量不大于 20t 的 A1~A5 工作级别桥式吊车或 3t 悬挂式起重机的单层房屋钢结构的设计、制作和安装。

【处理措施】

1）当门式刚架跨度大于 48m 小于 60m 时，宜采取下列措施：①屋盖宜增设纵向水平支撑和横向水平支撑，构成封闭的支撑体系，以增强房屋的整体刚度；②支撑设计计算时，宜考虑由端部柱间支撑及屋面横向水平支撑负担山墙面的风力；③刚架柱和斜梁必须采用刚性系杆来保证其侧向稳定，不宜依靠隅撑保证侧向稳定；④檩条不宜兼作系杆，系杆必须用型钢另外设置；⑤支撑不宜采用圆钢，宜采用型钢；⑥蒙皮作用小，不宜考虑其承载作用；⑦刚架柱顶侧向位移限值宜控制在 $h/100$ 范围内（h 为刚架高度）；⑧斜梁及柱子的高厚比宜控制在 120 以下。

2）当门式刚架高度超过 18m 时，刚架构件的强度、稳定性设计可参照《门规》。由于《门规》第 4.2.1 条、4.2.2 条是根据门式刚架高度不大于 18m、房屋高宽比小于 1 时，计算的风荷载标准值，对于不符合《门规》规定的房屋类型、体型和房屋高度，应按照《荷载规》和《结构通规》规定的风荷载体型系数和风荷载放大系数计算基本风压。

3）当门式刚架内设有桥式吊车，吨位大于 20t 小于 50t 的 A1~A5 中轻级吊车时，宜采取下列措施：①对于吊车吨位超出 20t 的单层钢结构厂房，已经超出《门规》的适用范围，应该按《钢标》来进行设计与控制，如：长细比、局部稳定、挠度、柱顶位移等项控制指标，其中长细比、挠度、柱顶位移项控制指标在计算参数输入中的设计控制参数中可以按照规范进行人为指定，局部稳定控制程序会根据指定的构件验算规范按对应规范自动进行控制；②结构类型应该选择"单层钢结构厂房"；③屋盖应设置纵向水平支撑和横向水平支撑，一起构成封闭的支撑体系，增强房屋整体刚度；④刚架柱和斜梁必须采用刚性系杆来保证其侧向稳定；⑤柱间支撑应采用双肢型钢；⑥柱构件应采用刚接柱脚，中柱不宜采用摇摆柱；⑦应进行包络设计，分别验算。构件的验算规范应指定为《钢标》，梁构件的承载力宜按照《门规》进行校核，以考虑轴力的影响与变截面梁的稳定计算。

3. 采用混凝土柱和实腹钢梁的单层厂房，按照《门规》标准设计

【原因分析】近几年，许多厂房屋面采用轻型屋面体系，如混凝土柱，实腹钢梁。由于混凝土柱与钢梁的连接处理难以达到刚接，因此梁柱的连接一般采用铰接连接形式，而一般门式刚架结构的刚架柱与梁的连接均采用刚接连接，由于连接形式的不同，致使这种体系单榀刚架的受力截然不同于一般的门式刚架，设计时不能简单地把门式刚架的钢柱替换为混凝土柱进行计算和受力分析，应根据这类结构体系的特殊性有针对地进行设计。

【处理措施】这类结构已经超出《门规》的使用范围，结构类型应选择"单层钢结构厂房"，混凝土柱应满足《混标》相关要求，钢梁应按照《钢标》进行控制，当采用工形变截面梁时，建议梁构件承载力的校核按《门规》进行，以考虑轴力的影响与变截面梁的稳定计算，但局部稳定应满足《钢标》和《抗标》的要求；对于挠度控制，考虑到所采用的轻型屋面体系对钢梁挠度不是非常敏感，设计人员可根据工程实际情况，较《钢标》的挠度控制指标（$L/400$）适当放宽。单跨设计时，应采用混凝土柱与钢梁整体建模分析。并以整体分析的结果来设计基础、混凝土柱的配筋与钢梁。如果在柱与基础设计时，没有考虑屋面斜钢梁对柱的推力，会导致柱配筋与基础的设计严重偏小，按这种方式设计的结构在安装过程中就有可能出现基础翘起、混凝土柱顶位移过大、柱身出现裂缝、钢梁挠度过大等问题。而在分析钢梁时，把钢梁两端视为固定铰支座或建两根很短的下端刚接柱作为支座都会夸大混凝土柱对钢梁的约束作用，导致钢梁轴力增大、跨中弯矩减小、挠度减小等不真实情况，这时往往会出现安装后的钢梁的挠度大于计算挠度、钢梁有可能整体屈服失稳、局部出现压屈等不安全问题。

第10章

结构计算常见问题

10.1 混凝土结构计算问题

1. 特殊功能房间楼面活荷载组合系数取软件默认值，计算结果偏于不安全

【原因分析】设计人员常常忽略了不同功能房间，其重力荷载代表值组合值系数和活荷载组合值系数有所差别，并不完全相同，建模分析时，按照软件的默认值进行计算，造成加载的地震作用和荷载设计值偏小，结果偏于不安全。比如计算软件默认楼面活荷载组合值系数为0.7，重力荷载代表值组合值系数为0.5，如图10-1所示。但对于一些特殊功能房间如藏书库和档案库，其楼面活荷载组合值系数应为0.9，重力荷载代表值组合值系数应为0.8，和软件默认值差别较大，设计时应进行判别，并进行人工调整或自定义工况。

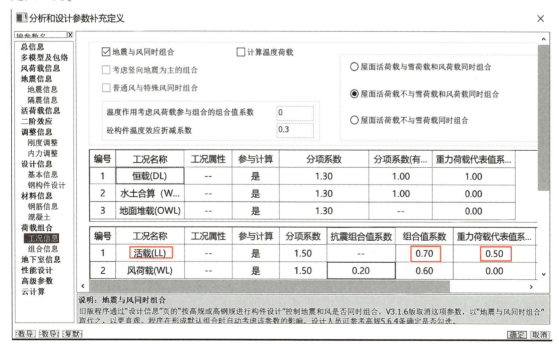

图 10-1 PKPM 工况信息设计参数

【处理措施】建筑楼面活荷载组合系数应依据《结构通规》第4.2.3条、4.2.7条规定取值，计算地震作用时，建筑重力荷载代表值组合值系数应根据《抗震通规》第4.1.3条取用。荷载组合值系数中，书库、档案库、储藏室，密集柜书库，工业建筑楼面活荷载的组合值系数不是计算软件默认值0.7。参照《山东审查解答》，藏书库、档案库等活荷载遇地震的概率较大，故按等效楼面均布荷载计算活荷载时，其重力荷载代表值组合值系数取为0.8。对于遇到地震概率较大但现行标准未明确重力荷载代表值组合值系数的特殊种类可变荷载，设计时应进行判别。当为"按实际情况计算的楼面活荷载"时，重力荷载代表值组合值系数应取1.0；当为"按等效均布荷载计算的楼面活荷载"时，重力荷载代表值组合值系数建议参照藏书库、档案库取0.8。实际应用时，对此类民用建筑和《荷载规》附录D中所述类别的工业建筑，建议按对比组合值系数、频遇值系数和准永久值系数的方式，确定重力荷载代表值组合值系数。对于确需考虑通风机房、电梯机房、局部储藏室等小面积房间的计算影响时，可通过"自定义工况"解决。

2. 结构中存在与主轴交角大于15°的斜交抗侧力构件时，未计算斜交构件方向的水平地震作用

【原因分析】某一方向水平地震作用主要由该方向抗侧力构件承担。考虑到地震可能来自任意方向，为此要求有斜交抗侧力构件的结构，应考虑对各构件的最不利方向的水平地震作用，一般即为与该构件平行的方向。需要注意的是，斜向地震作用计算时，结构底部总剪力以及楼层剪力等数值一般要小于正交方向计算的结果，但对于斜向抗侧力构件来说，其截面设计的控制性内力和配筋结果却往往取决于斜向地震作用的计算结果，因此，当结构存在斜交构件时，不能忽视斜向地震作用计算。

【处理措施】《抗震通规》明确当抗侧力构件相交角大于15°时，应考虑斜向地震作用。特别注意对于柱正放，梁斜放结构的补充计算。自动计算最不利地震方向选项虽然能够计算出结构最不利地震，并输出角度，但并不一定包含斜交抗侧力构件方向，此时仍需要补充斜交抗侧力构件方向地震力计算。基于这一要求，PKPM软件提供了计算多方向地震作用的功能（最多可计算5对地震方向），如图10-2所示，分别记为EX1、EY1、EX2、EY2等。这些新增的地震工况可以各自对应不同的作用方向，但每一对之间是正交的。程序将计算每一对新增地震作用下的构件内力，并在构件设计时考虑进内力组合中。

图 10-2　PKPM 地震信息设计参数

3. 混凝土结构楼盖未进行竖向振动频率与舒适度验算

【原因分析】楼板舒适度是评价结构或结构单元是否适合使用的重要指标之一。它涉及人员舒适性、建筑外观的极限状态等，是结构设计中所必须考虑的重要适用性要求。楼盖竖向振动频率与人行走频率接近时，将引发共振，使用者会感到不安或恐慌，精密仪器无法正常运行。如果在工程竣工后才发现楼盖振动舒适度问题，解决的难度和代价往往很大。

【处理措施】进行楼盖竖向振动频率分析，以行走激励为主的混凝土楼盖结构，第一阶竖向自振频率不宜低于 3Hz，有节奏运动为主的混凝土楼盖结构，在正常使用时楼盖的第一阶竖向自振频率不宜低于 4Hz。需要注意的是，根据《舒适度标》第 4.2.1 条规定，对住宅、医院（手术室除外）、办公室、教室、宿舍、旅馆、酒店、托儿所、幼儿园等需要安静环境的建筑，竖向振动峰值加速度限值取 $0.05\mathrm{m/s^2}$，对商场、餐厅、公共交通等候大厅、剧场、影院、礼堂、展览厅等环境嘈杂建筑，竖向振动峰值加速度限值取 $0.15\mathrm{m/s^2}$，PKPM 软件复杂楼板设计模块中提供了舒适度验算，如图 10-3 所示。另外关于钢结构中的钢筋混凝土楼板，根据《钢通规》的要求，也需要进行振动计算。钢结构楼板和混凝土结构楼板的差异在于弹性模量不同。根据《舒适度标》第 3.1.3 条规定，楼盖采用钢筋混凝土楼盖和钢-混凝土组合楼盖时，混凝土的弹性模量可按《混标》的规定数值分别放大1.20倍和1.35倍。在PKPM软件中，可以通过修改参数"弹性模量放大系数"为1.35来解决这种差异，从而准确地模拟计算钢结构中的混凝土楼板的舒适度设计。

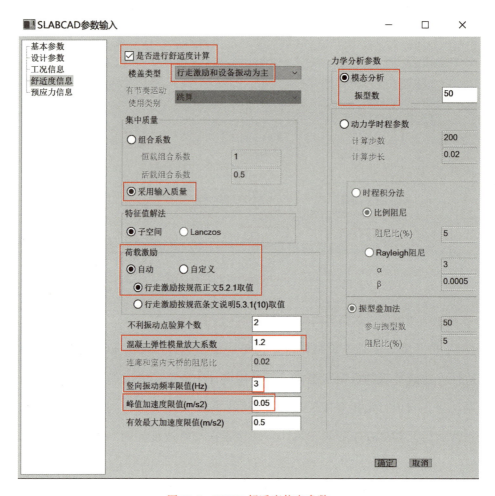

图10-3　PKPM舒适度信息参数

4. 高烈度区大跨度、长悬臂结构未进行竖向地震作用计算

【原因分析】对于高层建筑，其竖向地震作用产生的轴力在结构上部是不可忽略的，由于设计人员对竖向地震作用的计算范围不清楚，另外不同规范对大跨度和长悬臂结构的界定不统一，在参数指定时，往往按照程序默认的"计算水平地震作用"进行地震作用计算，忽略了选取"计算水平和竖向地震"，如图10-4所示。

【处理措施】应检查地震作用方向，查看计算模型和计算书。不同规范对大跨度和长悬臂结构的界定见表10-1。

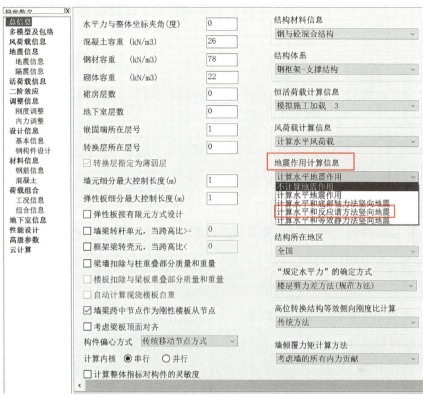

图 10-4 PKPM 地震作用信息参数

表 10-1 不同规范对大跨度和长悬臂结构的界定

规范	《抗震通规》		《混通规》《高规》	《抗标》		《高钢规》
	8 度	9 度		8 度	9 度	
大跨度 /m	≥24.0	≥18.0	1. 楼盖结构>24.0 2. 转换结构>8.0	屋架>24.0	屋架>18.0	1. 楼盖结构>24.0 2. 转换结构>12.0
长悬臂 /m	≥2.0	≥1.5	>2.0	悬挑阳台和走廊>2.0	悬挑阳台和走廊>1.5	>5.0

不同规范对竖向地震作用计算要求如下：

1)《抗震通规》第 4.1.2 条 3 规定，抗震设防烈度不低于 8 度的大跨度、长悬臂结构和抗震设防烈度 9 度的高层建筑物、盛水构筑物、贮气罐、储气柜等，应计算竖向地震作用。

2)《混通规》第 4.3.6 条规定，长悬臂的混凝土结构或结构构件，当抗震设防烈度不低于 7 度（0.15g）时应进行竖向地震作用计算分析。

3）《高规》第 4.3.2 条 3 规定：①高层建筑中的大跨度、长悬臂结构，7 度（0.15g）、8 度抗震设计时应计入竖向地震作用；②9 度抗震设计时应计算竖向地震作用。

4）《抗标》第 5.1.1 条 4 规定，8 度、9 度时的大跨度和长悬臂结构及 9 度时的高层建筑，应计算竖向地震作用。8 度、9 度时采用隔震设计的建筑结构，应按有关规定计算竖向地作用。

5）《高钢规》第 5.3.1 条规定：①9 度抗震设计时应计算竖向地震作用；②高层民用建筑中的大跨度、长悬臂结构，7 度（0.15g）、8 度抗震设计时应计入竖向地震作用。

从以上不同规范规定来看，《混通规》与《抗震通规》对竖向地震计算的要求不完全一致，设计中应该按照《混通规》要求从严控制，7 度半以上的大跨度及长悬臂需要计算竖向地震作用。现有的《高规》及《抗标》对竖向地震计算的要求也是不一致的，《高规》也要求有大跨度及长悬臂的 7 度半的结构需要计算竖向地震的底线。《抗标》及《高规》对竖向地震的计算提出了底部轴力法、反应谱法及等效静力法，PKPM 软件中提供了多种计算方法可供选择。需要注意的是不同的竖向地震计算的方法对结构及构件的影响是比较大的，设计中建议按照反应谱法进行计算，同时要考虑竖向地震的底线值。另外对反应谱计算时还需要注意竖向地震的底线值控制（类似水平地震的剪重比控制）。需要注意的是当用该底线值调控时，相应的有效质量系数应该达到90%以上。

10.2　地基基础计算问题

1. 计算承台加防水板基础时，软件参数中勾选"板元变厚度区域的边界弯矩磨平"，配筋偏小

【原因分析】设计人员在采用 YJK 软件计算承台加防水板基础时，承台与防水板相接处未采取加腋等处理措施，设计时勾选边界弯矩磨平处理选项，导致承台与防水板相接处配筋偏小，如图 10-5 所示。参照《YJK-F 手册》的解释，板元变厚度区域的边界弯矩磨平处理参数用于控制变厚度位置板元的弯矩设计值。勾选时不考虑变厚度位置弯矩，不勾选时考虑。选择此项变厚度位置处配筋减小。

【处理措施】变厚度位置处通常有加腋等构造措施或将较厚区域钢筋延伸到较薄区域，所以较薄区域配筋可不考虑变厚度弯矩。当厚度差比较大，并采取了措施，建议选择此项。当不存在上述专门措施时，建议不勾选。

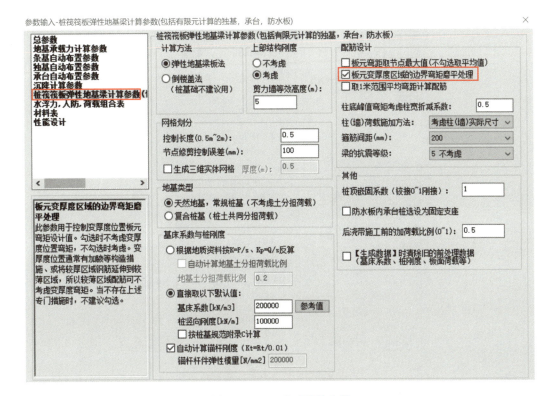

图 10-5　YJK 基础计算参数

2. 设计桩筏基础时，软件参数中基床系数选用不正确，计算偏于不安全

【**原因分析**】基床系数是桩筏基础设计中一个极其重要的参数，其直接影响着筏板底的反力分布和大小，进而对筏板和桩的内力设计值产生极大的影响。目前 PKPM 和 YJK 都提供了两种基床系数计算方法供设计人员选择。参考《YJK-F 手册》和《JCCAD 手册》的说明，对基床系数，既可以让软件根据地质资料自动计算，也可以人工直接指定，在筏板计算参数中用户须对这两种方式选择进行确定，如图 10-6、图 10-7 所示。在生成数据菜单执行后，软件生成所有构件或单元的基床系数，在这里可对基床系数查看和修改。人工指定的方式基于当地的工程地质经验，有条件的项目，可以通过平板载荷试验来确定该工程的基床系数。而程序提供的另一个方法程序自动计算则是根据 s-p 进行反推来确定基床系数。桩筏基础的沉降 s 的计算是基于分层总和法。程序中先通过分层总和法计算桩筏基础的沉降 s，再根据地基附加反力来反推得到基床系数 k。当采用软件默认的方式，即沉降反推的方法时，计算得到的基床系数远小于实际的基床系数。分层总和法计算得到的沉降 s 远大于平板载荷试验中的极限沉降，导致沉降反推方法得到的沉降系数往往偏小（一般是工程经验值的 $0.1 \sim 0.05$ 倍）。

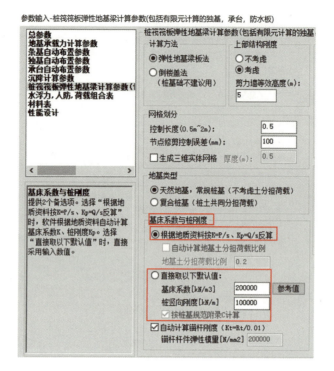

图 10-6　YJK 基床系数计算参数

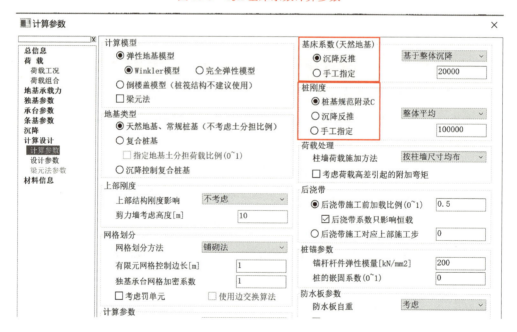

图 10-7　PKPM 基床系数计算参数

【处理措施】由于计算软件默认采用沉降反推的方法，但该方法缺少理论支持，也缺少试验支撑，故不建议设计人员采用该方法。建议采用用户指定的方式填入由平板载荷试验 *p-s* 曲线计算的基床系数，当无原位平板载荷试验数据时，可参考当地类似工程经验或参考表 10-2 基床反力系数 K 的推荐值（取自《JCCAD 手册》）。因不同土层的系数差异显著，在实际工程项目中，必须综合考虑多种因素，下述表中值仅供参考。

表 10-2 基床反力系数 K 推荐值

地基一般特性	土的种类		$K/(kN/m^3)$
松软土	流动砂土、软化湿土、新填土		$1000 \sim 5000$
	流塑黏性土、淤泥及淤泥质土、有机质土		$5000 \sim 10000$
中等密实土	粘土及亚黏土	软塑的	$10000 \sim 20000$
		可塑的	$20000 \sim 40000$
	轻亚黏土	软塑的	$10000 \sim 30000$
		可塑的	$30000 \sim 50000$
	砂土	松散或稍密的	$10000 \sim 15000$
		中密的	$15000 \sim 25000$
		密实的	$25000 \sim 40000$
	碎石土	稍密的	$15000 \sim 25000$
		中密的	$25000 \sim 40000$
	黄土及黄土亚黏土		$40000 \sim 50000$
密实土	硬塑黏土及黏土		$40000 \sim 100000$
	硬塑轻亚土		$50000 \sim 100000$
	密实碎石土		$50000 \sim 100000$
极密实土	人工压实的填亚黏土、硬黏土		$100000 \sim 200000$
坚硬土	冻土层		$200000 \sim 1000000$
岩石	软质岩石、中等风化或强风化的硬岩石		$200000 \sim 1000000$
	微风化的硬岩石		$1000000 \sim 15000000$
桩基	弱土层内的摩擦桩		$10000 \sim 50000$
	穿过弱土层达密实砂层或黏土性土层的桩		$5000 \sim 150000$
	打至岩层的支承桩		8000000

10.3 普通钢结构计算问题

1. 钢框架梁下翼缘未设侧向支承，计算的正则化长细比大于规范限值

【工程实例】某五层幼儿园综合楼，地上 4 层，地下 1 层，主体高度 16.2m，钢框架结构，采用钢筋桁架楼承板。拟建场地设防烈度为 8 度（0.20g），设计地震分组为第二组，本工程抗震设防类别为重点设防类，抗震等级为二级。框架钢梁下翼缘未设置隅撑，也未沿梁长设置加劲肋。其平面梁柱布置如图 10-8 所示。

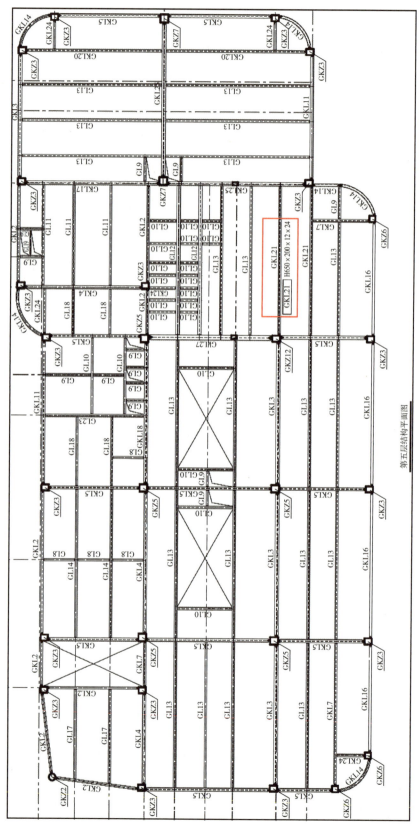

第五层结构平面图

图10-8 某幼儿园第五层平面梁柱布置图

【原因分析】钢框架梁端为潜在塑性铰区，在地震的往复作用下，上、下翼缘易发生失稳破坏，梁上翼缘通常设有楼板保证其侧向稳定，下翼缘则需采取措施保证其稳定性。YJK设计软件中提供了"按《钢规》6.2.7 验算梁下翼缘稳定"的计算选项，如图 10-9 所示，任何工况下，设计人员都必须勾选此选项，如果计算的正则化长细比 $\lambda_{n,b}>0.45$，说明框架梁截面自身特性无法保证下翼缘稳定性，软件按照《钢标》式（6.2.7-1）进行梁稳定性计算，当计算不满足时，应调整梁截面规格或者按照《钢标》第 6.2.7 条-3 给出的要求，在侧向未受约束的受压翼缘区段内，设置隔撑或沿梁长设间距不大于 2 倍梁高并与梁等宽的横向加劲肋。

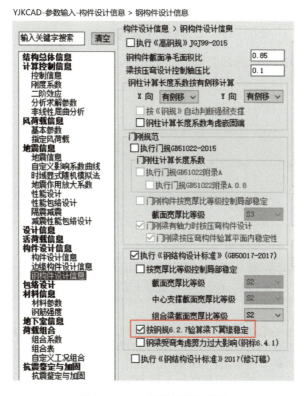

图 10-9　YJK 钢结构设计信息

需要注意的是，《钢标》第 6.2.7 条只是针对框架主梁负弯矩区的稳定承载力进行验算，未考虑在抗震情况下不同延性等级对 $\lambda_{n,b}$ 限值的不同要求。此条验算通过，并不能保证框架梁梁端的塑性耗能能力。《抗震通规》第 5.3.2 条规定，框架梁潜在塑性铰区的上下翼缘应设置侧向支承或采取其他有效措施，防止平面外失稳破坏。多数情况下钢框架梁可满足正则化长细比不大于 0.45 的要求，但对于抗震设计的限值则较难实现，很多设计人员往往忽略此点。仅按非抗震情况下的 0.45 控制，未采取加强钢框架梁下翼缘稳定性的措施，这是不能满足抗震要求的。

对考虑抗震设计时正则化长细比如何控制，主要有两种不同意见。《山东审查解答》对于梁的受压翼缘通过计算保证不失稳的方法给出的建议如下：①根据《抗规》第8.3.3条文解释，验算梁长细比 $\lambda_y \leqslant 60\sqrt{235/f_y}$；②根据《钢标》第10.4.3梁塑性铰形成的截面条件，即满足正则化长细比 $\lambda_{n,b} \leqslant 0.3$ 的要求。该计算中梁上翼缘均应有混凝土楼板。《北京问答》认为，对于抗震设计，为保证钢框架梁梁端的塑性发展能力，如不在其潜在塑性铰区的下翼缘设置侧向支承时，尚应满足《钢标》第17.3.4条不同延性等级对 $\lambda_{n,b}$ 限值的不同要求。

【处理措施】本工程实例中，从YJK软件计算结果来看，第5层钢梁GKL21（编号N-B=129）正则化长细比为 $\lambda_{n,b}=0.59>0.3$，依据《钢标》第10.4.3条规定，在GKL21梁两侧塑性铰区设置间距1300mm的加劲肋以保证下翼缘的稳定，如图10-10所示。

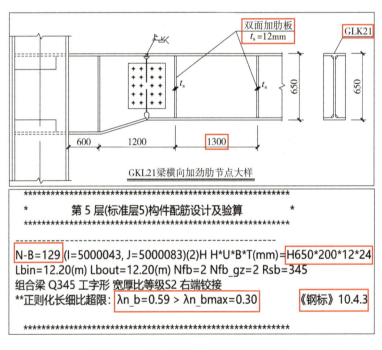

图10-10　第5层钢梁设置加劲肋详图

2. 钢框架结构考虑组合楼板对梁刚度的影响，计算参数中刚度调整勾选"按《混规》5.2.1条取值"

【原因分析】当组合楼板与钢梁采用栓钉可靠连接时，钢结构也应考虑楼板与梁的共同作用，计算时可采用放大梁刚度的方法考虑其影响。采用YJK软件计算时，设计人员常常勾选"梁刚度放大系数按《混规》5.2.4条取值"，采用PKPM软件计算时，勾选"梁刚度放大系数按 2010 规范取值"，如图 10-11 所示。此选择项不能实现钢结构梁刚度放大。YJK 软件刚度调整信息中"地震作用""风荷载"选项和 PKPM 软件中"采用中梁刚度放大系数 Bk"分别计算中梁和边梁刚度系数，此选项不适用于按国标规范设计。

【处理措施】参考《山东审查问答》解答：

1）水平荷载作用下，参与刚度计算的梁均应考虑楼板作用进行刚度放大，以获得与结构实际刚度匹配的地震力。

2）竖向荷载作用下，宜考虑楼板作用，按组合梁、T 形梁设计。设计人员可在 YJK 软件信息中直接输入"中梁刚度放大系数"；在 PKPM 软件中，刚度系数计算结果可在"设计模型前处理"→"特殊梁"中查看，也可以在此基础上修改。

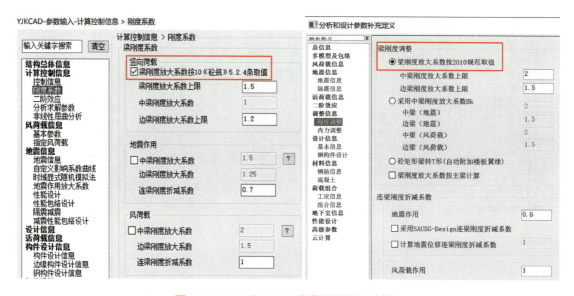

图 10-11 YJK 和 PKPM 软件梁刚度调整信息

3. 对于钢框架结构，计算柱长细比时，在计算参数中勾选"无侧移"项，柱计算长度偏小

【原因分析】有无侧移对于钢框架柱计算结果差别很大。对于无侧移框架，查《钢标》附录 E 表 E.0.1 可知，柱的计算长度系数最大为 1.0；而对于有侧移框架，查表 E.0.2 可知，柱的计算长度系数最小为 1.03。因此，在计算框架柱长细比时，如果勾选了"无侧移"项，钢框架柱计算长度偏于不安全。

【处理措施】依据《钢标》第 8.3.1 条规定，框架应分为无支撑框架和有支撑框架。当采用二阶弹性分析方法计算内力且在每层柱顶附加考虑假想水平力 H_{ni} 时，框架柱的计算长度系数可取 1.0 或其他认可的值。当采用一阶弹性分析方法计算内力时，框架柱的计算长度系数应按下列规定确定：

1）无支撑框架，框架柱的计算长度系数应按《钢标》附录 E 表 E.0.2 有侧移框架柱的计算长度系数确定。

2）有支撑框架，当支撑结构为强支撑框架时，框架柱的计算长度系数可按《钢标》附录 E 表 E.0.1 无侧移框架柱的计算长度系数确定。因此，设计人员在计算钢框架之前首先应确定钢框架结构体系，勾选参数时保证准确无误，如图 10-12 所示。

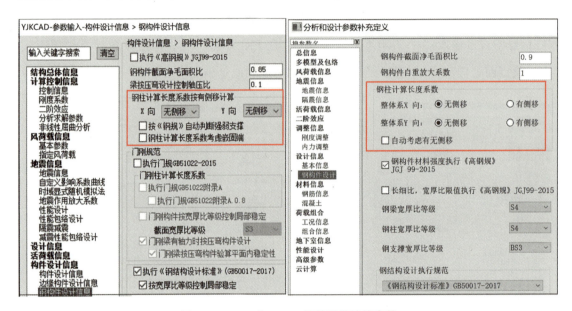

图 10-12　YJK 和 PKPM 软件钢柱计算参数

10.4　轻型门式刚架计算问题

1. 檩条计算时勾选"屋面板能阻止檩条侧向失稳"和"构造保证下翼缘风吸力作用稳定性"，但施工图中檩条与屋面板未采用螺钉连接，也没有内衬板固定在受压下翼缘

【工程实例】某制氧车间，屋面采用压型钢板，檩条跨度 6.0m，檩条间距 1.5m，檩条采用卷边槽形冷弯型钢，截面选用 C220×75×20×2.2，设置一道拉条，计算参数同时勾选了"屋面板能阻止檩条侧向失稳"和"构造保证下翼缘风吸力作用稳定性"详见图 10-13 所示。勾选上述选项计算结果满足要求，不勾选上述选项时，计算结果不满足要求，如图 10-14 所示。

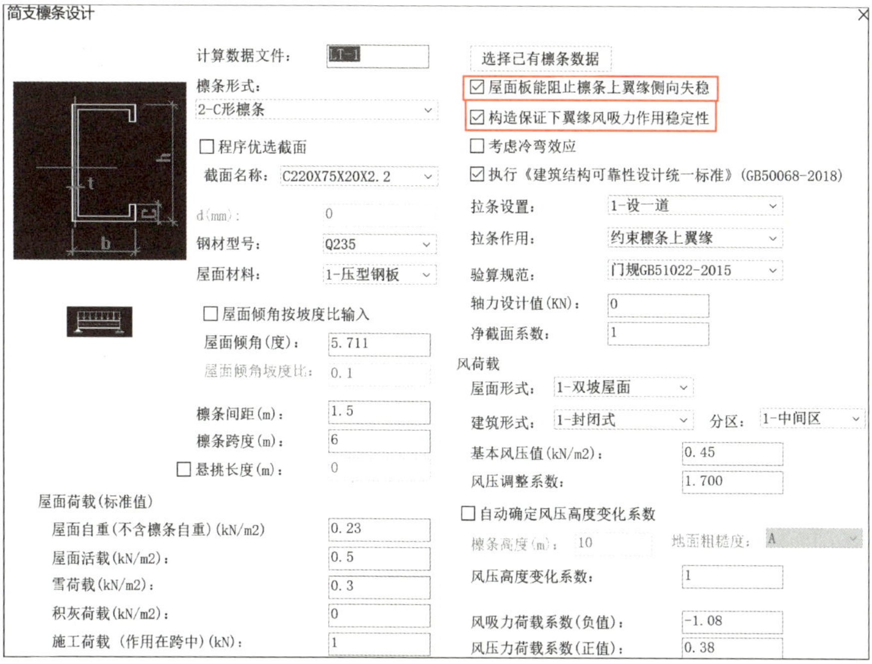

图 10-13　某制氧车间屋面檩条设计参数

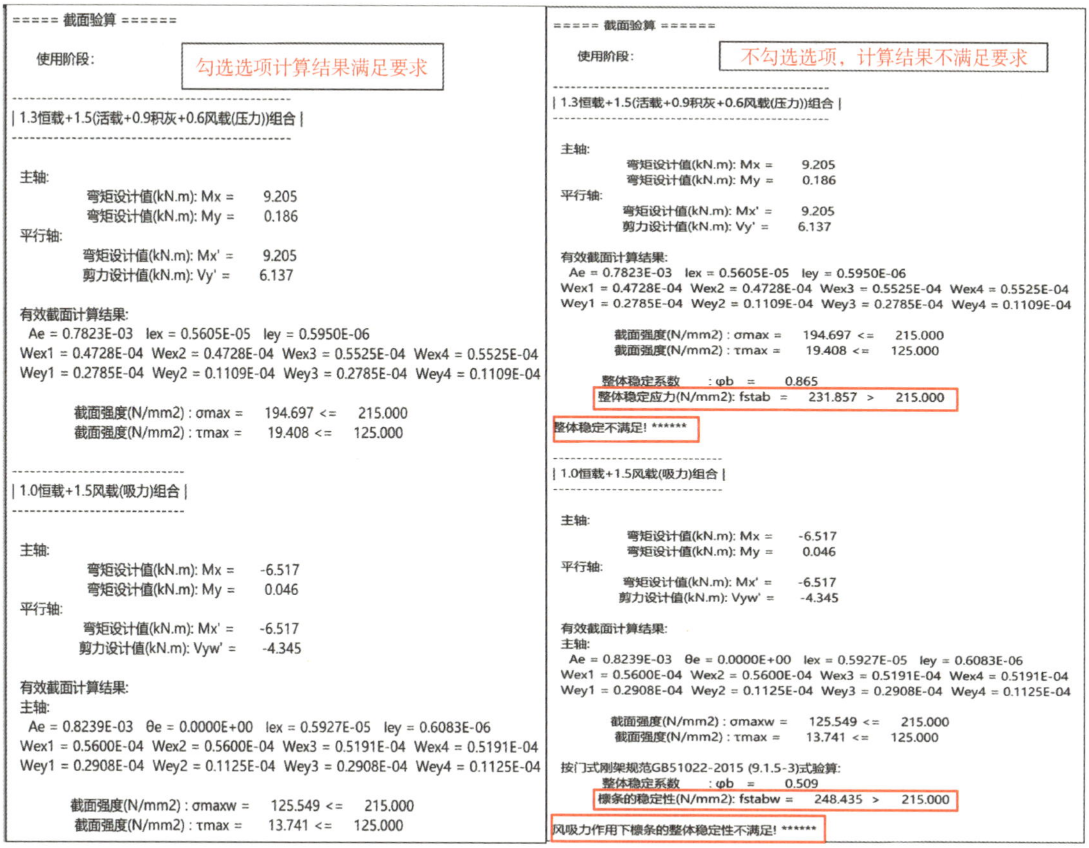

===== 截面验算 ======

使用阶段：　勾选选项计算结果满足要求

| 1.3恒载+1.5(活载+0.9积灰+0.6风载(压力))组合 |

主轴：
弯矩设计值(kN.m): Mx = 9.205
弯矩设计值(kN.m): My = 0.186
平行轴：
弯矩设计值(kN.m): Mx' = 9.205
剪力设计值(kN.m): Vy' = 6.137

有效截面计算结果：
Ae = 0.7823E-03　Iex = 0.5605E-05　Iey = 0.5950E-06
Wex1 = 0.4728E-04　Wex2 = 0.4728E-04　Wex3 = 0.5525E-04　Wex4 = 0.5525E-04
Wey1 = 0.2785E-04　Wey2 = 0.1109E-04　Wey3 = 0.2785E-04　Wey4 = 0.1109E-04

截面强度(N/mm2) : σmax = 194.697 <= 215.000
截面强度(N/mm2) : τmax = 19.408 <= 125.000

| 1.0恒载+1.5风载(吸力)组合 |

主轴：
弯矩设计值(kN.m): Mx = -6.517
弯矩设计值(kN.m): My = 0.046
平行轴：
弯矩设计值(kN.m): Mx' = -6.517
剪力设计值(kN.m): Vyw' = -4.345

有效截面计算结果：
主轴：
Ae = 0.8239E-03　θe = 0.0000E+00　Iex = 0.5927E-05　Iey = 0.6083E-06
Wex1 = 0.5600E-04　Wex2 = 0.5600E-04　Wex3 = 0.5191E-04　Wex4 = 0.5191E-04
Wey1 = 0.2908E-04　Wey2 = 0.1125E-04　Wey3 = 0.2908E-04　Wey4 = 0.1125E-04

截面强度(N/mm2) : σmaxw = 125.549 <= 215.000
截面强度(N/mm2) : τmax = 13.741 <= 125.000

===== 截面验算 ======

使用阶段：　不勾选选项，计算结果不满足要求

| 1.3恒载+1.5(活载+0.9积灰+0.6风载(压力))组合 |

主轴：
弯矩设计值(kN.m): Mx = 9.205
弯矩设计值(kN.m): My = 0.186
平行轴：
弯矩设计值(kN.m): Mx' = 9.205
剪力设计值(kN.m): Vy' = 6.137

有效截面计算结果：
Ae = 0.7823E-03　Iex = 0.5605E-05　Iey = 0.5950E-06
Wex1 = 0.4728E-04　Wex2 = 0.4728E-04　Wex3 = 0.5525E-04　Wex4 = 0.5525E-04
Wey1 = 0.2785E-04　Wey2 = 0.1109E-04　Wey3 = 0.2785E-04　Wey4 = 0.1109E-04

截面强度(N/mm2) : σmax = 194.697 <= 215.000
截面强度(N/mm2) : τmax = 19.408 <= 125.000

整体稳定系数 : φb = 0.865
整体稳定应力(N/mm2): fstab = 231.857 > 215.000

整体稳定不满足! ******

| 1.0恒载+1.5风载(吸力)组合 |

主轴：
弯矩设计值(kN.m): Mx = -6.517
弯矩设计值(kN.m): My = 0.046
平行轴：
弯矩设计值(kN.m): Mx' = -6.517
剪力设计值(kN.m): Vyw' = -4.345

有效截面计算结果：
主轴：
Ae = 0.8239E-03　θe = 0.0000E+00　Iex = 0.5927E-05　Iey = 0.6083E-06
Wex1 = 0.5600E-04　Wex2 = 0.5600E-04　Wex3 = 0.5191E-04　Wex4 = 0.5191E-04
Wey1 = 0.2908E-04　Wey2 = 0.1125E-04　Wey3 = 0.2908E-04　Wey4 = 0.1125E-04

截面强度(N/mm2) : σmaxw = 125.549 <= 215.000
截面强度(N/mm2) : τmax = 13.741 <= 125.000

按门式刚架规范GB51022-2015 (9.1.5-3)式验算：
整体稳定系数 : φb = 0.509
檩条的稳定性(N/mm2): fstabw = 248.435 > 215.000

风吸力作用下檩条的整体稳定性不满足! ******

图 10-14　某制氧车间屋面檩条计算结果

【原因分析】 设计人员为了檩条计算容易通过，往往勾选此项，但忽略了实际施工图中檩条的连接做法与计算假定并不相符。屋面板与檩条的连接方式通常有直立缝锁边连接型、扣合式连接型、螺钉连接型等。根据《冷钢规》第8.1.1条的条文说明，只有屋面板材与檩条有牢固的连接，即用自攻螺钉、螺栓、拉铆钉和射钉等与檩条牢固连接，且屋面板材具有足够的刚度（例如压型钢板），才可以认为能阻止檩条侧向失稳和扭转，可不验算其稳定性。对锁边连接或扣合连接，不能认为屋面板可以阻止檩条侧向失稳，故不应勾选。根据《门规》第9.1.5条3规定，在风吸力作用下，受压下翼缘的稳定性应按《冷钢规》式（8.1.1-2）计算；当受压下翼缘有内衬板约束且能防止檩条截面扭转时，整体稳定性可不做计算。

【处理措施】 以下两种方法可任选其一：

1）调整原檩条截面，由 C220×75×20×2.2 修改为 C220×75×20×2.5，计算满足要求。

2）将檩条与屋面改用自攻螺钉牢固连接，且屋面板厚度不应小于0.60mm（《防水通规》要求）；将厚度不应小于0.35mm内衬板固定在檩条下翼缘，相当于有密集的小拉条在侧向约束下翼缘，故无须考虑其整体稳定性。

2. 计算门式刚架时，隔撑间隔布置，屋面斜梁的平面外计算长度取两倍檩距

【工程实例】 某食品加工车间，主体采用双跨单层轻型门式刚架结构，单跨刚架跨度为29.8m，柱距6.0m，屋面檩条间距1.5m，刚架斜梁两侧间隔布置隔撑，如图10-15所示。

【原因分析】 实腹式刚架斜梁的平面外计算长度，应取侧向支承点间的距离。只有当屋面斜梁和檩条之间设置的隔撑满足一定条件时，下翼缘受压的屋面斜梁的平面外计算长度才可考虑隔撑的作用。计算门式刚架时，有些设计人员不考虑檩条和隔撑的实际布置情况，默认取2倍檩距作为屋面斜梁的平面外计算长度，这是不对的。由于隔撑不能充分地给梁提供侧向支撑，而仅仅是弹性支座，一般情况下，隔撑不能作为梁的固定的侧向支撑。通常隔撑支撑的梁的计算长度不应大于2倍隔撑间距，超过2倍时，梁下翼缘面积加大，则隔撑的支撑作用相对减弱，梁计算长度就越大。另外有些设计人员直接取纵向系杆之间的距离作为刚架斜梁平面外计算长度，进行稳定性验算，并认为计算结果是偏于安全的，而且在这种情况下相当于没有考虑隔撑-檩条的约束刚度，那么是否设置隔撑也就不重要了。本工程实例中GJ-1平面外计算长度如果取2倍隔撑间距（3000mm），计算梁平面外稳定小于1.0，如图10-16所示，满足规范要求。如果取纵向系杆之间的距离7450mm作为刚架斜梁平面外计算长度，计算梁平面外稳定均大于1.0，如图10-17所示，则不满足规范要求，应调整刚架梁截面尺寸。

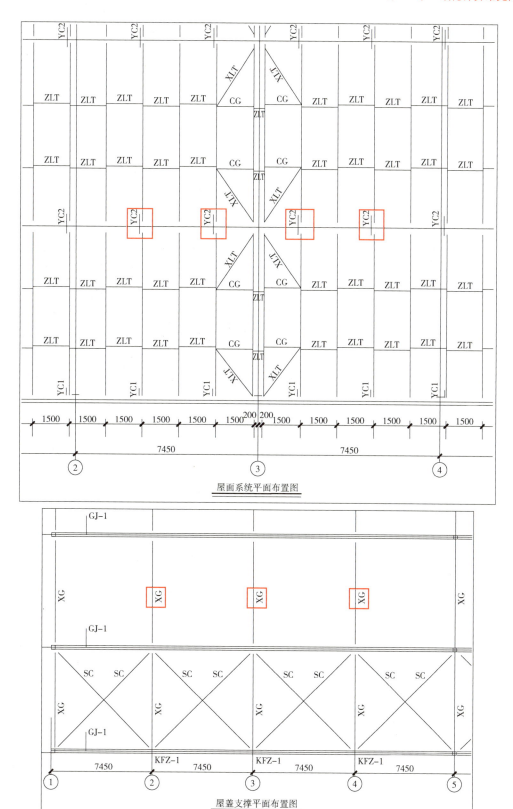

图 10-15 某车间屋面系统布置图（局部）

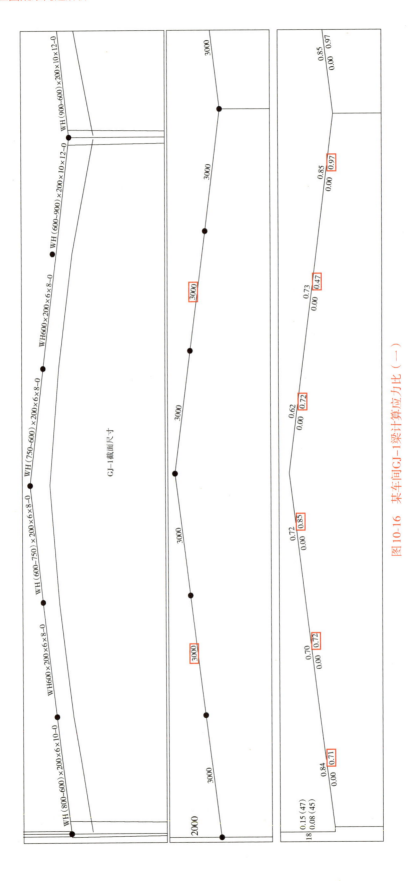

图10-16 某车间GJ-1梁计算应力比（一）

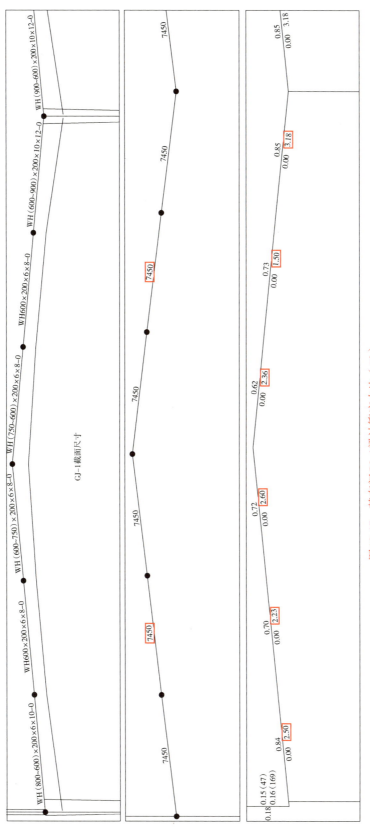

图10-17　某车间GJ-1梁计算应力比（二）

【处理措施】 轻钢屋面梁平面外计算长度的取值是一个综合考虑多种因素的过程，需要设计人员根据具体情况进行判断和决策。

1）隔撑对保证轻钢屋面结构的稳定性起着重要的作用，实际工程中应尽量做到隔撑的满布。根据《门规》第7.1.6条规定，当屋面斜梁的平面外计算长度取两倍檩距计算时，每个檩条与屋面连接处都应布置隔撑，且应满足下列条件：①在屋面斜梁的两侧均设置隔撑；②隔撑的上支承点的位置不低于檩条形心线；③符合《门规》8.4节对隔撑的设计要求。

2）取屋面刚性系杆的布置间距作为刚架斜梁平面外计算长度，需要满足一定的条件：①刚性系杆必须贯通屋面的整个纵向长度；②刚性系杆与屋面梁的连接节点需要满足抗扭要求。

附录 A　常用标准规范简称索引

（1）《建筑防火通用规范》GB 55037—2022，简称《建通规》

（2）《建筑设计防火规范》GB 50016—2014（2018 年版），简称《建规》

（3）《工程结构通用规范》GB 55001—2021，简称《结构通规》

（4）《建筑与市政工程抗震通用规范》GB 55002—2021，简称《抗震通规》

（5）《建筑与市政地基基础通用规范》GB 55003—2021，简称《基础通规》

（6）《钢结构通用规范》GB 55006—2021，简称《钢通规》

（7）《钢结构设计标准》GB 50017—2017，简称《钢标》

（8）《混凝土结构通用规范》GB 55008—2021，简称《混通规》

（9）《建筑结构荷载规范》GB 50009—2012，简称《荷载规》

（10）《严寒和寒冷地区居住建筑节能设计标准》JGJ 26—2018，简称《严寒节能标》

（11）《绿色建筑评价标准》GB/T 50378—2019（2024 年版），简称《绿评标》

（12）《公共建筑节能设计标准》GB 50189—2015，简称《公建节能标》

（13）《建筑节能与可再生能源利用通用规范》GB 55015—2021，简称《节能通规》

（14）《建筑钢结构防火技术规范》GB 51249—2017，简称《建钢规》

（15）《钢结构防火涂料》GB 14907—2018，简称《钢涂》

（16）《钢结构防火涂料应用技术规程》T/CECS24—2020，简称《钢涂规》

（17）《建筑地基基础设计规范》GB 50007—2011，简称《基础规》

（18）《屋面工程技术规范》GB 50345—2012，简称《屋面规》

（19）《砌体结构通用规范》GB 55007—2021，简称《砌体通规》

（20）《建筑与市政工程防水通用规范》GB 55030—2022，简称《防水通规》

（21）《民用建筑电气设计标准》GB 51348—2019，简称《民电标》

（22）《建筑施工模板安全技术规范》JGJ 162—2008，简称《施工模板规》

（23）《人民防空地下室设计规范》GB 50038—2005（2023 年版），简称《人防规》

（24）《混凝土结构设计标准》GB/T 50010—2010，简称《混标》

（25）《高层建筑混凝土结构技术规程》JGJ 3—2010，简称《高规》

（26）《建筑工程抗浮技术标准》JGJ 476—2019，简称《抗浮标》

（27）《高层建筑岩土工程勘察标准》JGJ/T 72—2017，简称《高层勘察标》

（28）《消防给水及消火栓系统技术规范》GB 50974—2014，简称《消水规》

（29）《建筑外墙空调器室外机平台技术规程》T/CCES10—2020，简称《空调平台规》

（30）《低压配电设计规范》GB 50054—2011，简称《低配规》

（31）《装配式剪力墙结构设计规程》DB11/1003—2022，简称《北京装剪规》

（32）《建筑工程抗震设防分类标准》GB 50223—2008，简称《抗震分类标》

（33）《中国地震动参数区划图》GB 18306—2015，简称《地震区划图》

（34）《建筑抗震设计标准》GB/T 50011—2010，简称《抗标》

（35）《民用建筑热工设计规范》GB 50176—2016，简称《热工规》

（36）《岩土工程勘察规范》GB 50021—2001（2009 年版），简称《岩土规》

（37）《工业建筑防腐蚀设计标准》GB/T 50046—2018，简称《防腐蚀标》

（38）《建筑地基处理技术规范》JGJ 79—2012，简称《地处规》

（39）《门式刚架轻型房屋钢结构技术规范》GB 51022—2015，简称《门规》

（40）《砌体结构设计规范》：GB 50003—2011，简称《砌体规》

（41）《建筑桩基技术规范》JGJ 94—2008，简称《桩基规》

（42）《高层民用建筑钢结构技术规程》JGJ 99—2015，简称《高钢规》

（43）《混凝土结构工程施工质量验收规范》GB 50204—2015，简称《混验规》

（44）《预应力混凝土管桩技术标准》JGJ/T 406—2017，简称《管桩标》

（45）《混凝土异形柱结构技术规程》JGJ 149—2017，简称《异形柱规》

（46）《混凝土结构耐久性设计标准》GB/T 50476—2019，简称《耐久性标》

（47）《建筑给水排水与节水通用规范》GB 55020—2021，简称《水通规》

（48）《空间网格结构技术规程》JGJ 7—2010，简称《网格规》

（49）《钢结构工程施工质量验收标准》GB 50205—2020，简称《钢验标》

（50）《装配式混凝土结构技术规程》JGJ 1— 2014，简称《装混规》

（51）《装配式钢结构建筑技术标准》GB/T 51232—2016，简称《装钢标》

（52）《装配式混凝土建筑技术标准》GB/T 51231—2016，简称《装混标》

（53）《装配式钢结构住宅建筑技术标准》JGJ/T 469—2019，简称《装钢住标》

（54）《装配式建筑评价标准》GB/T 51129—2017，简称《装评标》

（55）《建筑隔震设计标准》GB/T 51408—2021，简称《隔震标》

（56）《建筑消能减震技术规程》JGJ 297—2013，简称《减震规》

（57）《高层建筑混凝土结构技术规程》DBJ/T15—92—2021，简称《广东高规》

（58）《托儿所、幼儿园建筑设计规范》JGJ 39—2016（2019 年版），简称《托幼规》

（59）《工程勘察通用规范》GB 55017—2021，简称《勘察通规》

（60）《建筑楼盖结构振动舒适度技术标准》JGJ/T 441—2019，简称《舒适度标》

（61）《冷弯薄壁型钢结构设计规范》GB 50018—2002，简称《冷钢规》

附录 B　政府文件简称索引

（1）《房屋建筑和市政基础设施工程施工图设计文件审查管理办法》（住房和城乡建设部令第 13 号，第 46 号修正），简称《审查管理办法》

（2）《实施工程建设强制性标准监督规定》（住房和城乡建设部令第 81 号，第 52 号修正），简称《监督规定》

（3）《建筑工程施工图设计文件技术审查要点规定》（住建部建质〔2013〕87 号），简称《审查要点规定》

（4）《建设工程安全生产管理条例》（国务院令第 393 号），简称《安全管理条例》

（5）《关于完善质量保障体系提升建筑工程品质的指导意见》（国办函〔2019〕92 号），简称《建筑品质指导意见》

（6）《危险性较大的分部分项工程安全管理规定》（住房和城乡建设部令第 37 号，第 47 号修正），简称《危大工程管理规定》

（7）《关于实施〈危险性较大的分部分项工程安全管理规定〉有关问题的通知》（建办质〔2018〕31 号），简称《实施危大工程通知》

（8）《危险性较大的分部分项工程专项施工方案编制指南》（建办质〔2021〕48 号），简称《危大工程编制指南》

（9）《住房和城乡建设部等部门关于加快新型建筑工业化发展的若干意见》（建标规〔2020〕8 号），简称《建筑工业化发展意见》

（10）《国务院办公厅关于大力发展装配式建筑的指导意见》（国办发〔2016〕71 号），简称《装配式指导意见》

（11）《山东省房屋市政施工危险性较大分部分项工程安全管理实施细则》（鲁建质安字〔2018〕15 号），简称《山东危大工程实施细则》

（12）住建部《关于加强地下室无梁楼盖工程质量安全管理的通知》（建办质〔2018〕10 号），简称《无梁楼盖管理通知》

（13）济南市住建局《关于加强地下车库覆土顶板工程质量安全管理的通知》（济建发〔2019〕44 号），简称《地库顶板管理通知》

（14）山东省高级人民法院民事判决书（2020）鲁民终 2572 号，简称"鲁民终 2572 号"

（15）浙江省高级人民法院民事判决书（2013）浙民提字第 133 号，简称"浙民提字第 133 号"

（16）贵州省毕节市中级人民法院民事判决书（2020）黔 05 民终 1975 号，简称"黔 05 民终 1975 号"

（17）北京建研院【2018】建鉴字第 162 号（BBFAC-2018-162），简称"建鉴字第 162 号"

（18）《加快推动建筑领域节能降碳工作方案的通知》（国办函〔2024〕20 号），简称《节能降碳方案》

（19）《山东省绿色建筑高质量发展工作方案的通知》（鲁建节科字〔2024〕4 号），简称《山东绿建方案》

（20）《关于加强超高层建筑规划建设管理的通知》（建科〔2021〕76 号），简称《超高层管理的通知》

（21）《山东省人民政府办公厅关于贯彻国办发〔2016〕71 号文件大力发展装配式建筑的实施意见》（鲁政办发〔2017〕28 号），简称《山东装配式实施意见》

（22）《山东省人民政府办公厅关于推动城乡建设绿色发展若干措施的通知》（鲁政办发〔2022〕7 号），简称《山东绿色发展通知》

（23）《关于加强新建校舍钢结构建筑推广工作的通知》（鲁建节科字〔2021〕3 号），简称《山东校舍钢结构通知》

（24）《超限高层建筑工程抗震设防管理规定》（住房和城乡建设部令第 111 号），简称《超高层抗震规定》

（25）《四川省房屋建筑和市政基础设施工程抗震设防专项审查管理办法（试行）》的通知（川建行规〔2023〕5 号），简称《四川抗震办》

（26）《云南省建筑工程抗震设防专项审查管理办法》（云建规〔2020〕5 号），简称《云南抗震办》

（27）《建设工程抗震管理条例》（国务院令第 744 号），简称《抗震管理条例》

（28）《建设工程勘察设计管理条例》（国务院令第 293 号），简称《勘察设计管理条例》

（29）《建设工程质量管理条例》（国务院令第 279 号），简称《质量管理条例》

附录 C 地方审查要点及技术措施简称索引

（1）《山东省绿色建筑施工图设计审查技术要点》（2021 年版），简称《山东绿建审查要点》

（2）《上海市房屋建筑工程施工图设计文件技术审查要点（3.0 版）（建筑、结构篇）》

（3）《苏州市建设工程施工图设计审查疑难技术问题指导》（2021 年版）

（4）《合肥市既有建筑改造设计与审查导则》（2022 年版）

（5）《东营市既有建筑改造工程设计审查要点》（2024 年版）

（6）《福建省建筑工程施工图设计文件编制深度规定》（2023 年版）

（7）《装配式混凝土结构建筑工程施工图设计文件技术审查要点（2016 年版）》（建质函〔2016〕287 号）

（8）《山东省房屋建筑和市政工程施工图设计文件技术审查要点（2024 年版）（第一册：房屋建筑）》

（9）《山东省施工图审查常见问题解答（房屋建筑）》（2024 年版），简称《山东审查解答》

（10）《乌鲁木齐市施工图审查常见问题汇编（2023 版）》

（11）《青岛市建筑工程施工图设计审查技术问答清单（2023 年版）》

（12）《湖南省房屋建筑工程施工图设计文件审查要点》（2023 年版）

（13）《珠海市房屋建筑和市政工程施工图审查常见问题汇编》（2022 年版）

（14）《佛山市南海区房屋建筑工程设计常见问题汇编（2023 年版）》，简称《佛山设计问题汇编》

（15）2024 江苏省建设工程施工图设计审查技术问答（结构专业、勘察专业）

（16）《南京市建筑幕墙工程施工图设计文件审查指南》（2022 年版）

（17）中国建筑设计院有限公司编《结构设计统一技术措施》

（18）《全国民用建筑工程设计技术措施-结构（混凝土）》（2009 年版），简称《混凝土结构措施》

（19）武汉市执行工程建设标准及强制性条文等疑难问题解答（2021 年版）

（20）《全国民用建筑工程设计技术措施-防空地下室》（2009 年版），简称《防空地下室措施》

（21）广东省筑设计研究院有限公司编《建筑结构设计统一技术措施》，简称《广东结构措施》

（22）《基础设计软件 YJK-F 用户手册及技术条件》，简称《YJK-F 手册》

（23）《地基基础建模与计算设计软件用户手册 JCCAD》，简称《JCCAD 手册》

（24）《北京市结构审图常见问题解析：一月一答》（2024 年 6 月），简称《北京问答》

附录 D　书中引述的典型工程事故调查报告及简称索引

下面为书中所引述的典型重大工程安全事故索引，其中的调查报告都是由国务院或省级及以上部门组织的专门联合调查组出具的权威结论，感兴趣的读者可以自行在网上搜索，以更详细地了解事故发生的具体原因及其造成的严重后果，从而保持对结构安全的时刻警醒和对涉及自身终身责任的认识和重视。

（1）《中山市古镇镇昇海豪庭一期 2 标段"11·12"坍塌事故调查报告》，简称"中山 11.12 报告"

（2）《江西喜多橙农产品有限公司橙中城项目"2020.12.30"较大建筑施工坍塌事故调查报告》，简称"江西喜多橙 12.30 调查报告"

（3）《淮南市潘集区张灯结彩灯具有限公司"6·21"较大坍塌事故调查报告》，简称"淮南市 6.12 调查报告"

（4）《嵊州市艇湖城市公园 8 号景观桥局部垮塌事故调查报告》，简称"嵊州市 8 号桥调查报告"

（5）《湖北省建设工程质量安全督查执法建议书》（鄂建勘设执字〔2023〕第 008 号），简称"湖北质量安全建议书"

参 考 文 献

［1］中华人民共和国住房和城乡建设部．工程结构通用规范：GB 55001—2021 ［S］．北京：中国建筑工业
出版社，2021.

［2］中华人民共和国住房和城乡建设部．建筑与市政工程抗震通用规范：GB 55002—2021 ［S］．北京：中
国建筑工业出版社，2021.

［3］中华人民共和国住房和城乡建设部．建筑与市政地基基础通用规范：GB 55003—2021 ［S］．北京：中
国建筑工业出版社，2021.

［4］中华人民共和国住房和城乡建设部．组合结构通用规范：GB 55004—2021 ［S］．北京：中国建筑工业
出版社，2021.

［5］中华人民共和国住房和城乡建设部．钢结构通用规范：GB 55006—2021 ［S］．北京：中国建筑工业出
版社，2021.

［6］中华人民共和国住房和城乡建设部．砌体结构通用规范：GB 55007—2021 ［S］．北京：中国建筑工业
出版社，2021.

［7］中华人民共和国住房和城乡建设部．混凝土结构通用规范：GB 55008—2021 ［S］．北京：中国建筑工
业出版社，2021.

［8］中华人民共和国住房和城乡建设部．建筑节能与可再生能源利用通用规范：GB 55015—2021 ［S］．北
京：中国计划出版社，2021.

［9］中华人民共和国住房和城乡建设部．既有建筑鉴定与加固通用规范：GB 55021—2021 ［S］．北京：中
国建筑工业出版社，2021.

［10］中华人民共和国住房和城乡建设部．既有建筑维护与改造通用规范：GB 55022—2021 ［S］．北京：中
国建筑工业出版社，2021.

［11］中华人民共和国住房和城乡建设部．建筑与市政工程防水通用规范：GB 55030—2021 ［S］．北京：中
国建筑工业出版社，2022.

［12］中华人民共和国住房和城乡建设部．建筑防火通用规范：GB 55037—2022 ［S］．北京：中国计划出版
社，2022.

［13］中华人民共和国住房和城乡建设部．建筑设计防火规范（2018 年版）：GB 50016—2014 ［S］．北京：
中国计划出版社，2018.

［14］中华人民共和国住房和城乡建设部．建筑地基基础设计规范：GB 50007—2011 ［S］．北京：中国建筑
工业出版社，2011.

［15］中华人民共和国住房和城乡建设部．建筑结构荷载规范：GB 50009—2012 ［S］．北京：中国建筑工业

出版社，2012.

［16］中华人民共和国住房和城乡建设部．砌体结构设计规范：GB 50003—2011［S］．北京：中国建筑工业出版社，2011.

［17］中华人民共和国住房和城乡建设部．混凝土结构设计规范：GB 50010—2010（2015 年版）［S］．北京：中国建筑工业出版社，2015.

［18］中华人民共和国住房和城乡建设部．钢结构设计标准：GB 50017—2017［S］．北京：中国建筑工业出版社，2017.

［19］中华人民共和国住房和城乡建设部．建筑抗震设计规范（2016 年版）：GB 50011—2010［S］．北京：中国建筑工业出版社，2016.

［20］中华人民共和国住房和城乡建设部．建筑抗震设防分类标准：GB 50223—2008［S］．北京：中国建筑工业出版社，2008.

［21］中华人民共和国住房和城乡建设部．冷弯薄壁型钢结构技术规范：GB 50018—2002［S］．北京：中国建筑工业出版社，2002.

［22］中华人民共和国住房和城乡建设部．建筑结构可靠性设计统一标准：GB 50068—2018［S］．北京：中国建筑工业出版社，2018.

［23］中华人民共和国住房和城乡建设部．高层建筑混凝土结构技术规程：JGJ 3—2010［S］．北京：中国建筑工业出版社，2010.

［24］中华人民共和国住房和城乡建设部．建筑桩基技术规范：JGJ 94—2008［S］．北京：中国建筑工业出版社，2008.

［25］中华人民共和国住房和城乡建设部．建筑地基处理技术规范：JGJ 79—2012［S］．北京：中国建筑工业出版社，2012.

［26］中华人民共和国住房和城乡建设部．高层民用建筑钢结构技术规程：JGJ 99—2015［S］．北京：中国建筑工业出版社，2015.

［27］中华人民共和国住房和城乡建设部．地下工程防水技术规范：GB 50108—2008［S］．北京：中国建筑工业出版社，2008.

［28］中华人民共和国住房和城乡建设部．门式刚架轻型房屋钢结构技术规范：GB 51022—2015［S］．北京：中国建筑工业出版社，2015.

［29］中华人民共和国住房和城乡建设部．空间网格结构技术规程：JGJ 7—2010［S］．北京：中国建筑工业出版社，2010.

［30］中华人民共和国住房和城乡建设部．混凝土异形柱结构技术规程：JGJ 149—2017［S］．北京：中国建筑工业出版社，2018.

［31］中华人民共和国住房和城乡建设部．钢结构焊接规范：GB 50661—2011［S］．北京：中国建筑工业出

版社，2011.

［32］中华人民共和国住房和城乡建设部．绿色建筑评价标准：GB/T 50378—2019（2024 年版）［S］．北京：中国建筑工业出版社，2024.

［33］中华人民共和国住房和城乡建设部．装配式建筑评价标准：GB/T 51129—2017［S］．北京：中国建筑工业出版社，2017.

［34］山东省住房和城乡建设厅．住宅工程质量常见问题防控技术标准：DB37/T5157—2020［S］．北京：中国建材工业出版社，2020.

［35］国家标准建筑抗震规范管理组．建筑抗震设计规范 GB 50011—2010 统一培训教材［M］．北京：地震出版社，2010.

［36］高小旺，等．建筑抗震设计规范理解与应用［M］．北京：中国建筑工业出版社，2002.

［37］徐培福，等．高层建筑混凝土结构技术规程理解与应用［M］．北京：中国建筑工业出版社，2003.

［38］北京市建筑设计研究院有限公司．建筑结构专业技术措施（2019 版）［M］．北京：中国建筑工业出版社，2019.

［39］李国强．多高层建筑钢结构设计［M］．北京：中国建筑工业出版社，2004.

［40］中国建筑设计院有限公司．结构设计统一技术措施（2018）［M］．北京：中国建筑工业出版社，2018.

［41］中国建筑科学研究院 PKPM 工程部．SATWE 技术手册（新规范版 V2）［Z］.2021.

［42］北京盈建科软件股份有限公司．结构计算软件 YJK-A 用户手册及技术条件［Z］.2022.

［43］古今强，侯家健．浅谈结构工程师对岩土勘察报告的研读与使用［J］．建筑结构（技术通讯），2009.

［44］朱炳寅．建筑结构设计问答及分析［M］.4 版．北京：中国建筑工业出版社，2024.

［45］魏利金．结构工程师综合能力提升与工程案例分析［M］．北京：中国电力出版社，2021.

［46］中国建筑设计院有限公司．结构设计统一技术措施 2018［M］．北京：中国建筑工业出版社，2018.

［47］徐培福，黄小坤．高层建筑混凝土结构技术规程理解与应用［M］．北京：中国建筑工业出版社，2003.

［48］李永康，马国祝．建筑工程施工图审查常见问题详解——结构专业［M］.2 版．北京：机械工业出版社，2015.

［49］李永康，马国祝．结构设计：从概念到细节［M］．北京：机械工业出版社，2022.

［50］武竞雄，熊慧萍，张玉华．从历史、现实和未来三个维度看我国施工图审查制度的改革［J］．中国勘察设计，2022（08）：47-50.

［51］张军．施工图审查内容及标准尺度探析［J］．中国勘察设计，2021（09）：56-59.

［52］王树平．完善施工图审查制度保障工程设计质量［J］．建筑设计管理，2018（01）：41.